21 世纪高等学校计算机专业核心课程规划教材

汇编语言程序设计教程
（第 4 版）

卜艳萍　周　伟　编著

清华大学出版社

北　京

内 容 简 介

本书以 IBM PC 机型和 80x86 指令系统为对象,全面而系统地介绍微型计算机系统的结构及汇编语言程序设计的方法。全书由 10 章组成。第 1 章和第 2 章介绍汇编语言基础知识和微型计算机的体系结构;第 3 章详细介绍 IBM PC 的寻址方式和指令系统;第 4 章介绍伪指令、汇编语言程序格式等知识;第 5 章讲述典型汇编语言程序结构的设计方法;第 6 章详细介绍子程序设计及参数传递的方法;第 7 章介绍输入/输出程序设计技术和方法;第 8 章介绍宏汇编、重复汇编和条件汇编等高级汇编技术;第 9 章讲述 DOS 功能调用和 BIOS 功能调用知识;第 10 章是汇编语言上机环境及程序设计实例分析。

本书可作为普通高等院校本科和应用型本科计算机及相关专业学生的教学用书,也可作为从事计算机应用的工程技术人员的参考用书。

图书在版编目(CIP)数据

汇编语言程序设计教程/卜艳萍,周伟编著. —4 版. —北京:清华大学出版社,2016(2023.8重印)
(21 世纪高等学校计算机专业核心课程规划教材)
ISBN 978-7-302-43742-0

Ⅰ. ①汇… Ⅱ. ①卜… ②周… Ⅲ. ①汇编语言-程序设计-高等学校-教材 Ⅳ. ①TP313

中国版本图书馆 CIP 数据核字(2016)第 089229 号

责任编辑:魏江江 王冰飞
封面设计:刘 键
责任校对:时翠兰
责任印制:刘海龙

出版发行:清华大学出版社
    网 址:http://www.tup.com.cn, http://www.wqbook.com
    地 址:北京清华大学学研大厦 A 座   邮 编:100084
    社 总 机:010-83470000   邮 购:010-62786544
    投稿与读者服务:010-62776969,c-service@tup.tsinghua.edu.cn
    质量反馈:010-62772015,zhiliang@tup.tsinghua.edu.cn
    课件下载:http://www.tup.com.cn,010-83470236
印 装 者:天津鑫丰华印务有限公司
经 销:全国新华书店
开 本:185mm×260mm 印 张:21 字 数:508 千字
版 次:2004 年 6 月第 1 版 2016 年 10 月第 4 版 印 次:2023 年 8 月第 9 次印刷
印 数:51301~52100
定 价:39.50 元

产品编号:069631-01

前　言

计算机技术及电子技术的迅猛发展,使得人们的学习、工作、生活越来越离不开计算机,计算机知识及其应用技能已经成为人类知识结构的重要组成部分。微型计算机技术的发展,不断涌现新技术、新产品。本书以 IBM PC 作为背景,系统地介绍微机原理的基础知识及汇编语言程序设计的方法和技术。

本次再版在前三版《汇编语言程序设计教程》的基础上,修改并增加了部分内容。在教材编写过程中,参照了国内多所高校本科"汇编语言程序设计"课程的教学大纲,兼顾相关专业的教学要求和特点,并充分考虑到了微型机技术的发展、教学方法的完善以及教学手段的改进等因素。

全书共分 10 章。第 1 章和第 2 章介绍汇编语言基础知识和微型计算机的体系结构;第 3 章详细介绍 IBM PC 的寻址方式和指令系统;第 4 章介绍伪指令、汇编语言程序格式等知识;第 5 章讲述典型汇编语言程序结构的设计方法;第 6 章详细介绍子程序设计及参数传递的方法。第 7 章介绍输入/输出程序设计技术和方法;第 8 章介绍宏汇编、重复汇编和条件汇编等高级汇编技术;第 9 章讲述 DOS 功能调用和 BIOS 功能调用知识,通过大量程序设计实例分析系统功能调用的实现;第 10 章是汇编语言上机环境及程序设计实例分析,给出学生上机练习的要求。

本书每章后均有思考与练习,可以作为巩固相关知识的课后作业。第 5～10 章有大量的例程分析,以帮助学生掌握汇编语言程序设计的步骤和方法。在附录部分提供了 DOS 功能调用、BIOS 功能调用和 80x86 指令系统的汇总,供读者学习过程中查阅。

本书由上海交通大学卜艳萍老师和华东理工大学周伟老师共同编著。周伟编写第 5～8 章、第 10 章和附录 A。卜艳萍编写第 1～4 章、第 9 章、附录 B 和附录 C,并负责全书的统稿工作。由于编者水平有限及时间仓促,书中不妥之处,敬请读者批评指正。

作　者

2016 年 5 月

目 录

第 1 章

汇编语言基础知识

计算机是一种能自动对数字化信息进行算术和逻辑运算的高速处理装置。也就是说，计算机处理的对象是数字化信息，处理的手段是算术和逻辑运算，处理的方式是自动的。计算机不仅具有数据处理功能，还具有数据存储、数据传送等功能。但是，任何计算机都必须在程序控制之下进行有效的工作。为了实现使用者和计算机之间的信息交换，产生了各种各样的程序设计语言。程序设计语言是开发软件的工具，它的发展经历了由低级语言到高级语言的过程。

汇编语言是一种面向机器的低级程序设计语言。汇编语言采用助记符来表示指令的操作码和操作数，用标号或符号代表地址、常量或变量。助记符一般都是英语词的缩写，以便于阅读和书写。每条指令对应着计算机硬件的一个具体操作。利用汇编语言编写的程序与计算机硬件密切相关，程序员可直接对处理器内的寄存器、主存储器的存储单元以及外设的端口等进行操作，从而能够有效地控制硬件。

1.1 计算机基础知识

电子计算机自 1946 年 2 月诞生以来，在近 70 年的时间里得到了迅速的发展。作为 20 世纪一个伟大的发明，其应用已广泛而深入地渗透到社会的各个领域，计算机取得了科学史上最惊人的发展速度。

随着构造计算机的主要电子元件从电子管、晶体管、中小规模集成电路发展到大规模集成电路，计算机也经历了 4 个发展阶段。计算机的应用领域也由单纯的数值计算发展到科研、工业、农业、国防和社会生活的各个领域，如实时控制系统、数据库管理系统、计算机辅助设计、智能模拟与人工智能系统等。

1.1.1 计算机的发展史

20 世纪 40 年代，无线电技术和无线电工业的发展为电子计算机的研制准备了物质基础。1946 年 2 月 15 日，美国宾夕法尼亚大学研制成功了世界上第一台电子数字计算机 ENIAC(Electronic Numerical Integrator And Computer)，它的名称可直译为"电子数字积分计算机"。ENIAC 是一个庞然大物，它共用了 18 000 多个电子管，耗电 150kW，重量达 30t，占地 170m^2，其运算速度为 5000 次/秒左右。现在看来它性能不高，但是在计算机发展史上它成为一个重要的里程碑，被称为现代计算机的始祖。由它奠定了电子数字计算机的基础，开创了电子数字计算机的新纪元。

与 ENIAC 研制的同时，以美籍匈牙利数学家冯·诺依曼(Von Neumann)为首的研究小组正在进行电子离散变量自动计算机（Electronic Discrete Variable Automatic Computer，EDVAC）的研制工作。EDVAC 采用了存储程序方案，存储程序概念是冯·诺依曼于 1946 年 6 月在题为《电子计算机装置逻辑结构初探》的报告中提出的。

从第一台电子数字计算机问世至今，计算机经历了迅猛的发展历程，其发展速度是世界上其他任何学科无法比拟的。翻开计算机的发展历史，人们感受最直接的是计算机器件的发展，因此通常根据计算机使用的主要电子器件，将其分成以下 4 个发展时代。

第一代：电子管计算机时代（从 1946 年第一台计算机研制成功到 20 世纪 50 年代后期），其主要特点是采用电子管作为基本器件。电子管是封装在玻璃外壳内的一种电真空器件，用它可以设计出实现反相功能的反相器线路，在此基础上，再设计计算机使用的全部组合逻辑线路，诸如加法器、译码器等线路和触发器、寄存器、计数器等各种时序逻辑线路。

在这一时期，主要为军事与国防尖端技术的需要而研制计算机，并进行有关的研究工作，为计算机技术的发展奠定了基础，其研究成果扩展到民用，又转为工业产品，形成了计算机工业。

第二代：晶体管计算机时代（从 20 世纪 50 年代中期到 60 年代后期），这时期计算机的主要器件逐步由电子管改为晶体管，因而缩小了体积，降低了功耗，提高了速度和可靠性。而且价格不断下降。晶体管是指晶体三极管，是用半导体材料制作出来、封装在一个金属壳内带有 3 个引脚的小器件，1958 年进入批量生产阶段。用它可以设计出实现反相功能的反相器线路，在此基础上，再制作出计算机使用的全部组合逻辑线路和触发器、寄存器、计数器等各种时序逻辑线路。

在这一时期开始重视计算机产品的继承性，形成了适应一定应用范围的计算机"族"，这是系列化思想的萌芽。从而缩短了新机器的研制周期，降低了生产成本，实现了程序兼容，方便了新机器的使用。

第三代：集成电路计算机时代（从 20 世纪 60 年代中期到 70 年代前期），随着半导体器件生产工艺与技术上的进步，在一片半导体基片上，可以生产出多个晶体管，并用它们形成具有一定处理功能的逻辑器件，这就是集成电路。此时集成到一个芯片内的晶体管数量还相当有限，实现的还只限于简单的、完成基础处理功能的组合逻辑门一级的电路和简单的触发器、寄存器之类的电路，故被称为中小规模集成电路。

这时期计算机的功耗、体积、价格等进一步下降，而速度及可靠性相应地提高，促使计算机的应用范围进一步扩大。正是由于集成电路成本的迅速下降，产生了成本低而功能不是太强的小型计算机供应市场。占领了许多数据处理的应用领域。

第四代：大规模集成电路计算机时代（20 世纪 70 年代初开始），半导体器件生产工艺的改进，使得在一片半导体基片上，可以生产出数量更多的晶体管，这就形成了大规模集成电路；若在一个芯片上的晶体管数量达到更多，就称为超大规模集成电路；单个芯片内的晶体管数量达到百万个时称为甚大规模集成电路；达到一亿个时称为极大规模集成电路。

个人计算机的出现和普遍应用是这一期间的重要贡献，计算机具有了集文字、图形、声音、图像于一体的能力，计算机与通信技术的结合形成了各种规模的计算机网络，从局域网、城域网、广域网到国际互联网。集成在一个芯片中的电路数量越多，就越能够提供出更强处理能力的计算机部件，甚至于是一个高性能的计算机处理器。更强处理能力和处理速度的工作站和精简指令系统的计算机 RISC 的出现，进一步推动了计算机体系结构和实现技术的发展。超标量技术和乱序执行的实现都是这一时期的重要技术成果。

1.1.2　计算机的特性

60 多年来,虽然计算机制造技术发生了很大的变化,其性能有了极大的提高,计算机取得了科学史上最惊人的发展速度,但计算机的基本组成原理仍遵循着冯·诺依曼体系结构。冯·诺依曼机的主要特征有:用二进制形式表示数据和指令;采用存储程序方式保存程序和数据;由运算器、控制器、存储器、输入设备和输出设备 5 个部分组成计算机系统;机器的工作在指令的控制下协调进行;可进行数据的输入/输出操作等。

计算机的特性可以归纳如下。

1. 高速

计算机的运算速度从最初的每秒几千次加法运算提高到现在的每秒万亿次,甚至百万亿次的浮点运算。为提高计算机的运算速度,研究者对计算机本身的组织结构进行了不断的改进,如 RISC 技术、多级 Cache 技术、超级流水线技术、并行处理技术等,最近几年又引入了超常指令字 VLIW、显式并行指令计算 EPIC、多核多线程等先进技术。正因为高速,计算机大信息量的处理与复杂运算就成为可能。

2. 高精度

计算机的运算精度随着数字运算设备的技术发展而提高,加上先进的算法,可得到很高的运算精度。例如,π 的计算,在计算机诞生前的 1500 多年的时间里,虽经人们不懈努力,也仅计算到其小数点后 500 位。而使用计算机后,目前已达到小数点后上亿位。

3. 通用

所谓通用有两层含义。一是它所处理信息的多样化。可以是非数值信息,特别是多媒体技术的发展,非数值信息可以包括文字、图形、图像、声音、视频等,计算机都把它们表示成数字化编码信息,统一处理后,再把它们转变成相应的文字、图形、图像、声音或视频信息后输出,从而得到逼真的效果。二是计算机的应用广泛。只要现实世界中某一个问题能找到其相应的算法,然后编制成程序,存入计算机中,计算机就可以高速、准确地解决这一问题。

4. 准确

首先计算机本身的高速、高精度为计算机的准确性提供了基础,同时用户找到现实世界中相应问题的正确算法,编制成高效、准确的程序,计算机运算就能得到准确的结果。在计算机中,所有的数值和符号、文字、图形、图像、语音等非数值信息均采用数字化的编码形式表示,保证了计算机的运算、控制及信息处理具有极大的准确性。

5. 智能化

如何从千千万万个信息中,自动找出对自己有用的信息,变成自己的知识,这是人们对计算机智能化的要求。计算机如何模拟人类智慧和智能行为,人机界面如何更自然化、智能化等。经过人们不断的努力与探索,智能化已经取得了一些阶段性成果。可以相信,随着新一代计算机的诞生,智能化特性一定会更为突出。

6. 体积小、重量轻

由于采用大规模集成电路(LSI)和超大规模集成电路(VLSI),使微型机所含的器件数目大为减少,体积大为缩小。20 世纪 50 年代要由占地上百平方米、耗电上百千瓦的电子计算机实现的功能,在当今,已被内部只含几片集成电路的微型机所取代。

1.1.3　计算机的分类与应用

　　计算机的分类方法很多。计算机按其所处理对象的表示形式不同可以分成模拟计算机与数字计算机两类。模拟计算机是对连续变量进行运算的解算装置。变量可以是连续变化的直流电压、电流或电荷，进行加、减、乘、除、微分、积分等数学运算并由相应的运算部件完成。运算部件主要由运算放大器和一些特殊的开关元件组成。数字计算机是对用离散符号表示的数据或信息进行自动处理的电子装置。目前一般意义上的计算机就是指数字计算机，其运算部件主要由高速的电子元器件组成，因此速度快、精度高，应用更广泛。

　　计算机按其用途来分，可以分成专用机和通用机两类。专用机是专门用于某种用途的，它对于特定用途而言最经济、最快速、最有效，但适应性差，而通用机适应性强。

　　通用计算机按其规模、性能和价格来分，又可分为巨型机、大型机、小型机、工作站、微型机等多种类型。

　　(1) 巨型机。巨型机是计算机家族中速度最快、性能最高、技术最复杂、价格也是最贵的一类计算机，也称为超级计算机。它主要用于解决大型机难以解决的复杂问题。巨型机从 20 世纪 60 年代末诞生以来，按其体系结构和技术水平的发展可以分成单指令流、多数据流 SIMD 的阵列处理机，具有流水线结构的向量机 VP，多指令流、多数据流 MIMD 的共享主存多处理机系统 SMP，大规模并行处理系统 MPP 和集群系统（Cluster）。

　　(2) 大型机。大型机的处理机系统可以是单处理机、多处理机或多个子系统的复合体。其发展大致可以分成 4 个阶段，它们的典型产品分别是 IBM 公司的 System360、System370、System/370-XA 和 System390。

　　(3) 小型机。小型机是一种规模与价格均介于大型机与微型机之间的一类计算机，如 PDP-11 和 VAX-11 等。自 1977 年以来，在小型机基础上发展而成的超级小型机（Super-mini Computer），它们与原来的小型机软件兼容，但性能又高于小型机，典型代表有 VAX-11/780。

　　(4) 工作站。工作站是以个人计算环境和分布式网络计算环境为基础，其性能高于微型机的一类多功能计算机。它为特定应用领域的人员提供了一个具有友好人机界面的高效率工作平台。工作站的处理功能除了具有高速的定点和浮点运算能力以外，还有很强的处理图形、图像、声音、视频等多媒体信息的能力。

　　(5) 微型机。微型机是以微处理器为中央处理器组成的计算机系统。它是 20 世纪 70 年代初随着大规模集成电路的发展而诞生的，到目前为止大致可以分成 4 个阶段。第一阶段，以 8 位微处理器为基础，有较完整的指令系统和较强功能，存储容量为 64KB，典型的微处理器有 Intel 8080 和 Intel 8085 等。第二阶段，微处理器以 16 位或准 32 位为基础，采用虚拟存储、存储保护等只有以前的小型或大型机才采用的技术，内存 1MB，还有较大容量的软盘和硬盘。第三阶段，IBM 推出了以 80x86 为处理器的开放式 IBM PC，这是微型机发展过程中的一个里程碑。当时，IBM PC 所用芯片（8086、8088、80286 和 80386）、操作系统（MS-DOS）和总线实际上形成了国际工业生产的主要标准，微型机应用也得到了迅速的发展。第四阶段，RISC 技术的出现使微处理器的体系结构发生了重大改革，从而出现了 RISC 与 CISC 计算机相互学习、相互促进、共同发展的新局面。典型微型机有以 Pentium 和 PowerPC 为处理器的多种微型机系统。

目前计算机已经广泛应用于各行各业,极大地促进了社会的发展。下面简要介绍计算机的几个主要应用领域。

(1) 科学计算。计算机作为计算工具,完成各种复杂的科学计算是它的一个重要应用领域。

(2) 数据处理。计算机作为数据处理工具,在政府办公、企事业单位的管理等领域发挥着重要作用。

(3) 计算机控制。计算机作为具有高速和灵活的逻辑处理和推理能力的工具,广泛用于工业生产、航天发射等过程的实时控制。

(4) 人工智能。计算机作为具有高速、灵活逻辑处理和推理能力的工具,被广泛应用在人工智能领域,完成诸如数学定理证明、自然语言理解、知识表示和挖掘、计算机翻译等工作。

(5) 计算机网络。随着计算机网络的出现和发展,计算机已经成为在宽广的范围内传播信息和实现人员沟通的重要工具,极大地改变了人类的生活环境和交流方式。

(6) 计算机辅助设计/制造(CAD/CAM)。对于日益复杂的工程设计项目和生产制造领域,计算机辅助设计/制造已经成为必不可少的重要手段,是提高劳动生产率、设计可靠性和产品质量的重要保障和有效方法。例如,在集成电路设计的建模、仿真、综合优化、布局布线、时序分析等各个阶段普遍使用了计算机辅助设计技术,否则,要想高效、可靠地设计超大规模、甚大规模和极大规模基础电路,几乎是不可想象的。

(7) 嵌入式应用。嵌入式计算机是指嵌入到应用系统中的计算机,如在手机等通信设备,MP4等各种消费类电子产品,以及电视机、冰箱、洗衣机等家电产品中,都有嵌入式计算机。单片机是应用非常广泛的一类嵌入式计算机。所谓单片机,即单片微型计算机,是将计算机主机(CPU、内存和I/O接口)集成在一小块硅片上的微型机。通常为工业控制和测试而设计,又称微控制器,具有集成度高、可靠性高、性价比高等优势。单片机主要应用于工业监测与控制、计算机外设、智能仪器仪表、通信设备、家用电器等领域。

未来计算机的发展呈现出以下几个发展趋势。

(1) 微型化。便携式、低功耗的计算机系统成为人们追求的目标。

(2) 高性能。尖端科技领域的信息处理,需要超大容量、高速度的计算机系统。人们对于高性能计算机的追求是无止境的。

(3) 智能化。模拟人类大脑思维和交流方式,具有多种处理能力,如智能机器人等。

(4) 系列化、标准化。便于各种计算机硬、软件兼容和升级。

(5) 网络化。这是计算机网络普及的必然结果。

(6) 多机系统。利用多个计算机构成一个更加庞大的系统,使得多个计算机之间可以并行地、协调地工作,从而提高计算机系统的整体性能,如分布式系统、网络计算等。

1.1.4　计算机的主要技术指标

一台计算机的性能如何,要由多项技术指标来综合评价,而且不同用途的计算机强调的侧重面也不相同。下面介绍机器字长、速度、主频大小、存储器的容量、存储器的存取周期、可靠性及带宽等主要的计算机技术指标。

1. 机器字长

机器字长是指该计算机能进行多少位二进制数的并行运算，实际上是指该计算机中的运算器有多少位，通常计算机的数据总线和寄存器的位数与机器字长一致。如某机器字长16位，表示该机器中，每次能完成两个16位二进制数的运算。由于参加运算的操作数和运算结果既可存放在处理器内部的寄存器中，也可存放在主存储器中。因此，机器字长既是运算器的长度，也是寄存器的长度，一般情况下，它也是存储器的字长。通常，机器字长越长，计算机的运算能力越强，其运算精度也越高。

衡量机器字长的单位可用"位(bit)"，位是计算机内最小的信息单位，8位构成一个"字节(byte)"，现代计算机的机器字长一般都是8位的整数倍，如8位、16位、32位、64位和128位等，即字长由2个字节、4个字节、8个字节或16个字节组成。所以也可用"字节"来表示机器字长。

2. 速度

长期以来，"速度"被认为是评价计算机性能的重要指标之一，使用计算机的人希望计算机的运算速度越快越好，这是无可非议的，但是应该如何正确地描述计算机的运算速度，也是一个值得探讨的问题。

CPU速度是指单位时间(秒)内能够执行指令的条数。速度的计算单位不一，若以单字长定点指令的平均执行时间计算，用MIPS(Million Instructions Per Second)作为单位；若以单字长浮点指令的平均执行时间计算，则用MFLOPS(Million FLoating-point Operations Per Second)表示。现在，采用计算机中各种指令的平均执行时间和相应的指令运行权重的加权平均法求出等效速度作为计算机运算速度的标准。

3. 主频

主频又称为主时钟频率，是指CPU在单位时间(秒)内产生的时钟脉冲数，以MHz(兆赫兹)为单位。如486DX/66的主频为66MHz，PentiumⅡ/350的主频为350MHz，PentiumⅢ/550的主频为550MHz等。计算机CPU的时钟频率越高，运算速度越快，尤其是对于机器结构相同或相近的计算机。主频可用来比较运算速度的高低。

4. 存储器的容量

存储器容量的大小不仅影响着存储程序和数据的多少，而且也影响着运行这些程序的速度。这是人们在购买计算机时关心的又一个关键问题。

内存储器中能够存储的总字节数称为内存(一般指RAM)的容量。度量计算机内存容量的单位有B(字节)、KB(千字节)、MB(兆字节)、GB(千兆字节)等。现代计算机的内存容量已从MB数量级增加到GB数量级。对于外存储器，通常用到的度量单位为GB和TB(兆兆字节)。它们之间的换算关系如下：

bit	Byte	KiloByte	MegaByte	GigaByte	TeraByte
位 →	字节 →	千字节 →	兆字节 →	千兆字节 →	兆兆字节
	8bit	1024B	1024KB	1024MB	1024GB
		2^{10}B	2^{20}B	2^{30}B	2^{40}B

由于存储器的种类很多，因此关心存储器容量也不限于内存的大小，寄存器、高速缓存的大小，还有磁盘、光盘、磁带的容量，以及分散在显示卡、图形卡、视频卡、网络卡等上面的存储器容量都需要关心。

另外,对于磁盘存储器,除考虑它的存储容量外,还要考虑一些特殊的指标,如平均寻道时间、平均等待时间和数据传输速率等。所谓平均寻道时间,是指磁头沿着盘径移动到需要读写的那个磁道花费的平均时间。所谓平均等待时间,是指需要读写的扇区旋转到磁头下面花费的平均时间。所谓数据传输速率,是指磁头找到所需要读写的扇区后,每秒钟可以读出或写入磁盘的字节数。

5. 存取周期

存储器完成一次数据的读(取)或写(存)操作所需要的时间称为存储器的存取(或访问)时间。存储器执行一次完整的读/写操作所需要的时间称为存取周期,即从存储器中连续读或写两个字所用的最小时间间隔。内存大都由大规模集成电路制成,其存取周期目前为几十纳秒(ns)。

6. 可靠性

系统的可靠性通常用平均无故障时间 MTBF 和平均故障修复时间 MTTR 来表示。这里的故障主要指硬件故障,不是指软件误操作引起的暂时失败。MTBF 是 Mean Time Between Failures 的缩写,指多长时间系统发生一次故障。MTTR 是 Mean Time To Repair 的缩写,指修复一次故障所需要的时间。显然,如果系统的 MTBF 时间很长、MTTR 时间很短,那么该系统的可靠性就很高。

提高系统可靠性的有效措施是冗余技术和预防性维护。冗余技术既可以是硬件冗余,也可以是软件冗余,或者两者兼有。它主要是采用同样的或不同的双份或多份设备。例如,目前在实时应用系统或监控系统中采用的"双机热备份"就是整机冗余措施。预防性维护是为了使系统的性能和可靠性满足要求,应定期检测、保养和调整,一旦出现故障,应立即修复,以提高平均无故障时间和降低平均维修时间。

7. 带宽

计算机的数据传输率还常用带宽表示,它反映计算机的通信能力。当然,与通信相关的设备、线路都有带宽指标。

数据传输率的单位是 bps,bps 代表每秒传输一位或一比特(bits per second)。由于 bps 太小,所以常用 Kbps 表示每秒一千比特,Mbps 表示每秒一兆比特,Gbps 表示每秒一吉比特。例如,网卡的速率为 10～100Mbps,调制解调器速率为 56Kbps 等。

理想的计算机系统要求功能和程序行为之间有良好的匹配。由于计算机性能受到多个方面的影响,如程序的算法设计、数据结构、所使用编程语言的效率、编写程序的程序员的水平及编译技术等,所以机器性能将随着程序而变化。这说明在实际应用中要达到峰值性能是不可能的。

1.2　计算机的基本结构与组成

一个完整的计算机系统包含硬件和软件两大部分。硬件通常是指一切看得见、摸得到的设备实体,硬件是计算机系统的物质基础,正是在硬件高度发展的基础上,才有软件赖以生存的空间和活动场所,没有硬件对软件的支持,软件的功能就无从谈起。

计算机的软件系统是在硬件系统的基础上,为有效地使用计算机而配置的。没有系统软件,现代计算机系统就无法正常地、有效地运行;没有应用软件,计算机就不能发挥效能。

微型计算机系统的硬件部分包括微型计算机和外围设备,软件部分包括系统软件、应用软件和程序设计语言等。

　　微型计算机系统的组成如图1.1所示。

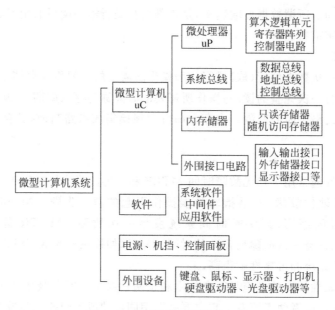

图 1.1　微型计算机系统的组成

　　计算机系统的功能由硬件或软件实现,现代计算机系统的硬件和软件正朝着互相渗透、互相融合的方向发展,计算机系统中没有一条明确的硬件与软件的分界线。硬件和软件的界面是浮动的,对于程序设计人员来说,硬件和软件在逻辑功能上是等价的。

1.2.1　计算机的硬件

　　所谓硬件系统,是指构成计算机系统的物理实体或物理装置。它由控制器、运算器、存储器、输入设备和输出设备等部件构成,如图1.2所示。

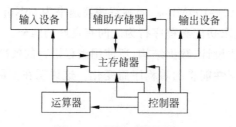

图 1.2　计算机硬件组成

1. 运算器

　　运算器是对信息或数据进行处理和运算的部件,可以实现各种算术运算和逻辑运算。运算器也称为算术逻辑单元 ALU(Arithmetic and Logic Unit),它由执行算术及逻辑运算的算术逻辑运算部件和用于暂存数据的寄存器两部分组成,是计算机实现高速运算的核心。它按照指令,在控制器的控制下,对信息进行算术运算、逻辑运算、移位运算等操作。

2. 控制器

控制器(Control Unit，CU)主要用来实现计算机本身运行过程的自动化,即实现程序的自动执行,是计算机的管理机构和指挥中心。它的功能是识别翻译指令代码,安排操作次序并向计算机各部件发出适当的控制信号,以便执行机器指令,使计算机能自动地、协调一致地工作。执行程序时,控制器首先从内存中按顺序取出一条指令,并对指令进行分析,然后根据指令的内容向有关部件发出控制命令,控制它们执行规定的任务。这样逐一执行指令,就能使计算机按照这些指令组成的程序要求,自动运行。

在微型计算机中,通常将运算器和控制器集成在一片大规模集成电路中,称为微处理器(或中央处理器 CPU)。

3. 存储器

存储器是计算机的存储和记忆装置,用来存储程序和数据,由存储单元组成。它是计算机各种信息的存储和交流中心,计算机要执行的程序以及要处理的数据都要事先装入到内存中才能被 CPU 执行或访问。对内存的操作有两种,即读操作和写操作。读操作是将内存单元存放的信息读取出来,而写操作是将信息送到内存单元保存起来。显然,写操作的结果改变了被写内存单元的内容,是破坏性的,相当于覆盖;而读操作是非破坏性的,即该内存单元的内容在信息被读出之后仍保持原信息不变,相当于复制。

计算机的存储器分为内存储器和外存储器两大类。内存储器主要采用半导体存储器,其中可以随机进行读和写的存储器称为随机存储器(RAM),只能读出不能写入信息的存储器称为只读存储器(ROM)。内存储器是主机的一部分,而外存储器如磁盘(硬磁盘和软磁盘)、磁带机、光盘等属于输入/输出设备。外存储器也称为辅助存储器,或简称外存,外存用来存储那些暂时不用的信息。外存的存储容量大,价格便宜,但存取速度相对较慢。

4. 输入设备和输出设备

计算机的输入/输出设备(Input/Output Device)简称 I/O 设备或者外设。位于主机之外,实现计算机与外部设备或者计算机与人进行信息交换,所以又称为外围设备(Peripheral Device)。输入设备的任务是将人们要求计算机处理的程序、数据、文字、图形、语音等各种形式的信息转化为计算机能接收的二进制编码形式输入主机中,等待计算机处理。常用的输入设备有键盘、鼠标、扫描仪等。

输出设备用来输出计算机的处理结果,可以是数字、字母、表格、图形等,是计算机向外部世界输出信息的出口。常用的输出设备有打印机、CRT 显示器和绘图仪等。

为使主机方便地访问外设,外设中的每个寄存器都赋予了一个端口(Port)地址,这样就组成了一个独立于内存储器的 I/O 地址空间。IBM PC 的 I/O 地址空间可达 64KB,用 16 位二进制代码表示的地址范围是 0000H～FFFFH。

IBM PC 提供了两种类型的系统功能调用以方便用户使用外设。一种是 BIOS(Basic Input/Output System)功能调用,另一种是 DOS(Disk Operating System)功能调用。它们都是系统编制的子程序,通过中断方式转入所需要的子程序去执行,执行完后返回原来的程序继续执行。这些程序有的完成一次简单的外设信息传送,如从键盘输入一个字符,或送一个字符至显示器等;也有的完成相当复杂的一次外设操作,如从磁盘读写一个文件等。

5. 硬件系统的结构

硬件系统的结构是指由各部件构成系统时的连接方式。一种典型的微型计算机硬件系统结构如图 1.3 所示。

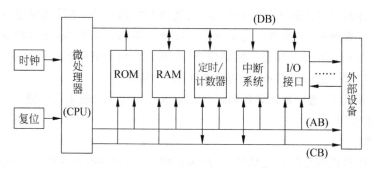

图 1.3　微型计算机系统结构

这种硬件系统结构是单系统总线的系统结构。系统总线把处理器、存储器、输入/输出接口和外围设备连接起来，用来传送它们之间的信息。系统总线是进行信息传递的公共信号线，它们可以是带状的扁平电缆线，也可以是印制电路板上的一层极薄的金属连线。系统总线由地址总线 AB(Address Bus)、数据总线 DB(Data Bus)和控制总线 CB(Control Bus)组成。

（1）地址总线。在该组信号线上，CPU 输出将要访问的内存单元或 I/O 端口的地址信息。地址线的根数决定了系统能够直接寻址的内存空间的大小和外设端口范围。地址总线是单向总线。

（2）数据总线。CPU 进行读操作时，主存或外设的数据通过该组信号线输入到 CPU 内部；CPU 进行写操作时，CPU 内部的数据通过该组信号线输出到主存或外设。数据线的根数决定了一次能够传输数据的位数。数据总线是双向总线。

（3）控制总线。控制信号线用于协调系统中各部件的操作。其中，有些信号线将 CPU 的控制信号或状态信号送往外界；有些信号线将外界的请求或联络信号送往 CPU；个别信号线兼有以上两种情况。控制总线决定了总线的功能强弱、适应性的好坏。各类总线的特点主要取决于它的控制总线。控制总线中每根线的传输方向是一定的。

计算机采用总线结构，各部件均挂接在系统总线上，使得系统结构简单，易于维护，并为系统功能的扩充或升级提供了很大的灵活性。

微型计算机简称"微型机"，是指以微处理器为基础，配以内存储器及输入/输出(I/O)接口电路和相应的辅助电路而构成的裸机。由微型计算机配以相应的外围设备(如打印机、显示器、磁盘机和扫描仪等)及其他专用电路、电源、面板、机架以及足够的软件构成的系统称为微型计算机系统。

图 1.4 给出了微处理器、微型计算机、微型计算机系统之间的关联与区别。

6. 主板

微型计算机系统是指以微型计算机为主体，配以相应的外围设备及其他的专用电路、电源、面板、机架以及软件系统所构成的系统。一台微机仅靠高速的 CPU 是不够的，如果其外围电路没有跟上，仍采用中、小规模集成电路，那么无论是微机系统的性能还是体积都会令人失望，于是与微机配套的外围芯片组应运而生。由微处理器、存储器与外围芯片组等所

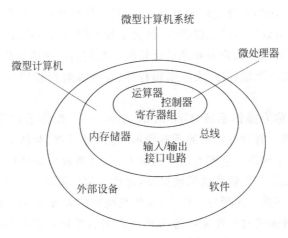

图 1.4　微处理器、微型计算机、微型计算机系统之间的联系与区别

构成的主机板（或称为主板）为生产兼容机的厂商或自行组装计算机的业余爱好者提供了方便。

主板是 PC 硬件系统集中管理的核心载体。几乎集中了全部系统功能，能够根据系统和程序的需要，调度 PC 各个子系统配合工作，并为实现系统的管理提供充分的硬件保证。

现在的主板有两种设计模式：一种是 IBM 公司提出的 AT 结构标准，通常适用于 Pentium 及以下的 PC 系统；另一种是 Intel 公司提出的 ATX 结构标准，布局合理，同时推出了 ATX 电源，可以用操作系统进行关机控制。

主板的主要构成有以下几部分。

(1) CPU 插槽。

(2) 内存插槽。

(3) 芯片组。

(4) 二级高级缓冲存储器。

(5) CMOS 芯片。

(6) 总线扩展槽。

(7) AGP 显示卡插槽。

(8) 外接接口插座。

(9) 串行和并行端口。

(10) 主板跳线。

(11) 系统监控。

除此以外，某些主板还具有远程开机、定时开机和键盘开机的能力。

综上所述，主板上主要装配有 CPU、芯片组以及若干个插槽和外设接口插座。其中 CPU 插在固定在主板上的插座（Pentium 及其之前的 CPU）中或插在 Slot 1 插槽（Pentium Ⅱ）中。

1.2.2　计算机的软件

计算机的软件是指运行、维护、管理、应用计算机所需要的各种程序及其有关的文档资料，即指计算机系统所用的各种程序的集合，包括系统软件和应用软件两大类。

系统软件一般是由计算机厂家提供的，是为了最大限度地发挥计算机作用，充分利用计算机资源，以及便于用户使用、管理和维护计算机而编制的程序的总称。它一般包括操作系统、监控程序、输入/输出驱动程序、文本编辑程序、编译和解释程序、调试程序、连接定位程序等。

系统软件的核心称为操作系统（Operating System）。操作系统是系统软件的指挥中枢，它的主要作用是统一管理计算机的所有资源，包括处理器、存储器、输入/输出设备以及其他的系统软件和应用软件。它能为用户创造方便、有效和可靠的计算机工作环境。操作系统的出现，使计算机的使用效率成倍地提高，并且为用户提供了方便的使用手段和令人满意的服务质量。根据不同的使用环境要求，操作系统目前大致分为批处理操作系统、分时操作系统、网络操作系统及实时操作系统等多种。常用的操作系统有 DOS、Windows、OS/2、UNIX、Linux 及 NetWare 等。

语言加工软件主要是对用户使用的各种高级语言进行加工处理，使计算机最终完成用户使用各种语言所描述的任务。主要包括编辑程序、汇编程序、编译程序、解释程序和连接程序等。

算法语言比较接近数学语言，它直观通用，与具体机器无关，只要稍加学习就能掌握，便于推广使用计算机。有影响的算法语言如 BASIC、FORTRAN、C、C++ 及 Java 等。用算法语言编写的程序称为源程序。但是，这种源程序如同汇编源语言一样，是不能由机器直接识别和执行的，也必须给计算机配备一个既懂算法语言又懂机器语言的编译系统或解释系统，才能把源程序翻译成机器语言。

用户软件是用户在自己的业务范围内为解决特定的问题而自行编制、开发的程序。它主要面向各种专业应用和某一特定问题的解决，一般指操作者在各自的专业领域中为解决各类实际问题而编制的程序。例如，计算程序、信息管理程序、过程控制程序等。目前，计算机的应用领域不断扩大，越来越多的计算机应用软件不断涌现。计算机应用在渗透到许多崭新的工业领域的同时，也使得传统的产业部门面目一新。

大型的程序设计项目往往要借助软件开发工具（包）。这个开发工具是进行程序设计所用到的各种软件的有机集合，所以也被称为集成开发环境。其中，有文本编辑器，有语言翻译程序，有用于形成可执行文件的连接程序，一般还有进行程序排错的调试程序等。

1.2.3 计算机的程序设计语言

众所皆知，一个计算机程序总是基于某种程序设计语言。半个多世纪以来，程序设计语言经历了由低级向高级的发展，从最初的机器语言、汇编语言，发展到较高级的程序设计语言，直至今天的第四代、第五代高级语言。高级语言的面向自然语言表达，易学、易用、易理解、易修改等优势加速了程序设计语言的发展，促进了计算机的普及使用，也大大提高了计算机的效率，增强了其功能。计算机的深入发展和应用普及除了计算机硬件本身发展迅速的因素外，与之相适应的更为重要的因素是计算机软件的飞速发展。多数计算机用户是通过应用程序设计语言这种更直接的方式来实现使用计算机的意图和目的的。

1. 机器语言

计算机能够直接识别的是二进制数 0 和 1 组成的代码。机器指令就是用二进制编码的指令,一条机器指令控制计算机完成一个操作。每种处理器都有各自的机器指令集,某处理器支持的所有指令的集合就是该处理器的指令集。指令集及使用它们编写程序的规则被称为机器语言。

用机器语言形成的程序是计算机唯一能够直接识别并执行的程序,而用其他语言编写的程序必须经过翻译、变换成机器语言程序。所以,机器语言程序常称为目标程序。机器指令一般由操作码和操作数构成。操作码表明处理器要进行的操作,操作数表明参加操作的数据对象。一条机器指令是一组二进制代码,一个机器语言程序就是一段二进制代码序列。由于二进制代码序列比较长,因此常用对应的十六进制形式表达。用机器语言编写程序的最大缺点是难以理解,因而极易出错,也难以发现错误。所以,只是在计算机发展的早期或不得已的情况下,才用机器语言编写程序。

2. 汇编语言

汇编语言是一种符号语言,它用助记符表示操作码,比机器语言容易理解和掌握,也容易调试和维护。助记符一般是表明指令功能的英语单词或其缩写,指令操作数同样也可以用易于记忆的符号表示。但是,汇编语言源程序要翻译成机器语言程序才可以由处理器执行。这个翻译的过程称为“汇编”,完成汇编工作的程序就是汇编程序。

3. 高级语言

高级语言比较接近于人类自然语言的语法习惯及数学表达形式,它与具体的计算机硬件无关,更容易被广大计算机工作者掌握和使用。利用高级语言,即使一般的计算机用户也可以编写软件,而不必懂得计算机的结构和工作原理。当然,用高级语言编写的源程序不会被机器直接执行,而需经过编译或解释程序的翻译才可变为机器语言程序。

4. 汇编语言的重要性

高级语言简单易学,而汇编语言复杂、难懂,那么,在什么情况下采用汇编语言编写程序是必要的呢?

(1) 程序要具有较快的执行时间,或者只能占用较小的存储容量,如操作系统的核心程序段、实时控制系统的软件、智能仪器仪表的控制程序等。

(2) 程序与计算机硬件密切相关,程序要直接、有效地控制硬件,如 I/O 接口电路的初始化程序段、外部设备的低层驱动程序等。

(3) 大型软件需要提高性能、优化处理的部分,如计算机系统频繁调用的子程序、动态链接库等。

(4) 没有合适的高级语言或只能采用汇编语言的时候,如开发最新的处理器程序时,暂时没有支持新指令的编译程序。

(5) 汇编语言还有许多实际应用,如分析具体系统尤其是该系统的低层软件、加密解密软件、分析和防治计算机病毒等。

汇编语言的主要优点就是可以直接控制计算机硬件部分,可以编写在“时间”和“空间”两方面最有效的程序。这些优点使得汇编语言在程序设计中占有重要的位置,是不可被取代的。

1.2.4　计算机系统的层次结构

现代计算机系统的复杂性使得必须有复杂的硬件和软件系统支持。又由于软件和硬件的设计者和使用者都从不同的角度，以各种不同的语言来对待同一个计算机系统，因此，他们各自看到的计算机系统的属性及对计算机系统提出的要求也就不一样。于是，对不同的对象而言，一个计算机系统就成为实现不同语言的具有不同属性的机器。

计算机系统的层次结构，就是针对上述不同现象从各种角度所看到的机器之间的有机联系，分清彼此之间的界面，明确各自的需求，以便构成最合理、最有效的计算机系统结构。图1.5给出了计算机系统的典型层次划分结构。

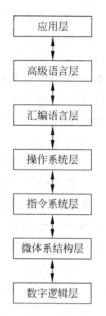

图1.5　计算机系统的层次结构

1. 数字逻辑层

数字逻辑层是计算机系统的最底层，它涉及计算机硬件的最基础的数字逻辑和数字门电路知识，解决了如何存储信息、如何传送信息以及如何运算与加工信息等方面的问题。

2. 微体系结构层

计算机最本质的功能是执行程序，程序是按照一定规则和顺序组织起来的指令序列。微体系结构层要实现执行指令所需要的所有功能部件，如运算、控制、存储、输入/输出、接口和总线部件等。部件的组成与运行、部件之间的连接以及协同工作也是该层要实现的任务。

3. 指令系统层

在指令系统层，需要定义机器的指令集，规定每一条指令的格式和功能，定义指令能处理的数据类型和对数据进行运算的算法，访问内存储器及外设的方式等。一台计算机的指令系统，对计算机厂家和用户来说，都是非常重要的。

4. 操作系统层

操作系统层主要承担计算机系统中的资源管理与分配，也向使用者和程序设计人员提供简单、方便、高效的服务。它是用计算机硬件指令系统所提供的指令设计出来的程序，把一些常用功能以操作命令或者系统调用的方式提供给使用人员。操作系统层进一步扩展了硬件系统的功能，使用户面对的是更加强大的计算机系统。

5. 汇编语言层

汇编语言是面向计算机硬件本身的，程序设计人员可以使用的一种符号式的计算机语言，汇编语言的语句可以直接访问CPU、存储器和I/O设备，它是除机器语言外实现速度最快的一种计算机编程语言。汇编语言的程序必须经过汇编程序的翻译才能在机器上执行。

6. 高级语言层

高级语言不像汇编语言那样"靠近"计算机的指令系统，而是着重面向解决实际问题所用的算法，更多的是为方便程序设计人员写出自己解决问题的处理方案和解题过程的程序。用高级语言编写的程序必须由编译程序或解释程序翻译后才能执行。

7. 应用层

在高级语言层之上，还可以有应用层，这一层是为了使计算机满足某种用途而专门设计的，它由面向问题的应用语言和解决实际问题的处理程序组成。

1.3　计算机中的数制与码制

计算机的基本功能是对数据进行加工,因此要加工的数据必须送入计算机中。人们习惯用十进制数,而计算机中却采用二进制数。这是因为二进制数只有"0"与"1"两个数码,不仅易于物理实现,数据存储、传送和处理简便可靠,而且运算规则简单,节省设备。特别是采用二进制后,能方便地使用逻辑代数这一数学工具进行逻辑电路的设计、分析、综合,并使计算机具有逻辑性。

在计算机中,所用的数字、字符、指令、状态都是用二进制数来表示。为了书写方便,计算机还采用其他进制数,如十六进制和八进制等。

1.3.1　数制及数制转换

1. 进位计数制

进位计数制是采用位置表示法,即处于不同位置的同一个数字符号,所表示的数值不同。一般来说,如果数制只采用 R 个基本符号,则称为基 R 数制,R 称为数制的"基数",或简称"基"(Radix);而数制中每一固定位置对应的单位值称为"权"(Weight)。

进位计数制的编码符合"逢 R 进位"的规则,各位的权是以 R 为底的幂,一个数可按权展开成多项式,例如"逢十进一"的十进制数 1992.8 可写为:

$$1992.8 = 1 \times 10^3 + 9 \times 10^2 + 9 \times 10^1 + 2 \times 10^0 + 8 \times 10^{-1}$$

对 R 进制数 N,若用 $n+m$ 个代码 D_i($-m \leqslant i \leqslant n-1$)表示,从 D_{n-1} 到 D_{-m} 自左至右排列,其按权展开多项式为:

$$N = D_{n-1}R^{n-1} + D_{n-2}R^{n-2} + \cdots + D_0R^0 + D_{-1}R^{-1} + \cdots D_{-m}R^{-m}$$
$$= \sum_{i=-m}^{n-1} D_i R^i$$

其中,D_i 为第 i 位代码,它可取 $0 \sim (R-1)$ 之间的任何数字符号;m 和 n 均为正整数,n 表示整数部分的位数,m 表示小数部分的位数;D_i 位的权值是以 R 为底的幂。

下面是计算机常用的进位计数制。

二进制:　　$R=2$;　　基本符号是　0,1。

八进制:　　$R=8$;　　基本符号是　0,1,2,3,4,5,6,7。

十进制:　　$R=10$;　　基本符号是　0,1,2,3,4,5,6,7,8,9。

十六进制:　$R=16$;　　基本符号是　0,1,2,3,4,5,6,7,8,9,A,B,C,D,E,F。

其中,十六进制中的数符 A~F 字母,分别对应十进制的 10~15,例如一个十六进制数 8AE6 可写成:

$$8AE6H = 8 \times 16^3 + 10 \times 16^2 + 14 \times 16^1 + 6 \times 16^0$$

在数 8AE6 后加 H 是为了识别十六进制数而加的标识字母。

二进制数、八进制数、十六进制数和十进制数之间的关系如表 1.1 所示。

由于二进制书写长,难读难懂,为书写方便,计算机中经常使用八进制或十六进制。人们又习惯于十进制,而计算机内必须采用二进制,故上面 4 种进制是经常要用到的。为识别方便,二进制数尾加 B 作标识;十进制加 D 或省略;八进制加 Q;十六进制则加 H。使用 4

种进制必然产生各种数制间的相互转换问题。

表 1.1 二、八、十六和十进制数的对应关系

二进制数	八进制数	十六进制数	十进制数
0000	00	0	0
0001	01	1	1
0010	02	2	2
0011	03	3	3
0100	04	4	4
0101	05	5	5
0110	06	6	6
0111	07	7	7
1000	10	8	8
1001	11	9	9
1010	12	A	10
1011	13	B	11
1100	14	C	12
1101	15	D	13
1110	16	E	14
1111	17	F	15

2. 进位计数制间的相互转换

不同进位计数制之间的数据转换，其实质是进行基数的转换，转换原则是根据两个有理数相等，其整数部分与小数部分分别相等。故整数部分和小数部分要分别进行转换。

1）二进制、八进制、十六进制转换为十进制

其转换规则为"按权相加"。

【例 1.1】 将 10101101.101B 转换为十进制数。

$$10101101.101B = 2^7 + 2^5 + 2^3 + 2^2 + 2^0 + 2^{-1} + 2^{-3}$$
$$= 128 + 32 + 8 + 4 + 1 + 0.5 + 0.125$$
$$= 173.625D$$

【例 1.2】 将 311Q 和 2A.61H 转换为十进制数。

$$311Q = 3 \times 8^2 + 1 \times 8^1 + 1 \times 8^0$$
$$= 3 \times 64 + 8 + 1$$
$$= 201D$$
$$2A.61H = 2 \times 16^1 + A \times 16^0 + 6 \times 16^{-1} + 1 \times 16^{-2}$$
$$= 32 + 10 + 0.375 + 0.0039$$
$$= 42.3789D$$

2）十进制转换为二进制、八进制、十六进制

整数部分转换——将十进制数连续用基数 R 去除，直到商数到零为止，每次除得的余数依次为二进制数由低到高的各位值，简称"除 R 取余"法。

【例 1.3】 将 47D 转换为二进制数。

方法：把要转换的十进制数的整数部分不断除以 2，并记下余数，直到商为 0 为止。

$$47/2 = 23 \quad (a_0 = 1)$$
$$23/2 = 11 \quad (a_1 = 1)$$
$$11/2 = 5 \quad (a_2 = 1)$$
$$5/2 = 2 \quad (a_3 = 1)$$
$$2/2 = 1 \quad (a_4 = 0)$$
$$1/2 = 0 \quad (a_5 = 1)$$

所以　47D＝101111B。

【例 1.4】　将十进制数 36 521 转换成十六进制数。

方法：把要转换的十进制数的整数部分不断除以 16，并记下余数，直到商为 0 为止。

$$36\,521/16 = 2282 \quad (a_0 = 9)$$
$$2282/16 = 142 \quad (a_1 = 10)$$
$$142/16 = 8 \quad (a_2 = 14)$$
$$8/16 = 0 \quad (a_3 = 8)$$

所以　36521D＝8EA9H。

3）二进制与八进制、十六进制之间的转换

由于八进制数和十六进制数是从二进制数演变而来的，由三位二进制数组成一位八进制数，由四位二进制数组成一位十六进制数。即八进制数、十六进制数与二进制数有内在联系：$2^3 = 8$，$2^4 = 16$。因此，八进制数、十六进制数与二进制数之间的转换直接且方便。

【例 1.5】　把 110111101.011100B 转换为八进制数。

$$110111101.011100B = (110)(111)(101).(011)(100)B$$
$$6 \quad 7 \quad 5 \quad 3 \quad 4$$

即　110111101.011100B＝675.34Q

【例 1.6】　把 10101001.01101B 转换为十六进制数。

$$10101001.01101B = (1010)(1001).(0110)(1000)B$$
$$A \quad 9 \quad 6 \quad 8$$

所以　10101001.01101B＝A9.68H。

【例 1.7】　把 7352Q 转换为二进制数。

$$7352Q = (111)(011)(101)(010)B$$
$$= 111011101010B$$

【例 1.8】　把 5F.A5H 转换为二进制数。

$$5F.A5H = (0101)(1111).(1010)(0101)B$$
$$= 01011111.10100101B$$

1.3.2　机器数的编码

日常生活中遇到的数除上述用各种进制表示的无符号数外，还有带符号数。数的符号在计算机中也用二进制数表示，通常用二进制数的最高位表示数的符号。0 表示该数为正，1 表示该数为负，这种在机器中使用的连同数符一起数码化的二进制数就称为机器数。常采用的机器数有原码、反码、补码 3 种码制。若 X 为一符号数，则 X 的原码、反码、补码分别记作$[X]_原$、$[X]_反$、$[X]_补$，相应 X 就称为真值即机器数本身所表示的数值。

1. 原码

所谓原码,就是用数的最高位表示符号位,而其余各位表示真值的绝对值,符号位为"0"表示该数为正数,符号位为"1"表示该数为负数。例如,一个 8 位二进制数 D_7 表示符号位,$D_6 \sim D_0$ 表示数码,其格式如下:

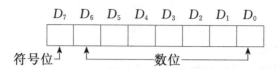

则:

$$X_1 = +1100110B \qquad [X_1]_原 = 01100110B$$
$$X_2 = -1100110B \qquad [X_2]_原 = 11100110B$$

原码是一种比较直观的机器数表示方法,原码和它的真值是极其相似的,只是以符号位的 0、1 来表示真值的正负,其余各位和真值完全一样,故称为原码。需注意的是真值 0 在原码表示中有两种形式,即:

$$[+0]_原 = 00000000B$$
$$[-0]_原 = 10000000B$$

数的原码与真值之间的关系比较简单,其算术运算规则与大家已经熟悉的十进制运算规则类似,当运算结果不超出机器能表示的范围时,运算结果仍以原码表示。它的最大缺点是在机器中进行加减法运算时比较复杂。例如,当两数相加时,先要判别两数的符号,如果两数是同号,则相加;两数是异号,则相减。而进行减法运算又要先比较两数绝对值的大小,再用大绝对值减去小绝对值,最后还要确定运算结果的正负号。后面介绍的用补码表示的数在进行加减法运算时可避免这些缺点。

2. 反码

正数的反码与原码相同,而负数的反码,符号位仍用 1 表示,其余数值位按位取反即可。例如:

$$X_1 = +1101110B$$
$$[X_1]_反 = 01101110B = [X_1]_原$$
$$X_2 = -1101110B$$
$$[X_2]_原 = 11101110B$$
$$[X_2]_反 = 10010001B$$

在反码中,零的表示也不唯一,这是需注意的地方。

$$[+0]_反 = 00000000B$$
$$[-0]_反 = 11111111B$$

反码在机器中很容易得到(经过一个反相器),因而它常用在求补码的场合。

3. 补码

为了解决减法转化为加法的问题,以简化计算机的运算线路,就产生了补码表示法。

如果想把十进制减法变成加法,那么,减一个十进制数可采用加该数的(相对于 10 的)补数,然后丢掉其进位就得到相减的结果。在日常生活中使用的模数系统很多,例如时钟是以 12 为模数的系统,假设表针指 9 点,现在要拨到 6 点,可以有两个方法,一是逆时针倒拨

3 小时,相当于做减法 9－3＝6,也可以顺时针拨 9 个小时,相当于做加法,9＋9＝12＋6＝6,其中减去进位 12。这里 12 是模数,3、9 是相对模 12 互为补数的。

正数的补码与其原码相同,负数的补码求法很多,这里介绍一种比较简单的办法来写出一个负数的补码表示:即先写出与该负数相对应的正数的原码表示,然后将其按位取反(即 0 变为 1,1 变为 0),最后在末位加 1,就可以得到该负数的补码表示了。

【例 1.9】　机器字长为 8 位,写出－46D 的补码表示。

＋46D 的补码表示	0010	1110
按位取反后为	1101	0001
末位加 1 后为	1101	0010
用十六进制数表示	D	2

即[－46]$_补$＝D2H。

【例 1.10】　机器字长为 16 位,写出 $N＝－117D$ 的补码表示。

＋117D 可表示为	0000	0000	0111	0101
按位取反后为	1111	1111	1000	1010
末位加 1 后为	1111	1111	1000	1011
用十六进制数表示为	F	F	8	B

即[－117]$_补$＝FF8BH。

1.3.3　定点数与浮点数

1. 定点数

所谓定点数,是指小数点在数中的位置是固定不变的,以定点法表示的实数称为定点数。通常定点数的表示有两种形式:一种是定点整数,小数点在数的最右方,即为纯整数;另一种是定点小数,小数点在符号位之后,即为纯小数。小数点都是隐含的,不作单独的信息存放在某一位中。

如果计算机采用定点整数表示,则参与运算的数必须都是整数,若参与运算的数是小数,就要在运算前乘以一个比例因子,将小数放大为整数;如果计算机采用定点小数表示,则参与运算的数必须都是小数,若参与运算的数是整数,则也需要在运算前乘以一个比例因子,将整数缩小为小数。

定点表示法要求程序员做的一件重要工作是为要计算的问题选择"比例因子"。所有原始数据都要用比例因子化成小数或整数,计算结果又要按比例因子恢复为实际值。在计算过程中,中间结果若超过最大绝对值,计算机便产生溢出,叫作"上溢"。这时必须重新调整比例因子。中间结果若超过最小绝对值,计算机只能把它当作 0 处理,叫作"下溢"。这时也必须重新调整比例因子。对于复杂计算,计算中间需要多次调整比例因子。

定点整数与定点小数的格式如图 1.6 所示。

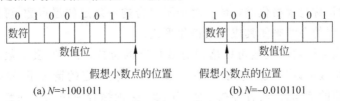

图 1.6　定点数表示

以上两种定点数的表示,计算机均可采用,目前微型机中,多采用定点整数形式。这里需强调的是,小数点位置为假想位置,当机器设计时将表示形式约定好,则各种部件及运算线路均按约定形式进行设计。

2. 浮点数

在科学计算中,可能会涉及很大的数或很小的数,这些数用指定字长计算机的定点表示法是无法表示的,但可用浮点表示法表示。浮点数是指计算机中数的小数点位置不是固定的,而是"浮动"的。

任意一个二进制数 N 总可以写成下面的形式:

$$N = 2^{\pm E} \times (\pm S)$$

式中,2 称为基数;E 称为阶码;S 称为尾数。

在浮点表示法中,数由两部分构成:一部分表示数的有效数字,称为尾数部分;另一部分表示数的因子中基数的幂次,称为阶码部分。尾数部分包括尾数和数符,阶码部分中包括阶码和阶符。

浮点数在机器中的表示形式为:

阶符	阶码 E	数符	尾数 S

阶码和尾数均用二进制表示。尾数为二进制定点小数,约定小数点在尾数最高位的左边,即为二进制纯小数。阶码为定点整数,其隐含基数可以为 2,也可以为 2^q,q 可以为 2、3、4 等整数值,q 的取值,阶码的隐含基数将因计算机而异。阶码的大小表示了该数的实际小数点位置与尾数的约定小数点位置之间的位移量。阶符表示数的实际小数点相对约定小数点的浮动方向:若阶符为负数,实际小数点在约定小数点左边,反之在右边;而数符代表了浮点数的符号。

【例 1.11】 设字长为 8 位,其中阶码 2 位,尾数取 4 位。有一个数为 $2^2 \times 10$,写出浮点数表示形式。

$2^2 \times 10$ 在机器中相应的浮点数表示形式为:

0　　10　　0　　1010

阶符　阶码　数符　尾数

浮点表示法的最大特点是它可表示的数值范围较大。故用于科学计算的计算机,一般都采用浮点表示法。

设阶码的位数为 m 位,尾数的位数为 n 位,则浮点数 N 的取值范围为:

$$2^{-n} \times 2^{-(2^m-1)} \leqslant |N| \leqslant (1 - 2^{-n}) \times 2^{(2^m-1)}$$

如果尾数的绝对值小于 1 且大于等于 0.5,即采用原码编码的正数或负数和采用补码编码的正数,其尾数的最高位数字为 1;采用补码编码的负数,其尾数的最高位数字为 0,则该浮点二进制数被称为规格化浮点数。对于不符合这一规定的浮点数,可以通过左右移动尾数同时修改阶码的办法来使其成为规格化形式。

可以看出,增加尾数的位数可以增加有效数字的位数,提高所表示数的精度。另一方面,增加阶码的位数可以扩大所表示数的范围。在字长一定的情况下,既要有效数字位数多,又要表示数值的范围大,两者存在矛盾。因此,必须综合考虑如何在给定字长条件下适当分配阶码和尾数的位数。

不同的计算机系统,对浮点数的表示形式有所不同,但运算的原理是一致的。

浮点数的加减运算要求小数点对齐,就是阶码相等。一个浮点数的阶码的改变必须伴随着尾数的移位,才不会改变数的值。浮点运算后,经常要把结果规格化。规格化的操作是尾数每右移 1 位(相当于小数点左移 1 位),阶码加 1;尾数每左移 1 位,阶码减 1。因此,浮点运算规则复杂,实现时需要较多硬件。

在做浮点数运算时,由于尾数和阶码分别进行计算,两者都存在溢出现象。当阶码超出计算机所能表示的最小数时,此时数的绝对值很小,称为"下溢",做"0"处理;当阶码超过计算机所能表示的最大数时,称为"上溢"。计算机遇到溢出时,要做相应的中断处理。

1.3.4　码制

1. ASCII 码

字母、数字、符号等各种字符也必须按特定的规则,用二进制编码才能在计算机中表示。字符编码的方式很多,使用最多、最普遍的是 ASCII 码(American Standard Code for Information Interchange)。它是用 7 位二进制编码,在计算机中用一个字节表示一个 ASCII 码字符,最高位默认为 0。

ASCII 码可以表示 2^7 即 128 个字符。其中包括 34 个控制字符、52 个英文大小写字母、10 个阿拉伯数字、32 个标点符号和运算符号,如表 1.2 所示。

表 1.2　7 位 ASCII 码表

$D_6 D_5 D_4$ / $D_3 D_2 D_1 D_0$	000	001	010	011	100	101	110	111
0000	NUL	DLE	SP	0	@	P	`	p
0001	SOH	DC1	!	1	A	Q	a	q
0010	STX	DC2	"	2	B	R	b	r
0011	ETX	DC3	#	3	C	S	c	s
0100	EOT	DC4	$	4	D	T	d	t
0101	ENQ	NAK	%	5	E	U	e	u
0110	ACK	SYN	&.	6	F	V	f	v
0111	BEL	ETB	'	7	G	W	g	w
1000	BS	CAN	(	8	H	X	h	x
1001	HT	EM	)	9	I	Y	i	y
1010	LF	SUB	*	:	J	Z	j	z
1011	VT	ESC	+	;	K	[	k	{
1100	FF	FS	,	<	L	\	l	|
1101	CR	GS	—	=	M	]	m	}
1110	SO	RS	.	>	N	^	n	~
1111	SI	US	/	?	O	_	o	DEL

要确定某个字符的 ASCII 码,在表中先查出它的位置,然后确定它所在位置对应的列和行。根据列确定被查字符的高 3 位编码($D_6 D_5 D_4$),根据行确定被查字符的低 4 位编码($D_3 D_2 D_1 D_0$)。最后,将高 3 位编码与低 4 位编码连在一起就是被查字符的 ASCII 码。

例如,"A"字符的 ASCII 码是 1000001。若用十六进制表示为 41H,用十进制表示则为 65。

从 ASCII 码表中可以得到,00110000~00111001(即 30H~39H)是数字 0~9 的 ASCII 码。01000001~01011010(即 41H~5AH)是大写英文字母 A~Z 的 ASCII 码,而 01100001~01111010(即 61H~7AH)是小写英文字母 a~z 的 ASCII 码。

表 1.3 简要列出了 ASCII 码中各种控制字符的功能。

表 1.3　特殊控制符

控　制　符	功　　能	控　制　符	功　　能
NUL	空	RS	记录分隔符
SOH	标题开始	VT	垂直制表
STX	正文开始	FF	走纸控制
ETX	正文结束	CR	回车
EOT	传输结果	DLE	数据链换码
ENQ	询问	NAK	否定
ACK	承认	SYN	空转同步
BEL	振铃	CAN	作废
BS	退一格	ETB	信息组传递结束
HT	横向列表	EM	纸尽
LF	换行	DC1	控制设备1
US	单元分隔符	DC2	控制设备2
SO	移位输出	DC3	控制设备3
SI	移位输入	DC4	控制设备4
SP	空格	QSC	换码
FS	文字分隔符	SUB	减
GS	组分隔符	DEL	删除

2. BCD 码

一位十进制数用 4 位二进制编码来表示,表示的方法可以极多,较常用的是 8421BCD 码,表 1.4 列出了一部分编码关系。

表 1.4　BCD 编码表

十进制数	8421BCD 码	十进制数	8421BCD 码
0	0000	8	1000
1	0001	9	1001
2	0010	10	0001 0000
3	0011	11	0001 0001
4	0100	12	0001 0010
5	0101	13	0001 0011
6	0110	14	0001 0100
7	0111	15	0001 0101

8421BCD 码有 10 个不同的数字符号,且它是逢"十"进位的,所以,它是十进制数;但它的每一位是用 4 位二进制编码来表示的,因此,称为二进制编码的十进制数(Binary Coded Decimal,BCD)。

BCD 码是比较直观的。例如：

$$(0100\ 1001\ 0111\ 1000.0001\ 0100\ 1001)_{BCD}$$

可以很方便地认出为 4978.149，即只要熟悉了 BCD 的 10 个编码，立即可以很容易地实现十进制与 BCD 码之间的转换。

但是 BCD 码与二进制数之间的转换是不直接的，要先经过十进制数，即 BCD 码先转换为十进制码然后再转换为二进制数，反之亦然。

3. 汉字编码

汉字也是字符，但它比西文字符量多且复杂，给计算机处理带来了困难。汉字处理技术必须解决汉字的编码问题。根据汉字处理过程中不同的要求，汉字编码主要分为四类：汉字输入码、汉字交换码、汉字机内码和汉字字形码。

1）汉字的输入编码

汉字处理系统首先要解决的问题就是汉字的输入问题，为了能直接使用西文标准键盘进行输入，就必须为汉字设计相应的编码方法，即用西文标准键盘上的字母数字串表示汉字的编码。

对汉字进行编码的基本要求是规则简单、易于记忆、操作方便和重码率低等。目前，汉字输入编码方法主要有以下几种。

(1) 数字编码。数字编码就是用数字串代表一个汉字的输入，常用的是国标区位码，也可用电报码。

国标区位码是将国家标准局公布的 6763 个两级汉字分成 94 个区，每个区分 94 位，实际上是把汉字表示成二维数组。区码和位码各用两位十进制数字表示，因此输入一个汉字需要按键四次。例如，"中"字位于第 54 区的 48 位上，其区位码为 5448。"国"字位于第 25 区的 90 位上，其区位码为 2590。

数字输入编码方法的优点是无重码，而且输入码和内部编码的转换比较方便，但是每个编码都是等长的数字串，代码难以记忆。

(2) 拼音编码。拼音编码是以汉语拼音为基础的输入方法。凡是掌握汉语拼音的人，基本上不需要经过专门训练就可以使用拼音编码输入汉字。

这种编码方法存在的问题是：汉字中同音字多，重码率高，因此在按拼音输入后还需进行同音字的选择，汉字的输入速度受到影响。各个汉字的拼音码长度不一样，最短的只有一位，如阿(a)；而最长的汉字拼音码达到 6 位，如装(zhuang)，使得输入一个汉字的按键次数差别很大。

为了减少按键次数，提高汉字输入速度，很多汉字系统中将一些经常连用的字母用一个字符来代替，这就是所谓的双拼或简拼方式。

(3) 字形编码。字形编码是以汉字的形状确定的编码。汉字总数虽然很多，但是由一笔一画组成，全部汉字的部件和笔画是有限的。因此，把汉字的笔画和部件用字母或数字进行编码，按笔画书写的顺序依次输入，就能表示一个汉字。

五笔字型输入方法是效率很高的编码方法及最有影响的纯字形编码方法，是目前我国使用比较多的汉字输入方法之一。

字形编码方法的特点是符合人们识别汉字的习惯，不受读音不准确的影响，重码率低，但都需要学习和记忆汉字拆字的原则，不经过训练很难达到快速输入。

（4）音形编码。除字形编码外,还有一些编码方法是利用汉字字形、字音两个属性的特点并使其结合的混合编码方法,音形编码方法吸取了音码和形码的优点,使编码规则简化。如将汉字按形拆成字根,而后将字根按读音转换成字母。这种编码方法可形成固定长度的编码,但重码率较高。

随着图像和语言识别技术的进一步发展,计算机将能认识汉字和听懂汉语,即可以直接将汉字输入计算机内并自动转换成机内代码。

2）汉字交换码

在不同汉字信息处理系统间进行汉字交换时所使用的编码,就是国标码。无论采用哪种方法输入汉字,一旦输入到计算机中,必须采用统一的国标码标识每个汉字。

汉字区位码与国标码之间的转换规则为:

国标码的第一个字节＝区位码的区号＋20H

国标码的第二个字节＝区位码的位号＋20H

每个汉字的区位码是唯一的,其国标码也是唯一的。

随着计算机应用的普及,GB2312 标准收录汉字过少的弊端逐渐显露。在用计算机处理人名、地名和古文字等问题时,常因字库中没有所需汉字而影响工作。为此,2000 年 3 月,国家信息产业部和质量监督局共同发布了 GB18030—2000《信息技术信息交换用汉字编码字符集基本集的扩充》(简称 GBK)这一新的强制性的国家标准。它采用四字节编码方案,并与现行的 GB2312 双字节方案兼容,GBK 共收录汉字 27000 多个,将彻底解决偏、生汉字的输入问题。

3）汉字机内码

汉字机内码是汉字在设备或信息处理系统内部最基本的表达形式,是在设备和信息处理系统内部存储、处理、传输汉字用的编码。在西文计算机中,没有交换码和机内码之分。西文字符的机内码是 7 位 ASCII 码,最高位为“0”。

汉字数量多,用一个字节无法区分,一般用两个字节来存放汉字的机内码。汉字机内码表示有许多种,要考虑的因素有以下几点。

（1）码位尽量短。

（2）表示的汉字要足够多。

（3）码值要连续有序,以便于操作运算。

因为汉字常与西文字母、数字和各种符号等一起出现,所以必须将汉字的机内码和西文字符的 ASCII 码加以区别,否则将造成混乱。例如,在汉字操作系统 CCDOS 中,为了区别汉字字符和西文字符,将汉字机内码的两个字节的每个字节的最高位都置为“1”,即将GB2312 中规定的汉字国标码的每个字节的最高位置“1”,作为汉字机内码。除去每个字节的最高位外,两个字节共有 14 位,因此可以表示 $2^{14}=16\,384$ 个可区别的码。

例如,汉字“计”的国标码为 1C26H（00011100 00100110B）,机内码为 9CA6H(10011100 10100110B)。

当使用编辑程序输入汉字时,存储到磁盘上的文件就是用机内码表示的汉字。在有些系统中,字节的最高位用于奇偶校验,这种情况下需要使用 3 个字节表示汉字机内码。

4）汉字字形码

字形编码也称为字模码,是用点阵表示的汉字字形代码,它是汉字的输出形式。计算机显示或打印输出汉字时是通过点阵形式表示汉字的。不论汉字的笔画多少,都可以在同样大小的方块中书写,从而把方块分割成许多小方格,组成一个点阵,每个小方格就是点阵中的一个点,即二进制的一个位。每个点由"0"和"1"表示"白"和"黑"两种颜色。用这样的点阵就可以输出汉字。一个汉字信息系统具有的所有汉字字形的集合构成了该系统的汉字库。

根据输出汉字的要求不同,汉字点阵的多少也不同,点阵越大,输出越美观,汉字的质量越高。一般用于显示的汉字为 16×16 点阵;而用于打印的汉字为 24×24 点阵、32×32 点阵、48×48 点阵等,不同字体的汉字需要不同的字库。

字模点阵是以字节为单位存储,所占用存储空间也很大,以 16×16 点阵为例,每个汉字就要占用 32 个字节,两级汉字大约占用 256KB 的空间。因此汉字字形码只能用来构成"字库",而不能用于机内存储。字库中存储了每个汉字的点阵代码,当显示输出时才检索字库,输出字模点阵,得到字形。例如,"中"字的点阵和每个字节的编码如图 1.7 所示。

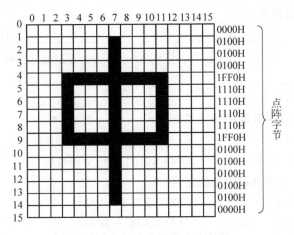

图 1.7　"中"字点阵及点阵字节

16×16 点阵字模的存储方式是按行存储,两个字节存放一个行点阵码。汉字字模常由 ROM 或磁盘存储。存储器为 ROM 的汉字库称为硬字库,硬字库不占用主存;存储器为磁盘的汉字库称为软字库,使用时必须把汉字点阵存入主存。

从汉字编码转换的角度,图 1.8 显示了 4 种编码之间的逻辑关系,其间都需要各自的转换程序来实现。

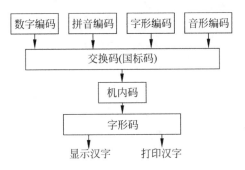

图 1.8　各种汉字编码之间的逻辑关系

思考与练习

1. 计算机系统分哪几个层次？简述计算机系统的硬件结构。

2. 简述用汇编语言进行程序设计的必要性。

3. 汉字编码主要分哪几类？每类的功能如何？

4. 计算机的字长是怎么定义的，试举例说明。

5. 在汇编语言中，如何表示二进制、八进制、十进制和十六进制的数值？

6. 汇编语言中的基本数据类型有哪些？简述定点数和浮点数的区别。

7. 列出数字 0～9、大写字母 A～Z 及小写字母 a～z 的 ASCII 码值。

8. 当字长为 8 位时，写出下列各数的原码、补码和反码

   25，−25，100，−100

9. 按要求完成进制转换。

   (1) 7BCH＝＿＿＿＿＿＿＿＿＿＿＿＿＿ B＝＿＿＿＿＿＿＿＿＿＿＿＿ D

   (2) 562Q＝＿＿＿＿＿＿＿＿＿＿＿＿＿ B＝＿＿＿＿＿＿＿＿＿＿＿＿ D

   (3) 90D＝＿＿＿＿＿＿＿＿＿＿＿＿＿ B＝＿＿＿＿＿＿＿＿＿＿＿＿ H

   (4) 1110100.111B＝＿＿＿＿＿＿＿＿＿ Q＝＿＿＿＿＿＿＿＿＿＿＿ H

10. 完成下列二进制数的加减运算。

    (1) 10101010＋11110000   (2) 11001100＋01010100

    (3) 11011010−01010010   (4) 11101110−01001101

11. 完成下列十六进制数的加减运算。

    (1) 0FEA9−8888   (2) 0FFFF−1234

    (3) 0EAC0＋0028   (4) 3ABC＋1678

12. 完成下列 BCD 码的运算。

    (1) 3＋5   (2) 4＋7   (3) 6＋5   (4) 8＋8

第 2 章

微型计算机体系结构

汇编语言是与机器密切相关的编程语言,用汇编语言进行程序设计,要求程序员必须了解计算机的体系结构。本书以 Intel 80x86 系列微处理器的指令系统为例讲述汇编语言程序设计的方法,因此,有必要掌握 Intel 80x86 微处理器及其微型机系统的相关知识。

2.1 80x86 微处理器

微处理器是微型计算机的硬件核心,它包括指令执行所需的运算和控制部件,还有暂存数据、地址等的寄存器。

2.1.1 8086/8088 的功能结构

8086 是 Intel 系列的 16 位微处理器,它是采用 HMOS 工艺技术制造的,内部包含约 29 000 个晶体管。8086 有 16 根数据线和 20 根地址线,其寻址的地址空间可达 1MB。8086 工作时,只要单一的 5V 电源和单相时钟,时钟频率为 5MHz。几乎在推出 8086 的同时,Intel 公司还推出了一种准 16 位的微处理器 8088。推出 8088 的主要目的是为了与当时已有的一整套 Intel 外围接口芯片直接兼容使用。8088 的内部寄存器、内部运算部件以及内部操作都是按 16 位设计的,但对外的数据总线只有 8 条。

8086/8088 的指令是以字节为基础构成的,它的性能提高,主要依赖于采取了以下一些特殊措施。

1. 建立指令预取队列

在 8086 微处理器中,设置了一个 6 字节的指令预取队列;在 8088 微处理器中,设置了一个 4 字节的指令预取队列。CPU 要执行的指令是从队列中取得的,而取指令的操作是由总线接口单元承担的。以此将取指令和执行指令这两个操作分别由两个独立的功能单元来完成。一旦总线接口单元发现队列中有两个字节以上的空位置时,就会自动地到存储器中去取两个指令代码填充到指令预取队列中。这样,8086/8088 微处理器取指令和执行指令就可以并行进行,从而提高了微处理器的指令执行速度,并使得总线利用率有了明显的提高。

2. 设立地址段寄存器

8086/8088 微处理器内部的地址线只有 16 位,因此能够由 ALU 提供的地址空间最大只能为 64KB。为了扩大 8086/8088 的地址宽度,将存储器的空间分成若干段,每段为 64KB。另外,在微处理器中还设立一些段寄存器,用来存放段的起始地址(16 位)。8086/8088 微处理器实际地址是由段地址和 CPU 提供的 16 位偏移地址,按一定规律相加,形成 20 位地址输出($A_0 \sim A_{19}$),从而使 8086/8088 微处理器的地址空间扩大到 1MB。

3. 在结构上和指令设置方面支持多处理器系统

利用 8086/8088 的指令系统进行复杂的运算，如多字节的浮点运算，超越函数的运算等往往是很费时间的，为了弥补这一缺陷，开发了专门用于浮点运算的协处理器 8087。将 8086/8088 和 8087 结合起来，就可以组成运算速度很高的处理单元。

下面以 8088 CPU 为例来分析 8086/8088 的功能结构。8088 CPU 是一种准 16 位的微处理器，其内部寄存器都是 16 位的，而在外部的数据总线却只有 8 位。它与 8086 CPU 在软件上是完全兼容的，两者的指令系统和汇编语言是相同的。

8088 微处理器内部分为执行单元（EU）和总线接口单元（BIU）两个部分，如图 2.1 所示。

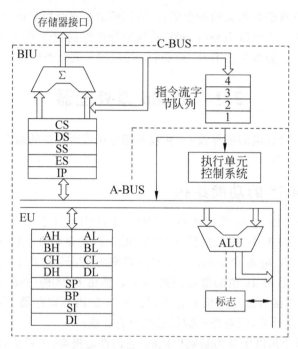

图 2.1　8088 CPU 内部结构

BIU 单元用来实现 EU 的所有总线操作。它由地址加法器、段寄存器（CS、DS、SS、ES），指令指针 IP、指令队列缓冲器和总线控制逻辑组成。BIU 负责 CPU 与存储器或外部设备之间的信息交换。地址加法器将段和偏移地址相加，生成 20 位的物理地址。

EU 单元负责指令的执行，由算术逻辑单元 ALU、标志寄存器 FLAG、通用寄存器及 EU 控制器等组成，主要进行 16 位的各种运算及有效地址的计算。EU 不与计算机系统总线相关，而从 BIU 中的指令队列取得指令。这个指令队列中，存放着 BIU 预先由存储器中取出的若干个字节的指令（8088 为 4 个字节，8086 为 6 个字节）。

将取指令部分和执行指令部分分开的好处是，在 EU 执行指令的过程中，BIU 可以取出多条指令放入指令流队列中。当 EU 执行完一条指令后，就可以立即执行下一条指令，从而减少了 CPU 为取指令而等待的时间，提高了运算的速度。

在 8086/8088 以前的 8 位处理器中，程序的执行过程如图 2.2 所示，它是由取指令和执行指令这两个动作的反复循环来完成的。由于取指令和执行指令是串行工作的，因而取指令期间，CPU 不能执行指令，只能等待取指令的完成。

在 8086/8088 微处理器中，由于 BIU 和 EU 是分开独立工作的，因此取指令和执行指

图 2.2　8 位微机指令执行过程

令是可以在时间上重叠的,也就是说,总线接口单元的操作与执行单元操作是完全不同步的。图 2.3 给出了执行过程。通常,由 BIU 将指令先读入到指令队列缓冲器中,若此时执行单元刚好要求对存储器或 I/O 进行操作,那么在执行中的取指存储周期结束后,下一个周期将完成执行单元所要求的存储器操作或 I/O 操作。只要指令队列缓冲器不满,而且执行单元没有存储器或 I/O 操作要求,BIU 总是要从存储器中去取后续的指令。当指令缓冲器满时,且执行单元又没有存储器或 I/O 操作请求时,总线接口单元将进入空闲状态。在执行转移、调用、返回指令时,指令队列缓冲器的内容将被清除。8086/8088 的这种结构减少了等待取指令所需的时间,提高了 CPU 的利用率。不仅提高了指令执行的速度,同时又可以降低对存储器的存取速度的要求。

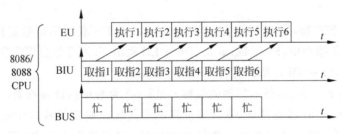

图 2.3　EU 与 BIU 并行工作的情形

2.1.2　8086/8088 的寄存器组织

8086/8088 CPU 内部的寄存器组分成 8 个通用寄存器、4 个段寄存器、一个标志寄存器和一个指令指针寄存器,它们均为 16 位。图 2.4 是其寄存器结构图。

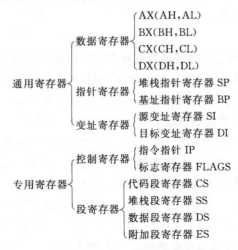

图 2.4　8086/8088 CPU 内部寄存器结构图

1. 8086/8088 的通用寄存器

8086/8088 有 8 个通用的 16 位寄存器,其中 4 个数据寄存器还可以分成高 8 位和低 8 位两个独立的寄存器,这样又形成 8 个通用的 8 位寄存器。

1) 数据寄存器

8086/8088 有 4 个 16 位的数据寄存器:AX、BX、CX、DX。它们都可以分为两个独立的 8 位寄存器:AH/AL、BH/BL、CH/CL、DH/DL。对其中某 8 位的操作,并不影响另外对应 8 位的数据。数据寄存器是通用的,用来存放计算的结果和操作数,但每个寄存器又有它们各自的专用目的。

(1) AX 称为累加器,使用频度最高,用于算术、逻辑运算以及与外设传送信息等。

(2) BX 称为基址寄存器,常用作存放存储器地址。

(3) CX 称为计数器,作为循环和串操作等指令中的隐含计数器。

(4) DX 称为数据寄存器,常用来存放双字长数据的高 16 位,或存放外设端口地址。

2) 变址与指针寄存器

变址与指针寄存器包括 SI、DI、BP、SP 4 个 16 位寄存器,常用于存储器寻址时提供地址。

SI 是源变址寄存器,DI 是目标变址寄存器,一般与 DS 联用确定数据段中某一存储单元地址。在串操作指令中,SI 与 DS 联用、DI 与 ES 联用,分别寻址数据段和附加段。同时,在串操作指令中,SI 和 DI 还都具有自动增量或减量的功能。

SP 为堆栈指针寄存器,指示栈顶的偏移地址;BP 为基址指针寄存器,表示堆栈段中的基地址。SP 和 BP 寄存器均可与 SS 段寄存器联合使用以确定堆栈段中的存储单元地址。需要特别指出的是,堆栈是主存中一个特殊的区域,它采用先进后出 FILO(First In Last Out)或后进先出 LIFO(Last In First Out)操作方式,而不是随机存取方式。堆栈通常由处理器自动维持,由堆栈段寄存器 SS 和堆栈指针寄存器 SP 共同指示。

2. 8086/8088 的专用寄存器

8086/8088 的专用寄存器包括作为控制寄存器使用的指令指针寄存器 IP 和状态标志寄存器 FLAGS,此外还有 4 个用于实现 1MB 存储器寻址的段寄存器 CS、DS、SS、ES。以上寄存器都是 16 位的寄存器。

1) 段寄存器

8086/8088 指令中给出的地址最多只有 16 位,而与寻址有关的寄存器也是 16 位的,由于 16 位地址最多只能寻址 64KB。为了寻址 1MB 的内存空间,在 8088 中采用了存储器分段的概念,将 1MB 分为若干个逻辑段,每个逻辑段最大为 64KB。

程序执行过程中,经常要知道指令或数据从哪个段中取出;在使用堆栈时,还要知道堆栈元素存放在哪个段;在串操作指令执行中,要指定源串所在的段及目的串所在的段。因此程序执行时,必须知道当前正在使用的指令代码段;用于存取数据的数据段;正在使用的堆栈所在的堆栈段;用于存放源串的数据段以及存放目标串的附加段。程序设计时,在指定它们所对应的逻辑段的同时,还要指出这些段的基址在何处。

段寄存器的值指出了当前正在使用的段的基地址。当前的代码段基地址由代码段寄存器 CS 指出,当前的数据段基地址由数据段寄存器 DS 指出,当前的堆栈段基地址由堆栈段寄存器 SS 指出,当前的源串所在段的基地址由 DS 指出,当前的目标串所在段的基地址由附加段 ES 指出。4 个段基地址 CS、DS、SS、ES 仅仅指出了段从哪个地址开始,但还不能决定正在使用的具体的存储单元的地址,因此,把正在使用的存储单元的地址与所在段的基地址的偏移量称为段内偏移量或者有效地址 EA,真正的物理地址是由段寄存器值左移 4 位与段内偏移量相加后的结果。

表 2.1 列出了段寄存器使用的约定,正常情况下一般按这个约定形成操作所需的物理地址。

表 2.1　段寄存器使用约定

存储器存取方式	约定段基址	可修改段基址	偏移量地址
取指令	CS	无	IP
堆栈操作	SS	无	SP
源串	DS	CS、ES、SS	SI
目的串	ES	无	DI
数据读写	DS	CS、ES、SS	有效地址
BP 做基址	SS	CS、ES、DS	有效地址

2) 指令指针寄存器

专用寄存器组中的指令寄存器 IP 只能与 CS 寄存器相互结合,才能形成指令的物理地址。IP 是 16 位的寄存器,用来指示代码段中指令的偏移地址,它与代码段寄存器 CS 联用,以确定下一条指令的物理地址。处理器利用 CS：IP 取得下一条要执行的指令,然后修改 IP 内容,使之指向下一条指令的存储器地址。计算机就是通过 CS：IP 寄存器来控制指令序列的执行流程的。

3) 标志寄存器

标志用于反映指令执行结果或控制指令执行形式。它是汇编语言程序设计中必须特别注意的一个方面。许多指令执行之后将影响有关的标志位,有些指令的执行要利用某些标志。当然,也有很多指令与标志无关。8086/8088 处理器中各种常用的标志形成一个 16 位的标志寄存器 FLAGS,也称为程序状态字寄存器 PSW。

8086/8088 的 FLAGS 使用了 9 个标志位,各位有不同的意义,如图 2.5 所示。

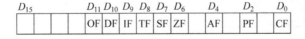

图 2.5　标志寄存器 FLAGS 的结构

各标志位含义如下:

CF——进位标志(Carry Flag)。若 CF＝1,表示算术运算时产生进位或借位,否则 CF＝0。移位指令会影响 CF。

PF——奇偶标志(Parity Flag)。若 PF＝1,表示操作结果中"1"的个数为偶数,否则 PF＝0。这个标志位主要用于检查数据传送过程中的错误。

AF——辅助进位标志(Auxiliary Carry Flag)。若 AF＝1 表示字节运算产生低半字节向高半字节的进位或借位,否则 AF＝0。辅助进位也称为半进位标志,主要用于 BCD 码运算的十进制调整。

ZF——全零标志(Zero Flag)。若 ZF＝1,表示操作结果全为零,否则 ZF＝0。

SF——符号标志(Sign Flag)。若 SF＝1,表示符号数运算后的结果为负数,否则 SF＝0。

OF——溢出标志(Overflow Flag)。若 OF＝1,表示当进行算术运算时,结果超过了最大范围,否则 OF＝0。

以上 6 位标志为状态标志位,以下为 3 个控制标志位。

IF——中断允许标志(Interrupt Enable Flag)。若 IF＝1,则 CPU 可以响应外部可屏蔽中断的中断请求;若 IF＝0,则 CPU 不允许响应中断请求。IF 的状态可由中断指令设置。

DF——方向标志(Direction Flag)。若 DF＝1,表示执行字符串操作时按着从高地址向低地址方向进行;否则 DF＝0。DF 位可由指令控制。

TF——单步标志(Trace Flag),又称为跟踪标志。该标志位在调试程序时可直接控制 CPU 的工作状态。当 TF＝1 时为单步操作,CPU 每执行一条指令就进入内部的单步中断处理,以便对指令的执行情况进行检查;若 TF＝0,则 CPU 继续执行程序。TF 的状态不能用指令直接设置,但在 DEBUG 程序下可用 T 命令控制。

应该注意的是,溢出标志 OF 和进位标志 CF 是两个意义不同的标志。CF 表示的是无符号数运算结果是否超出范围,超出范围后加上进位或借位运算结果仍然正确;而 OF 表示的是有符号数运算结果是否超出范围,超出范围运算结果不正确。处理器对两个操作数进行运算时,按照无符号数求得结果,并相应设置进位标志 CF;同时,根据是否超出有符号数的范围设置溢出标志 OF。应该利用哪个标志,则由程序员决定。也就是说,如果将参加运算的操作数认为是无符号数,就应该关心 CF;认为是有符号数,则要注意 OF 是否为 1。

状态标志位的符号如表 2.2 所示。

表 2.2   状态标志位的符号表示

标 志 位	标志为 1	标志为 0
CF 进位(有/否)	CY	NC
PF 奇偶(偶/奇)	PE	PO
AF 半进位(有/否)	AC	NA
ZF 全零(是/否)	ZR	NZ
SF 符号(负/正)	NG	PL
IF 中断(允许/禁止)	EI	DI
DF 方向(增量/减量)	DN	UP
OF 溢出(是/否)	OV	NV

2.1.3   8086/8088 的存储器组织

存储器是计算机存储信息的地方。程序运行所需要的数据,程序执行的结果以及程序本身均保存在存储器中。

1. 存储单元的地址

在微机系统中,一位二进制位用 b 来表示,8 位二进制数用 B(即一个字节)来表示。它们的关系为 1B＝8b。16 位二进制位或两个字节组成一个字 Word,即:

$$1Word＝2B＝16b$$

一个字的位编号如图 2.6 所示。

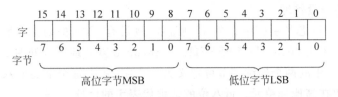

图 2.6　一个字的结构

将两个字组成一个双字 Double Word 或 DW。微机的数据总线宽度有 8 位、16 位和 32 位等,8086/8088 CPU 的数据总线宽度为 16 位。计算机系统中的程序和数据等信息就是以二进制位组合的方式来表达的,当存储在存储器中时,它们构成了存储单元中的内容。

对于存储器的每一个存储单元给出一个唯一的编号,这个编号通常是顺序排列的,称为该存储单元的地址。存储器的读/写操作是按地址进行的,因此"地址"是非常重要的概念。存储器地址的编码范围取决于给定的二进制地址码的位数。若地址码为 16 位,地址编码的范围为 0000H~FFFFH。存储容量为 2^{16}B=64KB,所以若 n 为地址码的位数,P 为存储器的容量,则 $P=2^n$ B。

应当注意,对于每一个存储单元,有两组二进制信息与其对应:一组为内存单元的地址码;另一组为存储单元的内容。这两组二进制信息的意义是完全不同的,绝对不可混淆。而且应注意到微型机系统基本是按字节编址的,即一个存储单元的长度为一个字节,每一个存储单元有一个地址码相对应。

存储器所容纳的二进制信息总量称为存储器的容量,通常存储器的容量是用所能存储的字数乘以字长,表示为:

$$存储容量＝字数×字长$$

在微机中,存储器按字节编址,所以存储容量常用存储器所占有的总的字节数来表示。而且规定 2^{10}B=1024B=1KB,1024KB=1MB(1 兆字节)。若某存储器有 65 536 个字节,则存储容量为 64KB。存储器编址范围取决于地址的位数 N,可能的最大容量为 2^N,地址范围为 $0~2^N-1$。显然存储器的容量越大,存储的信息越大,其功能就越强。

一个存储单元中存放的信息称为该存储单元的内容,图 2.7 给出了存储器里存放信息的情况。1000H 单元中存放的信息是 34H,也就是说 1000H 单元中的内容是 34H。表示为:

$$(1000H)＝34H$$

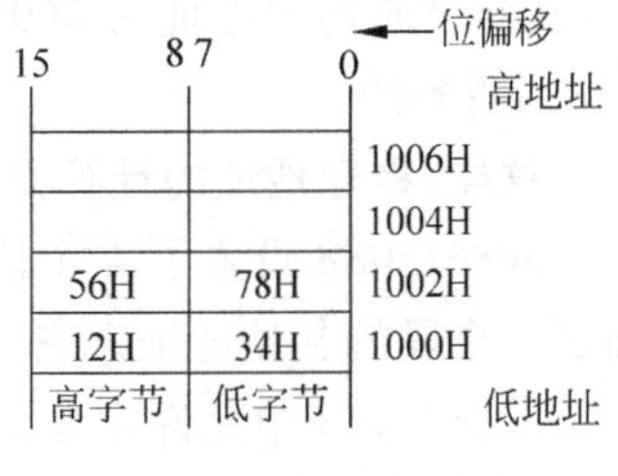

15	8	7	0	
				高地址
				1006H
				1004H
56H		78H		1002H
12H		34H		1000H
高字节		低字节		低地址

图 2.7　存储单元的地址和内容

由于机器字长是 16 位,大部分数据都是以字为单位表示的。一个字存入存储器时,占有连续的两个字节,存放时,低位字节存入低地址,高位字节存入高地址。这样两个字节单元就构成了一个字单元,字单元的地址采用它的低地址来表示。例如:

$$(1000H)＝1234H$$

所以同一个地址即可看作字节单元的地址,又可看作字单元的地址,这要根据使用情况确定。

存储器某单元的内容被取出后,该单元仍然保持原来的内容不变,也就是说,可以重复取出。只要存入新的信息,原来保存的内容就自动丢失了。

2. 存储器的分段管理

8086/8088 CPU芯片引脚中有20根地址线,故具有1MB的内存寻址能力。存储器按字节编址,地址范围为00000H~FFFFFH。8086/8088微处理器可处理16位二进制数据,即一个字。存储器中的两个连续字节可定义为一个字,其中每个字的低八位存放在低地址单元,高八位存放在高地址单元。低八位的地址代表字的地址。

由于CPU内部提供的存放地址的寄存器都是16位的,可寻址能力为64KB。因此必须设法解决寻址1MB地址空间的问题。在8086/8088系统中是采用地址分段的方式解决这一问题的。即把1MB地址空间分为若干逻辑段,段的大小按实际需要确定,最大为64KB,实际应用中可能小于64KB,其未用的空间可以再定义为其他段的空间。

1MB是16个64KB存储器的总和,但这并不意味着1MB只能包括16个逻辑段。因为这些段既可以首尾相连,也可以相互间隔开,还可以相互重叠或者部分重叠。但需注意段的实体(被实际使用的段空间)是不能重叠的。只要不影响程序的正常执行,所有逻辑段的个数可能多于16个也可能少于16个。

每个段是一个可独立寻址的逻辑单位。每个段中存储的代码或数据,可存放在段内任意单元中。每个段在物理存储器中有一个段的起始地址,称为段基地址,它的低四位二进制码必须是0000,即段基地址是能被16整除的地址。

对于1MB的物理存储空间,每个存储单元都有一个20位的物理地址。物理地址是指存储单元的实际编码地址,对存储器的读写操作是需用物理地址进行按址存取。而采用分段方法可直接形成逻辑地址,逻辑地址表示格式为"段地址:偏移地址"。其中段地址一般存放在工作寄存器中的段寄存器中。而偏移量是表示段内某一存储单元相对于段起始地址的空间位置,即段内偏移地址,也称有效地址EA。因一个段最大存储空间是64KB,偏移地址用16位表示。

有了段地址和偏移地址,就可以按下式计算出20位物理地址。

$$物理地址＝段地址×16D＋偏移地址$$

例如,"3000:1000"表示逻辑地址中段地址为3000H,段内偏移地址为1000H,则按上式,其对应的物理地址为30000H＋1000H＝31000H。其中30000H是段地址3000H左移4位后得到的。

这样,物理地址的计算方法可以表示如图2.8所示。

8086/8088设置了4个段寄存器,每个段寄存器可以确定一个段的起始地址。它们分别是CS、SS、ES和DS。

8086/8088中允许字地址从任何单元开始,当要访问的16位字的低8位字节存放在偶地址时,称字的存储是对准的,也称为对界的,这是一种规则的存放字。当要访问的

图 2.8 8086/8088 物理地址形成

16位字的低8位字节存放在奇地址时,则称字存储为未对准,又称为未对界的,这是一种非规则的存放字。

8086 CPU数据总线是16位,每读或写一个字节数据,就需要一个总线周期,而访问一个字数据,对准的字需要一个总线周期,未对准的字需要两个总线周期,由CPU自动完成。

对于8088系统,因其数据总线是8位的,故无论是字数据的读写操作,还是字节数据的读写操作,也无论16位数据低8位是奇地址还是偶地址,一个总线周期都只能完成一个字

节的存取操作。这是因为与 8088 对应的 1MB 空间可以是单一的存储体。8086 系统的存储体中,一个由奇地址存储单元(高地址)组成,另一个存储体则由偶地址的存储单元(低字节)组成,两个存储体的 8 位数据总线分别与 CPU 的 16 位数据总线的高 8 位($D_{15} \sim D_8$)和低 8 位($D_7 \sim D_0$)连接。在控制信号配合下,既可同时对两个存储体进行读写操作,也可对其中一个存储体单独进行读写操作。

2.1.4 80x86 微处理器的发展

美国 Intel 公司是目前世界上最有影响的微处理器生产厂家,也是世界上第一个微处理器生产厂家,所生产的 80x86 系列微处理器一直是个人微机的主流 CPU。

1971 年,Intel 公司生产的 4 位微处理器芯片 4004 宣告了微型计算机时代的到来。1972 年,Intel 公司又开发了 8 位微处理器 8008 芯片;1974 年接着生产了 8080 CPU;1977 年,Intel 将 8080 及其支持电路集成在一块集成电路芯片上,形成了性能更高的 8 位微处理器 8085。

1. 8086/8088/80186/80188

1978 年,Intel 正式推出了 16 位的 8086 CPU,这是该公司生产的第一个 16 位芯片,内外数据总线均为 16 位,地址总线为 20 位,主存寻址范围为 1MB,时钟频率为 5MHz。8086 的 16 位指令系统是后来广泛应用的其他 80x86 CPU 的基本指令集。

由于当时的外设接口是 8 位,因此 8086 的 16 位外设数据总线不易直接与外设接口连接,这一点限制了 8086 的推广。于是,1979 年 Intel 推出了准 16 位微处理器 8088,它只是将数据总线设计为 8 位,指令系统等其他设计都没有大的改变,应用较为广泛。

随后,Intel 推出了 80186/80188,它们的核心分别是 8086/8088,配以定时器、中断控制器、DMA 控制器等支持电路,所以功能更多、速度更快。80186/80188 指令系统比 8086/8088 指令系统新增了若干条实用的指令,涉及堆栈操作、移位指令、输入/输出指令、过程指令和边界检测及乘法指令。

2. 80286

1982 年,Intel 推出了 80286 CPU,时钟频率 $6 \sim 20$MHz,16 位内、外数据总线,地址总线 32 位,物理存储器具有 16MB 的容量。80286 有两种操作模式:实模式和保护模式。在实模式下,80286 与 8086 的操作模式一样,相当于一个快速 8086。在保护模式下,80286 提供了虚拟存储管理和多任务的硬件控制,能直接寻址 16MB 主存和 1GB 的虚拟存储器,提供保护机制。80286 指令系统包括全部 80186 指令及新增的保护模式指令 15 条,其中有些保护模式指令在实模式下也可使用。

3. 80386

1985 年,Intel 80x86 微处理器进入第三代 80386 CPU,这是 IA-32(Intel Architecture-32)系列处理器的第一个成员。80386 CPU 采用了 32 位结构,数据总线是 32 位,地址总线也是 32 位,可寻址 4GB 内存和 64TB 虚拟内存,时钟频率 16/25/33MHz。80386 除保持与80286 完全兼容外,又提供了虚拟 8086 操作模式,可同时模拟多个 8086 处理器。80386 不需要复位即可在保护模式和实模式之间进行转换。80386 指令系统在兼容原来 16 位指令系统的基础上,全面升级为 32 位,还新增了有关位操作、条件设置指令以及对控制、调试和测试寄存器的传送指令等。

4. 80486

1989 年,Intel 出品 80386 CPU 的增强版本 80486 CPU。80486 CPU 把 80386 CPU、

80387 FPU 及 8KB 高速缓冲存储器 Cache 集成到一个芯片上，它的最高内部时钟频率达到了 100MHz。80486 将浮点处理单元 FPU 集成进来，所以可以直接执行 80387 的所有浮点指令；另外，80486 采用了精简指令技术 RISC 和指令流水线技术，使它的性能得到提高。许多 80486 指令可以在一个时钟周期内完成。80486 指令系统新增了用于多处理器和内部 Cache 操作的 6 条指令。

5. Pentium

1993 年，Intel 制成了俗称 586 的微处理器，取名 Pentium（奔腾）。Pentium 仍为 32 位结构，地址总线为 32 位，但外部数据线为 64 位，内部时钟频率为 60～200MHz。Pentium 对浮点处理单元进行重大改进，如包含了专用的加法、乘法和除法单元；采用具有两条整数流水线的超标量技术；对常用的简单指令用硬件实现，重新设计指令的微代码等。所有这些都提高了 Pentium 的整体性能。Pentium 新增了一条 8 字节比较交换指令和一条处理器识别指令，以及 4 条系统专用指令。

2.2　IA-32 CPU

32 位 CPU 是从 16 位 CPU 发展而来的。为保证 16 位 CPU 的程序能继续使用，又能充分发挥 32 位 CPU 的特点，32 位 CPU 都采用多种工作模式。

2.2.1　IA-32 CPU 功能结构

80386 是典型的 32 位 Intel CPU，在它之后的 32 位 Intel 80x86 微处理器又有新的发展，但是所有的 32 位微处理器呈现给程序员的功能结构都是相似的。

IA-32 CPU 由总线接口单元、指令预取单元、指令译码单元、执行单元、分段部件和分页部件 6 个功能部分组成。图 2.9 给出了这些部件之间的关系。这些部分可以并行工作，对指令进行流水线处理。因此，IA-32 CPU 的执行速度较 16 位 CPU 有较大提高。

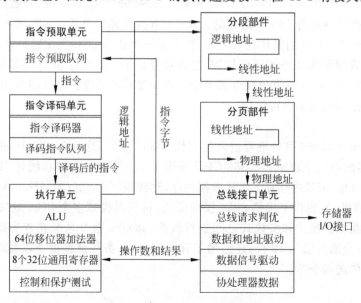

图 2.9　IA-32 CPU 功能结构

1. 总线接口单元

总线接口单元(Bus Interface Unit,BIU)负责在 CPU 内部各部件与存储器、输入/输出接口之间传送数据或指令。CPU 内部的其他部件都能与 BIU 直接通信,并将它们的总线请求传送给 BIU。在指令执行的不同阶段,指令、操作数以及存储器偏移地址都可以从存储器取出送到 CPU 内部的有关部件。但当 CPU 内部多个部件同时请求使用总线时,为了使程序的执行不被延误,BIU 的请求优先控制器将优先响应数据(操作数和偏移地址)传送请求,只有不执行数据传送操作时,BIU 才可以满足预取指令的请求。

2. 指令预取单元

指令预取单元(Code Prefetch Unit)由预取器和预取队列组成。当 BIU 不执行取操作数或偏移地址的操作时,如果预取队列有空单元或发生控制转移,预取器便通过分页部件向 BIU 发出指令预取请求。分页部件将预取指令指针送出的线性地址转换为物理地址,再由 BIU 及系统总线从内存单元中取出指令代码,放入指令预取队列中。

3. 指令译码单元

指令译码单元(Instruction Decode Unit)包括指令译码器和已译码指令队列两部分。它直接从指令预取单元的预取队列中读出预取的指令字节并译码,将指令直接转换为内部编码,并存放到已译码指令队列中。

4. 执行单元

执行单元(Execution Unit)由控制部件、数据处理部件和保护测试部件组成。它的任务是将已译码指令队列中的内部编码变成按时间顺序排列的一系列控制信息,并发向处理器内部有关的部件,以便完成一条指令的执行。

5. 分段部件

分段部件(Segment Unit)由三地址加法器、段描述符高速缓存寄存器及界限和属性检验用可编程逻辑阵列 PLA(Programmable Logic Array)组成。它的任务是把逻辑地址转换为线性地址并进行保护检查。转换操作是在执行单元请求下由三地址加法器快速完成的,同时还采用段描述符高速缓存寄存器来加速转换。逻辑地址转换成线性地址后即被送入分页部件。

6. 分页部件

分页部件(Paging Unit)由地址加法器、页高速缓存寄存器及控制和属性检验用 PLA 组成。在操作系统控制下,如果分页操作处于允许状态,便执行从线性地址到物理地址的转换,同时还需要检验标准存储器访问与页属性是否一致,并保留一个最近所访问的页的列表。如果分页操作处于禁止状态,则线性地址即为物理地址。

分段部件和分页部件称为 CPU 的存储器管理单元 MMU(Memory Management Unit)。

完成一条指令的功能最多需要经过 5 个阶段:取指令、译码、取操作数、执行和存储输出操作数。IA-32 CPU 在执行指令时所经过的若干个阶段分别由不同的功能部件来完成。因此,不需要等待一条指令执行完所有的步骤后,才开始执行下一条指令,而是允许几条指令的不同阶段同时执行,这种技术称为流水线。

采用流水线技术可以减少程序运行的时间,提高 CPU 的利用率。总线接口单元、指令预取单元及指令译码单元一起构成了 IA-32 CPU 的指令流水线。分段部件、分页部件和总线接口单元一起构成了 IA-32 CPU 的地址流水线。

2.2.2　IA-32 CPU 寄存器组

IA-32 CPU 的寄存器可以分为基本体系结构寄存器、系统级寄存器和调试与测试寄存器三类。其中，基本体系结构寄存器和浮点寄存器应用程序可以直接访问，一般称为程序可见寄存器。其他寄存器在应用程序设计期间不能直接寻址，只有特权级为 0 级的程序才可以使用它们，一般称为程序不可见寄存器。只有 80286 以上的微处理器才包含不可见寄存器。

1. 基本体系结构寄存器

IA-32 CPU 基本体系结构寄存器如图 2.10 所示。

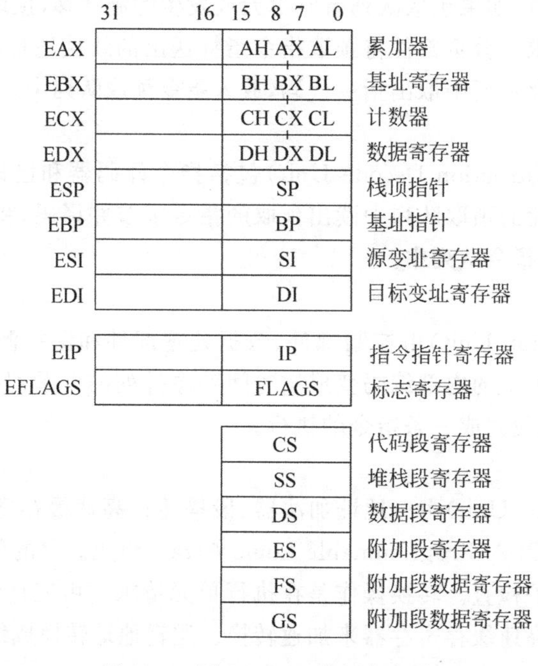

图 2.10　IA-32 CPU 常用寄存器

EAX、EBX、ECX 和 EDX 是 4 个 32 位通用数据寄存器，用来存放计算过程中所用到的操作数、结果或其他信息。它们都可以作为 32 位寄存器访问，也可以作为 16 位（AX、BX、CX、DX）或 8 位（AH、AL、BH、BL、CH、CL、DH、DL）寄存器访问。

ESP、EBP、ESI 和 EDI 在程序中可以用来存放数据，只能以 32 位方式和 16 位（SP、BP、SI、DI）方式引用。此外，在程序中它们更常用于存放操作数的地址。

相对于 8086/8088 系统，IA-32 CPU 的段寄存器增加了两个，即 FS 和 GS。FS 和 GS 称为附加段数据寄存器。

32 位指令指针寄存器 EIP 用来指示代码段中指令的偏移地址，它与代码段寄存器 CS 连用，以确定下一条指令的物理地址。处理器利用 CS：EIP 取得下一条要执行的指令，然后修改 EIP 内容，使之指向下一条指令的存储器地址。当微处理器工作在实模式下时，这个寄存器是 IP（16 位）。

EFLAGS 称为标志寄存器，用于指示微处理器的状态并控制它的工作。图 2.11 给出了 IA-32 CPU 的标志寄存器。

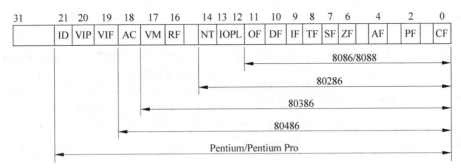

图 2.11 标志寄存器 EFLAGS

标志位 CF、PF、AF、ZF、SF、TF、IF、DF、OF 的含义在 8086/8088 的标志寄存器部分已经讲述过，这里只介绍在 8086/8088 基础上增加的标志位的含义及功能。

IOPL——特权标志。在保护模式下工作时，IOPL 为 I/O 设备选取特权级。如果当前任务比 IOPL 特权级高，则 I/O 越过障碍而执行；否则产生一个中断，挂起执行程序。注意：00 级是最高特权级，11 级是最低特权级。

NT——任务嵌套标志。在保护模式下，NT 置 1，用于指示当前执行的任务嵌套于另一任务之中，执行完该任务后，返回到原来任务中。

RF——恢复标志。RF 与调试寄存器断点或单步操作一起使用。在断点处理之前，在两条指令之间对该位进行检查。RF＝1 时，在下一条指令执行期间不理会任何调试故障。然而，每成功地完成一条指令（无故障），RF 标志都将自动复位。

VM——虚拟方式标志。VM＝1，提供保护模式中的虚拟 8086 方式，VM 位只能在保护模式下由 RET 指令（当前特权级为 0 时）设置，或者在任何特权级下由任务切换设置。VM 位不受 POPF 指令的影响，PUSH 指令总是使该位清零。

AC——对准检查标志。当 AC＝1，且程序运行特权为 3 时，对存储器访问边界进行对准检查。如果在奇地址进行字存储或非双字边界进行双字存储操作，则产生定位故障。若 AC＝0，或程序运行特权不为 3 时，则不进行检查。

VIF——虚拟中断标志。当 CPU 处于中断方式时，标志中断响应与否只对 Pentium 微处理器有效。

VIP——虚拟中断暂挂标志。VIP＝1 时，为 Pentium 微处理器提供有关虚拟模式中断的信息。它用于多任务环境下，给操作系统提供虚拟中断标志和中断暂挂信息。

ID——标识标志。ID＝1，指示 Pentium 微处理器支持 CPUID 指令。CPUID 指令为系统提供有关 Pentium 微处理器的信息，如版本和制造商等信息。

2. 系统级寄存器

IA-32 CPU 中的系统级寄存器包括内存管理寄存器和控制寄存器。它们对于用户应用程序是透明的，只有在优先级为 0 的层次上所运行的程序才可以改变这些寄存器。内存管理寄存器 GDTR、IDTR、LDTR 和 TR 用于指示保护模式下系统中特殊段的地址信息，也称为系统地址寄存器。表 2.3 列出了这 4 个系统地址寄存器的含义和功能。

表 2.3　系统地址寄存器

名　　称	缩写	含义	功　　能
Global Descriptor Table	GDT	全局描述符表	存放操作系统和各任务公用的描述符,如公用的数据和代码段描述符、各任务的 TSS 描述符和 LDT 描述符等
Local Descriptor Table	LDT	局部描述符表	存放各个任务私有的描述符,如本任务的代码段描述符和数据段描述符等
Interrupt Descriptor Table	IDT	中断描述符表	存放系统中断描述符
Task State Segment	TSS	任务状态段	存放各个任务的私有运行状态信息描述符

图 2.12 给出了系统地址寄存器中各部分信息的定义。其中 GDTR 和 IDTR 这两个寄存器分别用来保存 GDT 和 IDT 所在段的 32 位基地址以及 16 位的界限值。GDT 和 IDT 的界限都是 16 位,即表长度最大为 64KB,每个描述符为 8 个字节,因此每个表可以存放 8K 个描述符。由于 80486 只有 256 个中断,IDT 表中最多为 256 个中断描述符。LDTR 用来存放当前任务的 LDT 所在存储段的选择符及其段描述符。TR 寄存器用来存放当前任务的 TSS 所在存储段的选择符及其段描述符。

图 2.12　系统地址寄存器中信息位的定义

IA-32 CPU 中有 4 个 32 位的控制寄存器 CR_0、CR_1、CR_2 和 CR_3,这 4 个控制寄存器的作用是保存全局性的机器状态和设置控制位。

1) 控制寄存器 CR_0

CR_0 包含指示处理器操作模式的控制位,定义了 6 个控制和状态标志位,如图 2.13 所示。

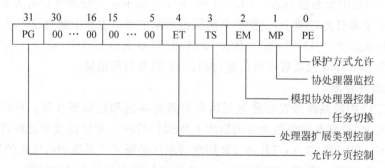

图 2.13　控制寄存器 CR_0 的含义

PG(Paging)——分页控制位。PG＝0,禁用分页管理机制,此时分段管理机制产生的线性地址直接作为物理地址使用;PG＝1,启用分页管理机制,此时线性地址经过分页管理机制转换为物理地址。只有保护模式下,才能启用分页机制。

PE(Protection Enable)——保护允许位。PE＝0,处理器运行于实模式;PE＝1,处理器运行于保护模式。可由加载 CR_0 指令来改变 PE 的值,通常由操作系统在初始化时执行一次。

PE 和 PG 称为保护控制位。PG＝1 且 PE＝0 是无效组合,如果此时装入 CR_0,将会引起通用保护异常。

ET(Extension Type)——扩展类型位。在处理器复位时被初始化,指示系统中数字协处理器的类型。ET＝1,存在 80387 协处理器;ET＝0,存在 80287 协处理器或不存在协处理器。

TS(Task Switched)——任务切换位。用于加快任务的切换。当进行任务切换时,处理器将 TS 置 1。TS＝1 时,浮点指令将产生设备不可使用异常。

EM(Emulation)——模拟位。控制浮点指令的执行是用软件模拟还是用硬件执行。EM＝0,硬件控制浮点指令送到协处理器;EM＝1,浮点指令由软件模拟。

MP(Monitor Coprocessor)——协处理器控制位。控制 WAIT 指令在 TS＝1 时是否产生设备不可用异常。MP＝1 和 TS＝1 时,WAIT 指令产生异常;MP＝0 时,WAIT 指令忽略 TS 条件。

2) 控制寄存器 CR_1

CR_1 保留,不能使用,否则将引起无效指令操作异常。

3) 控制寄存器 CR_2

CR_2 是页故障线性地址寄存器,它保存一个 32 位的线性地址,该地址是由最后检测出的页故障所产生的。

4) 控制寄存器 CR_3

CR_3 是页目录基址寄存器,它包含了页目录表的物理基地址。由分页硬件使用,其中低 12 位总是 0。因此,CPU 的页目录表总是按页对齐,即每页均为 4KB。

3. 调试与测试寄存器

1) 调试寄存器

IA-32 CPU 中设置了 8 个 32 位的调试寄存器,命名为 $DR_0 \sim DR_7$,它们为程序调试提供了硬件支持。如图 2.14 所示,8 个调试寄存器中,$DR_0 \sim$ DR_3 为线性断点寄存器,可保存 4 个断点地址,程序设计人员可利用它们定义 4 个断点,从而可以方便地按照调试意图组合指令的执行和数据的读写。DR_4 和 DR_5 保留;DR_6 用于保存断点状态;DR_7 用于控制断点设置。

2) 测试寄存器

IA-32 CPU 中设置了两个 32 位的测试寄存器,命名为 TR_6 和 TR_7。测试寄存器用于控制对分页单元中转换后备缓冲器 TLB(Translation Look-aside Buffer)的测试。TLB 中存放常用的页地址。TR_6 存放 TLB 的标签,

31	0	
线性断点地址0		DR_0
线性断点地址1		DR_1
线性断点地址2		DR_2
线性断点地址3		DR_3
Intel保留		DR_4
Intel保留		DR_5
断点状态		DR_6
断点控制		DR_7

图 2.14　调试寄存器

也就是线性地址。TR_7 存放 TLB 的物理地址。

2.2.3　IA-32 CPU 存储器管理

IA-32 CPU 的存储管理由存储管理单元 MMU 实现。IA-32 CPU 中共有 3 种内存管理模型：实地址模型、分段管理模型和平展模型。在不同的处理器操作模式下，IA-32 CPU 以不同的方式管理内存。

1. 实地址模型

在实地址模型下，IA-32 CPU 使用 20 位地址线，可以访问 1MB 的内存，其范围从 00000H～FFFFFH，它是早期 16 位处理器 8086 的内存模型。实地址模型规定段起始地址低 4 位均为 0，每段最大不超过 64KB。但是，每段并不要求必须是 64KB，各段之间并不要求完全分开。两个逻辑段可以部分重叠，甚至完全重叠。当然各段的内容是不允许发生冲突的。

2. 保护模式下的分段管理模型

保护模式的分段管理模型下 IA-32 CPU 支持 32 条地址线，因此每个程序可以寻址 4GB 的内存，地址范围为 00000000H～FFFFFFFFH，这个地址空间称为线性内存空间。在这种模型下，处理器把整个线性内存空间分成独立的内存空间，这种独立的内存空间被称为段，代码、数据和堆栈分别处于不同的段中。仍然采用"段基地址：偏移地址"的逻辑地址来访问实际的物理地址，但是这时从逻辑地址到物理地址的转换方式不同于实地址模型下逻辑地址到物理地址的转换。

在保护模型下，段基地址和偏移地址都是 32 位的。偏移地址的含义与实地址模型一样，表示主存单元距离段起始位置的偏移量，一个段最大可以是 4GB。而 32 位的段基地址显然不能存放在 16 位的段寄存器中。在保护模式下，段寄存器中存放的不是段基地址本身，而是一个 16 位的段选择器。段选择器索引说明段信息的段描述符，段描述符存放有段基地址信息，如图 2.15 所示。

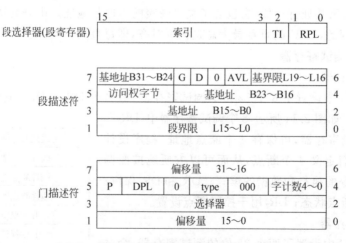

图 2.15　段选择器和描述符

段选择器的长度是 16 位，存放在段寄存器中。其中的高 13 位是描述符索引，它指示描述符在描述表中的序号，可以区分 8096 个描述符。D_2 位是描述符表引用指示位 TI。TI=

0，指示从全局描述符表 GDT 中读取描述符；TI=1，指示从局部描述符表 LDT 中读取描述符。最低两位是请求特权级 RPL，用于特权检查。

段描述符的长度为 8 字节，每一个段都有一个对应的描述符。根据描述符所描述的对象不同，描述符可以分为三类：存储段描述符、系统段描述符、门描述符（控制描述符）。在描述符中定义了段的基地址，界限和访问类型等段属性。其中，段界限说明该段的长度，用于存储空间保护；基地址给出该段的段基地址，用于形成物理地址；段属性说明该段的访问权限、该段当前在主存中的存在性，以及该段所在特权等。

为了便于组织管理，IA-32 CPU 把段描述符组织成线性表，称为描述符表。IA-32 CPU 有 3 种类型的描述符表：全局描述符表 GDT、局部描述符表 LDT 和中断描述符表 IDT。GDT 和 IDT 在整个系统中只有一张，而每个任务都有一张局部描述符表 LDT，用以记录本任务中涉及的各个代码段、数据段和堆栈段以及本任务使用的门描述符。GDT 含有每一个任务都可以访问的段的描述符，通常包含描述操作系统所使用的代码段、数据段和堆栈段的描述符，也包含多种特殊数据段描述符，如用于描述局部描述符表的特殊数据段。IDT 只包含中断门、陷阱门和任务门的描述符，通过门描述符转入中断服务子程序。LDT 可以使不同的任务隔离，通过 GDT 又可以共享某些段。每个描述符表形成一个特殊的数据段，该数据段中最多可以含有 8096(8K)个描述符。

在保护模式的分段管理模型下，逻辑地址转换为线性空间地址的方法是：根据段寄存器中保存的段选择器查找相应的描述符表中的对应描述符，根据描述符的内容得出段基地址，将段基地址与偏移地址相加，即得到线性地址。

在保护模式的分段管理模型下，每个段寄存器都有一个与它相联系的但程序员不可见的段描述符高速缓冲寄存器，如图 2.16 所示。它们用来存放描述该段的基地址、段大小以及段属性等的段描述符，其中的内容是在装入段寄存器值时，由操作系统从段描述符表中将对应段的段描述符复制到该高速缓冲寄存器中的。下一次再访问该段时，可直接从高速缓冲寄存器中直接得到该段的段基址，而不需要再到存储器中，查找描述符表来得到段基址，这样可大大提高存储器的访问速度。

	段寄存器	描述符高速缓冲寄存器(系统自动装入)		
CS	选择器(16位)	段基地址(32位)	段限值(32位)	属性(12位)
DS	选择器(16位)	段基地址(32位)	段限值(32位)	属性(12位)
SS	选择器(16位)	段基地址(32位)	段限值(32位)	属性(12位)
ES	选择器(16位)	段基地址(32位)	段限值(32位)	属性(12位)
FS	选择器(16位)	段基地址(32位)	段限值(32位)	属性(12位)
GS	选择器(16位)	段基地址(32位)	段限值(32位)	属性(12位)

图 2.16　段寄存器和段描述符高速缓冲寄存器

3. 平展模型

保护模式的分段管理模型下处理器支持 32 位地址线，可以寻址 4GB 的内存，此时的程序仍然有三类段：代码段、数据段和堆栈段。如果把所有的段都映射到计算机的整个 32 位物理空间中，即所有的段都有相同的段基地址（基地址为 0），都重合于同一个线性地址空间，这种内存管理模型称为平展模型。

平展模型实质上是分段存储模型的一种特例。当采用平展模型时，在程序员看来，整个内存空间是一个单一的、连续的线性地址空间。代码、数据和过程堆栈全都包含在此地址空间中。这种内存模型易于使用，只需要一个 32 位地址。在 80386 以上的 IA-32 CPU 上运行的应用程序，广泛采用平展模型。

4. 分页和虚拟内存

在分页机制中，一个段可以被分为不同的页，所有页的集合称为虚拟内存。虚拟内存可以转换为实际的物理地址空间。分页管理将线性地址空间和物理地址空间分布划分为大小相同的块，称为页。在线性地址空间的页和物理地址空间的页之间建立映射表。分页管理机制根据映射表将线性地址空间映射到某个物理地址空间，从而实现从线性地址空间到物理地址空间的转换。线性地址空间中的任何一页可以映射到物理地址空间中的任何一页。

IA-32 CPU 的页大小固定为 4KB，每一页的边界地址必须是 4K 的倍数。因此，4GB 大小的地址空间可以被划分为 1M 个页，页的起始地址的低 12 位为 0，高 20 位称为页码。页码左移 12 位就是页的起始地址。

当微处理器既采用段式存储管理，又采用页式存储管理时称为段页式存储管理方式。

2.3 先进的微处理器

高档 Pentium 微处理器对体系结构进行了全新的设计，其指令集仍是 IA 指令集，保持与 80x86 处理器的兼容。其中，P6 处理器系列包括 Pentium Pro、Pentium Ⅱ 和 Pentium Ⅲ 处理器，采用了基于超标量的微系统结构，能够提高操作速度，扩展了基本的 IA-32 体系结构。

2.3.1 高档 Pentium 微处理器

1. Pentium MMX

1994 年，为了适应多媒体数据的处理要求，Intel 将多媒体扩展技术 MMX 融入 Pentium 形成了 Pentium MMX（多能奔腾）。它的引脚与 Pentium 兼容，时钟频率为 166/200/233MHz，内部 Cache 为 32KB，可直接用于 Pentium 系统中，Pentium MMX 新增了 57 条多媒体指令，可用这些指令对图像、音频、视频和通信方面的程序优化，提高微机对多媒体软件的执行速度。

Pentium MMX 采用饱和运算。所谓饱和运算，是指当运算发生时，若产生了正溢出，则用该数据的数据类型上限值作为运算结果，若产生了负溢出，则用该数据的类型下限值作为运算结果。而在相应的常规运算中，上、下溢出都被截断。饱和运算常用于图像处理，一个灰暗图像按黑色处理，若中间叠加白色像素，结果仍为黑色。不会因为溢出而当成白色处理。Pentium MMX 中还增加了"积和运算"指令，即将压缩数据相乘并相加的运算。指令 PMADDWD 的作用为字紧缩乘法并累加结果，在音频、视频图像压缩和解压缩运算中得到了广泛应用。

MMX 指令集的推出非常成功，在之后生产的各型 CPU 都包括这些指令集，只不过其后的产品对其原有指令进行了改进和扩展。随着微软 Windows 系统的普遍采用，音频、视频信号在个人计算机应用中已经非常普及，加入 MMX 指令集正好满足了当时的这种多媒体应用需求，对整个处理器性能的发挥起着非常重要的作用。

2. Pentium Pro

1995 年秋天,Intel 推出 Pentium Pro(高能奔腾)处理器,Pentium Pro 处理器是 Intel 首个专门为 32 位服务器、工作站设计的处理器,可以应用在高速辅助设计、机械引擎、科学计算等领域。Pentium Pro 的地址总线为 36 位,可以寻址主存 64GB 容量,它由具有 16KB Cache 的 CPU 和含 256/512KB 的二级 Cache 芯片组成。Pentium Pro 扩展了超标量技术,具有 3 个整数处理单元和一个浮点处理单元,能同时执行 3 条指令,并对 32 位指令进行了优化处理。

相对于 Pentium,Pentium Pro 增加的主要功能如下。

(1) 重新设计了微结构,是第一个采用 P6 结构的处理器。

(2) 芯片内封装有两个芯片:CPU 内核和 256KB 或 512KB 的二级高速缓冲器 L2 Cache。

(3) 综合运用了 RISC 技术和 CISC 技术,使其既保证了与 80x86 兼容,又提高了指令运行的速度。

(4) 采用了 3 路超标量结构和 14 级流水线深度,每个时钟周期可执行 3 条指令,可预测执行 30 条指令,进一步提高了处理器的并行处理能力。

(5) 在 Pentium 的基础上增加了 8 条指令。

(6) 采用乱序执行和推测执行,使 CPU 更能适应分支和循环指令流。

3. Pentium Ⅱ

同样,为了增强对多媒体数据的处理能力,1997 年,Intel 在 Pentium Pro 中也采用了 MMX 技术,推出了 Pentium Ⅱ。Pentium Ⅱ 继承了 MMX 技术和 Pentium Pro 的动态执行技术,内部一级 Cache 增为 64KB,二级 Cache 为 512KB,时钟频率进一步提高。Pentium Ⅱ 首次采用了 S.E.C(单边接触)封装技术,将高速缓存与处理器整合在一块 PCB 板上,通过类似于内置板卡一样的金手指与主板相应插槽电路接触,而不是 Socket 架构的插针。

Pentium Ⅱ 采用动态执行技术,也称为随机推测执行技术,此技术要点为:通过预测程序流来调整指令的执行,并且分析程序的数据流来选择指令执行的最佳顺序。它由 3 项具体技术构成:多路分支预测、数据流分析、推测执行。

由于处理器功能的不断增强,计算机的应用范围也得到了空前的扩张。借助于 Microsoft 的 Windows 操作系统应用功能的支持,Pentium Ⅱ 处理器在多媒体、互联网方面的应用水平逐步得到提高,并且为广大用户所接受。

4. Pentium Ⅲ

1999 年,针对国际互联网和三维多媒体程序的应用要求,Intel 又采用数据流 SIMD 扩展 SSE 技术(原称为 MMX-2)开发了 Pentium Ⅲ。Pentium Ⅲ 在 Pentium Ⅱ 的基础上又新增了 70 条 SSE 指令,这些新增加的指令主要用于互联网流媒体扩张、3D、流式音频、视频和语音识别功能的提升。Pentium Ⅲ 可以使用户有机会在网络上享受到高质量的影片,并以 3D 的形式在线参观博物馆、商店等。

Pentium Ⅲ 处理器集成了由从 Compaq 公司购买的 P6 动态执行体系结构,双独立系统总线(DIB)架构,多路数据传输系统总线和 MMX 多媒体增强技术。

Pentium Ⅲ 处理器同样全面适合工作站和服务器应用领域。整个 Pentium Ⅲ 是一个相当庞大的系列,所涉及的处理器主频种类非常多,最低的是 450MHz,最高的可达 1.33GHz,

系统总线频率有两种：133MHz 和 100MHz。缓存方面即支持全速、带 ECC 校正的 256KB 高级二级缓存(L2 Cache)，或者是不连续、半速的 ECC 256KB 二级缓存。提供 32KB 一级缓存(L1 Cache)。内存寻址可以支持到 4GB，物理内存可以支持到 64GB。

另外，为了占领低端微机市场，Intel 公司还推出了 Pentium Ⅱ/Ⅲ 的简化版本 Celeron (赛扬)微处理器。后来，又推出支持 SSE2 指令的 Celeron-2(赛扬 2)微处理器。

5. Pentium 4

2000 年年底，Intel 又推出了新增 76 条 SSE2 指令的 Pentium 4 处理器，它引入了 NetBurst 微结构，处理器的速度更快。SSE2 既能执行 128 位 SIMD 整数算术操作，也能执行 128 位 SIMD 双精度浮点操作。SSE2 指令系统侧重于增强浮点双精度数据的运算能力，主要面向高性能的多媒体程序的应用。Pentium 4 采用超流水技术，流水线从 14 级提高到 20 级，为实现更高主频的设计打下基础。

NetBurst 微结构的优点如下。

(1) 快速系统总线。

(2) 高级传输缓存。

(3) 高级动态执行。

(4) 超长管道处理技术。

(5) 高级浮点以及多媒体指令集技术。

(6) 快速执行引擎，为执行单元提供执行指令，防止执行单元停顿。

用户使用基于 Pentium 4 处理器的个人计算机，可以创建专业品质的影片，透过互联网传递电视品质的影像，实时进行语音、影像通信，实时 3D 渲染，快速进行 MP3 编码译码运算，在连接互联网时运行多个多媒体软件。Pentium 4 处理器的系统总线虽然仅为 100MHz，同样是 64 位数据带宽，但由于其利用了与 AGP4X 相同的 4 倍速技术，因此可传输高达 3200MB/s(8 字节×100MHz×4＝3200MB/s)的数据传输速度，打破了 Pentium Ⅲ 处理器受系统总线瓶颈的限制。

6. Intel Xeon 处理器

在服务器领域，2001 年，Intel 推出了基于 NetBurst 微结构的 Xeon 处理器。在 Xeon MP 处理器中增加了超线程技术；64 位的 Xeon 处理器则支持 64 位扩展内存；双核 Xeon 处理器则支持双核技术；Xeon 70xx 系列处理器支持虚拟技术。

Xeon 处理器的市场定位瞄准高性能、均衡负载、多路对称处理等特性，而这些是台式计算机的 Pentium 品牌所不具备的。Xeon 处理器实际上也是基于 Pentium 4 的内核，具有更高级的网络功能，更复杂更卓越的 3D 图形性能。

2.3.2　迅驰技术

2003 年，Intel 推出了低功耗，高性能，可移动的 Pentium M 处理器系列。支持动态执行的 Intel 结构，具有 32MB 的指令 Cache 和 32MB 的回写数据 Cache；具有先进的分支预测和数据预取逻辑；支持 MMX、SIMD 和 SSE2 指令集合。2006 年 Intel 推出 Intel Core Duo 处理器和 Intel Core Solo 处理器。Core Solo 是单核处理器，而 Core Duo 处理器采用了双核技术，它们具有低功耗、高性能的特点。这两款处理器在 Pentium M 处理器的基础上对微结构进行了改进，并改进了解码和 SIMD 指令的执行。

1. 迅驰一代

2003 年 3 月，Intel 正式发布了迅驰移动计算技术，它包括了一整套移动计算解决方案，由三大部分构成：奔腾 M 处理器、855/915 系列芯片组和 Intel PRO 无线网卡。在迅驰初期，奔腾 M 处理器核心的代号为 bannis，采用 130nm 工艺，1MB 高速二级缓存，400MHz 前端总线，支持 802.11b 无线网卡。2004 年 5 月迅驰第一次改版，其代号为 Dothan，采用 90nm 工艺，其二级缓存容量提供到 2MB，前端总线仍为 400MHz，支持 802.11b/g 规范。网络传输从 11Mbps 提升至 14Mbps。

2. 迅驰二代

2005 年 1 月，Intel 发布了迅驰二代移动平台，其代号为 Sonoma。该平台采用 90nm 工艺，由 Pentium M 处理器（以 2MB L2 缓存，533MHz FSB 的 Dothan 为核心）、全新 Aviso 芯片组、新的无线模组 Calexico2（Intel PRO/无线 2915 ABG 或 2200 BG 无线局域网组件）3 个主要部件组成。迅驰二代增加了一些新技术：全新的 Intel 图形媒体加速器 900 显卡内核、节能型 533MHz 前端总线、双通道 DDR2 内存支持等。

此外，迅驰二代还支持最新 PCI Express 图形接口，可为采用独立显卡的高端系统提供最高达 4 倍的图形带宽，并支持显示节能技术 2.0、低功耗 DDR2 内存、增强型 Intel 的 SpeedStep 技术等。在系统制造商的支持下，还可扩充电视调谐器、Dolby Digital 和 7.1 环绕声的 Intel 高清晰度音频、个人录像机和遥控等选件。

3. 迅驰三代

2006 年 1 月，Intel 发布迅驰三代移动平台 Napa，其核心组件为 Intel 酷睿（Core）双核处理器。迅驰三代平台由 Yonab Pentium M 处理器、Intel 945 系列芯片组、Intel 3945 ABG 无线网卡模块组成。相对于迅驰二代，迅驰三代最大的技术提升有：系统总线速率提升到 667MHz，Yonab 处理器推出单、双核技术并且采用 65nm 工艺，Intel Pro/Wireless 3945ABG 无线模块则开始兼容 802.11a/b/g 3 种网络环境。

4. 迅驰四代

2007 年 5 月，Intel 发布了第四代迅驰移动平台 Snata Rosa，该平台包括了酷睿 2 双核处理器、965 高速移动芯片组、支持 802.11AGN 无线局域网的 Wireless-N 无线模块和可选组件——迅盘 Intel（NADA）。相比之前的迅驰平台而言，迅驰四代最大的优势在于其更好的多任务处理能力，清晰的视频播放能力，更好的可管理性和安全性，这些使得 Intel 移动平台的优势进一步扩大。

与此同时，Intel 推出了一个专门针对商务用户的全新品牌——迅驰专业版。迅驰专业版技术融合了 Intel 博锐处理器技术。作为 Intel 迅驰专业版处理器技术的一项重要革新，Intel 主动管理技术为商用笔记本电脑提供了无线管理、防护和远程修复功能，从而提高了生产力，减少了企业在 IT 方面的投入成本，延长了计算机正常运行时间。

2.3.3　多核技术

双核微处理器是指基于半导体的一个处理器芯片上拥有两个一样功能的处理器核心，也就是将两个物理处理器核心整合在一个内核中。事实上，双核架构并不是什么新技术，不过此前双核微处理器一直是服务器的专利，现在已经开始普及。

多核心，又称单芯片多处理器（Chip Multi Processors，CMP）。CMP 是由美国斯坦福大学提出的,其思想是将大规模并行处理器中的 SMP 集成到同一芯片内,各个处理器并行执行不同的进程。与 CMP 比较,SMP 处理器结构的灵活性比较突出。但是,当半导体工艺进入 $0.18\mu m$ 以后,线延时已经超过了门延迟,要求微处理器的设计通过划分许多规模更小、局部性更好的基本单元结构来进行。相比之下,由于 CMP 结构已经被划分成多个处理器核来设计,每个核都比较简单,有利于优化设计,因此更有发展前途。多核处理器可以在处理器内部共享缓存,提高缓存利用率,同时简化了多处理器系统设计的复杂度。

1. 多核技术的发展

2005 年 5 月,Intel 发布了全球第一款桌面级双核处理器 Pentium D,开启了双核计算机的时代。2006 年 5 月,酷睿(Core)双核技术在迅驰三代移动平台上获得应用。

Core 微架构拥有双核心、64 位指令集、4 发射的超标量体系结构和乱序执行机制等技术,支持 36 位的物理寻址和 48 位的虚拟内存寻址,支持包括 SSE4 在内的 Intel 所有扩展指令集。Core 微架构的每个内核拥有 32KB 的一级指令缓存、32KB 的双端口一级数据缓存,两个内核共同拥有 4MB 共享式二级缓存。

2006 年 7 月,酷睿 2(Core2)处理器发布,以其高性能和低功耗的优势迅速占领了市场,并获得极大的成功。

2006 年 11 月 12 日,Intel 推出全新的四核心处理器——Kentsfield。Kentsfield 依然基于 Core 微架构,拥有包括 Wide Dynamic Execution(宽区动态执行技术)、Intelligent Power Capability(智能功率管理能力)、Advanced Smart Cache(高级智能高速缓存)、Smart Memory Access(智能内存访问技术)以及 Advanced Digital Media Boost(高级数字媒体增强技术)在内的五项创新技术,支持 Intel 的 VT 虚拟技术、EMT64 和防病毒技术等,不支持超线程。首先上市的 Core2 Extreme QX6700,其核心频率为 2.66GHz(266×10)、内建 4MB×2 L2 Cache,FSB 为 1066MHz。

2007 年 11 月,Intel 公司发布了多款采用 45nm 高-K 金属栅极工艺技术的服务器及 PC 处理器。这些处理器分别为 Intel 酷睿 2 至尊四核以及 45nm 高-K Intel 至强处理器。它们的主要特点是在其内部数以亿计的晶体管中采用了 Intel 最新的基于铪的高-K 金属栅极技术以及采用 Intel 45nm 工艺技术。

与 Intel 前代双核产品相比,全新四核至强 7300 系列处理器的性能和性能功耗比分别提升了 2 倍和 3 倍之多。与先前采用的 65nm 技术构建的处理器芯片技术相比,新型 45nm 处理器的晶体管密度几乎翻了一番,这就相当于四核处理器上装载了 8.2 亿个晶体管,从而支持高清晰度画质和照片处理以及重要的 HPC 和企业应用。

2008 年 11 月,Intel 正式发布了 Nehalem 架构的首款产品:酷睿 i7 处理器。基于 Nehalem 微架构开发的酷睿 i7 中具有多项创新技术,能够智能化地按需提升性能并最大限度增加数据吞吐量。Intel 表示,与上一代处理器产品相比,在功耗不变的前提下,酷睿 i7 处理器对视频编辑、大型游戏和其他流行的互联网及计算机应用的速度提升可达 40%。

2. Intel 双核微处理器的性能分析

目前 Intel 推出的台式机双核微处理器有 Pentium D、Pentium EE(Pentium Extreme Edition)和 Core Due 3 种类型,三者的工作原理有很大不同。

Pentium D 和 Pentium EE 分别面向主流市场以及高端市场,其每个核心采用独立式缓存设计,在处理器内部两个核心之间是互相隔绝的,通过处理器外部(主板北桥芯片)的仲裁

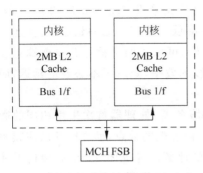

图 2.17　双核处理器示意图

器负责两个核心之间的任务分配以及缓存数据的同步等协调工作。两个核心共享前端总线,并依靠前端总线在两个核心之间传输缓存同步数据,如图 2.17 所示。从架构上来看,这种类型是基于独立缓存的松散型双核心处理器耦合方案,其优点是技术简单,只需要将两个相同的处理器内核封装在同一块基板上即可;缺点是数据延迟问题比较严重,性能并不尽如人意。另外,Pentium D 和 Pentium EE 的最大区别就是 Pentium EE 支持超线程技术而 Pentium D 不支持,Pentium EE 在打开超线程技术之后会被操作系统识别为 4 个逻辑处理器。

Pentium D 和 Pentium EE 采用每核心 1～2MB 二级缓存,主频可达 2.66～3.4GHz,前端总线频率为 533～1066MHz。有的支持硬件防病毒技术 EDB,有的支持 64 位技术 EM64T,有的支持节能省电技术 EIST 等。

值得注意的是,Intel 的 Pentium D 和 Pentium EE 与 AMD 的双核心处理器 Athlon 64 X2 和 Athlon 64 FX 系列相比,都是独立式二级缓存,除了协调单元前者在 CPU 外部(依赖于主板),而后者在 CPU 内部(不依赖于主板)之外,本质上并无重大区别。

从 2006 年 7 月 Intel 发布 Core Due 开始,Pentium D 和 Pentium EE 逐渐被基于 Core 架构代号 Conroe 的双核微处理器取代。

Core Due 与 Pentium D 和 Pentium EE 所采用的基于独立缓存的松散型双核心处理器耦合方案完全不同的是,Core Due 采用的是基于共享缓存的紧密型双核心处理器耦合方案,其最重要的特征是抛弃了两个核心分别具有独立的二级缓存的方案,改为采用与 IBM 的多核心处理器类似的两个核心共享二级缓存方案。与独立的二级缓存相比,共享的二级缓存具有如下优势。

(1) 二级缓存的全部资源可以被任何一个核心访问,当二级缓存的数据更新之后,两个核心并不需要做缓存数据同步的工作,工作量相对减少了,而且极大地缩短了缓存数据的延迟时间,这有利于处理器性能的提升。

(2) Pentium D 和 Pentium EE 的每个核心的二级缓存资源都是固定不变的,而共享二级缓存的任何一个核心都可以根据工作量的大小来决定占用多少二级缓存资源,利用效率相对于独立的二级缓存得到了极大的提高。有利于降低处理器的功耗。可以把两个核心分为"冷核"和"热核"模式,在工作量较大时两个核心都全速运作,而在工作量较小时则可以让"冷核"关闭,进入休眠模式,而继续运作的"热核"则可以占有全部的二级缓存资源,相比之下独立式缓存就只剩下一半的二级缓存资源可用了。

Core Due 采用"Smart Cache"共享缓存技术在两个核心之间做协调,如图 2.18 所示。在 Core Due 处理器内部,两个核心通过共享资源协调器(Share Bus Router,SBR)共享二级缓存资源,当其中一个核心运算完毕后将结果存放到二级缓存中,另外一个核心就可以通过 SBR 读取这些数据,不但有效解决了二级缓存资源争夺的问题,与前两种类型相比也不

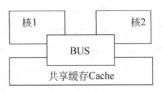

图 2.18　Core Due 示意图

必对缓存资源作频繁的同步化操作，而且比起 Intel 自己早先采用 Pentium D 和 Pentium EE 需要通过主板北桥芯片迂回的方法相比，不但大幅度降低了缓存数据的延迟，而且还不必占用前端总线资源。另外，SBR 还具有"带宽适应"功能，可以对两个核心共享前端总线资源进行统一管理和协调，改善了两个核心共享前端总线的效率，减少了不必要的延迟，而且有效避免了两个核心之间的冲突。

Core 微架构使 Intel 全平台（台式机、笔记本电脑和服务器）处理器首次采用相同的微架构设计，也是 Intel 鉴于 NetBurst 微架构的高频、低效、高能耗的缺点，彻底抛弃以往频率至上的理念，转而注重能效比的第一次成功尝试。无数的评测已经证明，Core 微架构不愧是目前最强大的 80x86 PC 处理器微架构，其性能远远领先于以往所有 PC 处理器，而功耗又大幅度降低。Core 微架构大部分来自成功的 Yonah 微架构，并结合了 NetBurst 微架构中的部分先进技术，在此基础上又做出了很多技术创新。

2.3.4 专用微处理器

除了装在 PC、笔记本电脑、工作站、服务器上的通用微处理器（常简称为 MPU）外，还有其他应用领域的专用微处理器：单片机（微控制器）和数字信号处理器。

单片机（Single Chip Microcomputer）是指通常用于控制领域的微处理器芯片，其内部除 CPU 外还集成了计算机的其他一些主要部件，例如，ROM 和 RAM、定时器、并行接口、串行接口，有的芯片还集成了 A/D、D/A 转换电路等。换句话说，一个芯片几乎就是一个计算机，只要配上少量的外部电路和设备，就可以构成具体的应用系统了。

单片机是国内习惯的名称，国际上多称为微控制器（Micro Controller）或嵌入式控制器（Embedded Controller），简称 MCU。微控制器的初期阶段（1976—1978 年）以 Intel 公司的 8 位 MCS-48 系列为代表。1978 年以后，微控制器进入普及阶段，以 8 位为主，最著名的是 Intel 公司的 MCS-51 系列，还有 Atmel（爱特梅尔）公司的 AT89 系列（与 MCS-51 兼容）、Microchip Technology 公司的 PIC 系列。1982 年以后，出现了高性能的 16 位、32 位微控制器，例如，Intel 公司的 MCS-96/98 系列、Atmel 公司的 AT91 系列（基于 ARM 内核）。

数字信号处理（Digital Signal Processor），简称 DSP 芯片，实际上也是一种微控制器，但更专注于数字信号的高速处理，其内部集成有高速乘法器，能够进行快速乘法和加法运算。DSP 芯片自 1979 年 Intel 公司开发 2920 以后也经历了多代发展，其中美国德州仪器（Texas Instruments，TI）公司的 TMS 320 各代产品具有代表性。例如，1982 年的 TMS 32010、1985 年的 TMS 320C20、1987 年的 TMS 320C30、1991 年的 TMS 320C40，还有 TMS 320C2000、TMS 320C5000、TMS 320C6000 系列等。

DSP 芯片市场主要分布在通信、消费类电子产品和计算机领域。我国推广和应用较多的是 TI 公司、AD 公司和 Motorola 公司的 DSP 芯片。

利用微控制器、数字信号处理器或通用微处理器，结合具体应用就可以构成一个控制系统，例如，当前的主要应用形式是嵌入式系统。嵌入式系统融合了计算机软硬件技术、通信技术和半导体微电子技术，把计算机直接嵌入到应用系统之中，构造信息技术的最终产品。

自从 20 世纪 70 年代微处理器产生以来，它就一直沿着通用 CPU、微控制器和 DSP 芯片 3 个方向发展。这三类微处理器的基本工作原理一样，但各有特点，技术上它们不断地相互借鉴和交融，应用上却大不相同。

2.3.5　微处理器领域的架构革命

得益于 IC 设计和半导体制造技术的交互拉动,在过去数十年历史中,微处理器业界一直为提高芯片的运算性能而努力。微处理器的运算性能始终保持高速提升状态,芯片的集成度、工作频率、执行效率在这个过程中不断提升,计算机工业也由此而改变。作为 PC 的核心,80x86 处理器事实上担任起信息技术引擎的作用,伴随着 80x86 处理器的性能提升,PC 可以完成越来越多的任务。从最初的 Basic 到功能完善的 DOS 系统,再到图形化的 Windows 系列;从平面二维到 3D 环境渲染;从一个无声的纯视觉界面进入到视觉、音频结合的多媒体应用,计算机实现彼此相互联网,庞大的 Internet 日渐完善,电子商务应用从概念到全球流行。与硬件技术高速发展相对应,PC 应用也朝前所未有的深度和广度拓展:视频媒体转向高清晰格式,3D 渲染向电影画质进发,操作系统的人机界面也从 2D 的 GUI 进入到三维时代,高速互联网接入和无线技术方兴未艾,应用软件越来越智能化,所有这些应用都要求有高性能的处理器作为基础。

微处理器领域真正意义的架构革命将在未来数年内诞生,那就是多核架构将从通用的对等设计迁移到"主核心＋协处理器"的非对等设计,也就是处理器中只有一个或数个通用核心承担任务指派功能,诸如浮点运算、HDTV 视频解码、Java 语言执行等任务都可以由专门的 DSP 硬件核心来完成。由此实现处理器执行效率和最终性能的大幅度跃进——IBM Cell、Intel Many Core 和 AMD Hyper Transport 协处理器平台便是该种思想的典型代表。

1. IBM Cell:开创全新的多核架构

Cell 的多核结构同以往的多核心产品完全不同。在 Cell 芯片中,只有一个核心拥有完整的功能,被称为主处理器,其余 8 个核心都是专门用于浮点运算的协处理器。由于 Cell 中的协处理器只负责浮点运算任务,所需的运算规则非常简单,对应的电路逻辑同样如此,只要 CPU 运行频率足够高,Cell 就能够获得惊人的浮点效能。由于电路逻辑简单,主处理器和协处理器都可以轻松工作在很高的频率上。

Cell 并非通用的处理器,虽然它具有极强的浮点运算能力,可以很好地满足游戏机和多媒体应用,但整数性能和动态指令执行性能并不理想,这是由任务的形态所决定的。未来耗费计算机运算性能最多的主要是 3D 图形、HDTV 解码、科学运算之类的应用,所涉及的其实都是浮点运算,整数运算只是决定操作系统和应用软件的运行效能(操作系统、Office 软件等),而这部分应用对处理器性能要求并不苛刻。

IBM Cell 的新颖设计非常值得参考,Intel 的 Many Core 和 AMD Hyper Transport 协处理器计划可以视作 Cell 思想的变种。

2. Intel:Many Core

Many Core 采用的也是类似 Cell 的专用化结构。Intel 的四核心处理器采用对等设计,每个内核地位相同。而转到 Many Core 架构之后,其中的某一个或几个内核可以被置换为若干数量的 DSP 逻辑,保留下来的 80x86 核心执行所有的通用任务以及对特殊任务的分派;DSP 则用于某些特殊任务的处理。依照应用不同,这些 DSP 类型可以是 Java 解释器、MPEG 视频引擎、存储控制器、物理处理器等。在处理这类任务时,DSP 的效能远优于通用的 80x86 核心,功耗也低得多。

第一代 Many Core 架构处理器可能采用"3 个通用 80x86 核心＋16 个 DSP 内核"的组合,如图 2.19 所示。可以看到,它的原型是一个四核心处理器,只是将其中一个核心置换成 16 个 DSP 逻辑而已。在执行 Java 程序、视频解码、3D 渲染等耗用 CPU 资源的任务中, DSP 的效能都大幅优于通用核心,因此 Many Core 产品在执行这类专用任务时会有飞跃性的性能增益。

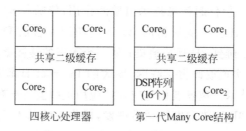

图 2.19 四核心处理器和第一代 Many Core 结构对比图

第二代 Many Core 产品的大致结构如图 2.20 所示。它拥有 8 个通用 80x86 核心,64 个专用 DSP 逻辑,片内缓存容量高达 1GB,晶体管规模则达到 200 亿。Intel 逐步引入 Many Core Array 架构,不断增加 DSP 的数量以及执行能力,通用核心的地位将随着时间的推移不断减弱,直到最后完全可能实现以 DSP 占主导地位的专用化运算模式。

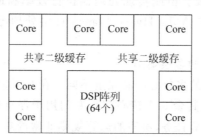

图 2.20 第二代 Many Core 结构图

3. AMD：HyperTransport 协处理器系统

AMD 利用现有的 HyperTransport 连接架构,对多路服务器系统进行拓展。计划建立一个以 AMD 为中心的企业生态圈。在该套平台上,HyperTransport 总线处于中枢地位, 而它除了作为处理器连接总线外,还可以连接 PCI-X 控制器、PCI Express 控制器以及 I/O 控制芯片,来充当芯片间的高速连接通路。AMD 公司考虑的一套协处理器扩展方案也是以此为基础,即为多路 Opteron 平台开发各种功能的协处理器。这些协处理器都通过 HyperTransport 总线与 Opteron 处理器直接连接。AMD 将 8 路 Opteron 中的一枚 Opteron 处理器置换成矢量协处理器,以此实现矢量计算性能的大幅度增长。

未来,这种拓展架构也可以延伸到 PC 领域。例如,在 PC 中挂接基于 HyperTransport 总线的浮点协处理器、物理协处理器、视频解码器、专门针对 Java 程序的硬件解释器,甚至可以是由 nVIDIA 或 ATI 开发的图形处理器。为达成上述目标,AMD 必须设计出一个高度稳定的统一接口方便用户进行扩展,而借助各种各样的协处理器,AMD64 系统的性能将获得空前强化。

思考与练习

1. 简述 Intel 微处理器的发展历程。

2. 简述 Pentium 微处理器的发展历程。

3. 简述多核技术的特点。

4. 简述微处理器的发展趋势。

5. IA-32 CPU 通常由哪些单元组成？简述这些单元的作用。

6. 8088 微处理器中有哪些寄存器？说明它们的功能及分组情况，进一步分析 IA-32 CPU 寄存器组。

7. 8086 的标志寄存器 FLAGS 中，有哪些标志位？它们的名称和功能是什么？IA-32 CPU 的标志寄存器增加了哪些标志位，其功能是什么？

8. 什么叫 8086/8088 存储器的段的基地址？什么叫段内偏移地址？什么叫物理地址？以上地址各为多少位？

9. 什么是段选择器？什么是段描述符？什么是描述符表？它们之间有什么关系？

10. 已知物理地址为 FFFE0H，且段内偏移量为 0880H，放在 BX 中，若对应的段基址值放在 DS 中，问：DS＝？

11. 一台微型计算机，数据线有 8 根，地址线有 16 根，如果采用字节编址，那么它可以访问的最大存储空间是多少字节？试用十六进制数表示该机的地址范围。

12. 段地址和偏移地址用十六进制数表示如下，请分别计算它们的物理地址。

(1) 3040：0102　　(2)A000：001E　　(3)1200：0E08　　(4)60E0：002A

第3章

微型计算机的指令系统

计算机是通过执行指令序列来解决问题的,每种计算机都有一套指令集合供用户使用。在微型计算机中,微处理器能执行的各种指令的集合称为指令系统。微处理器的主要功能是由它的指令系统来体现的。在其他条件相同的情况下,指令系统越强,机器的功能也就越强。不同的微处理器有不同的指令系统,其中每一条指令对应着处理器的一种基本操作。

计算机只能识别由二进制编码表示的指令,称为机器指令。一条机器指令应包含两部分内容,其一般格式为:

操作码	操作数

操作码部分指出此指令要完成何种操作;操作数部分则指出参与操作的对象是什么。在指令中可以直接给出操作数的值或者操作数存放在何处,操作的结果应送往何处等信息。处理器可根据指令字中给出的地址信息求出存放操作数的地址,称为有效地址(Effective Address,EA),然后对存放在有效地址中的操作数进行存取操作。

3.1 寻 址 方 式

根据操作数的种类,8086/8088 指令系统的寻址方式分为两大类:数据寻址方式和转移地址寻址方式。

3.1.1 操作数的种类

在 8086/8088 指令系统中,操作数可分为数据操作数和转移地址操作数两大类。

1. 数据操作数

数据操作数是指指令中操作的对象是数据。数据操作数的类型有以下几种。

(1) 立即数操作数:指令中要操作的数据在指令中。

(2) 寄存器操作数:指令中要操作的数据存放在指定的寄存器中。

(3) 存储器操作数:指令中要操作的数据存放在指定的存储单元中。

(4) I/O 操作数:指令中要操作的数据来自或送到 I/O 端口。

对于数据操作数,有的指令只有一个操作数或没有操作数。而有的指令有两个操作数,一个称为源操作数,在操作过程中保持原值不变;另一个称为目标操作数,操作后一般被操作结果所替代。

另外,还有一种隐含操作数。这种操作数从指令格式上看,好像是没有操作数,或只有一个操作数,实际上隐含了一个或两个操作数。

2. 地址操作数

地址操作数是指指令中操作的对象是地址。其指令只有一个目标操作数,该操作数不是普通数据,而是要转移的目标地址。它也可以分为立即数操作数、寄存器操作数和存储器操作数,即要转移的目标地址包含在指令中,或存放在寄存器中,或存放在存储单元之中。

3.1.2　8086/8088 的机器代码格式

8086/8088 CPU 的机器代码格式如图 3.1 所示。

1/2 字节	0/1 字节	0/1/2 字节	0/1/2 字节
操作码	mod reg r/m	位移量	立即数

图 3.1　8086/8088 的机器代码格式

操作码占 1 或 2 字节,后面的各字节指明操作数。其中,"mod reg r/m"字节表明寻找操作数的方式(即采用的寻址方式),"位移量"字节给出某些寻址方式需要的相对基地址的偏移量,"立即数"字节给出立即寻址方式需要的数值本身。由于设计有多种寻址方式,操作数的各个字段有多种组合,表 3.1 给出了各种组合情况。

表 3.1　8086/8088 指令的寻址方式字节编码

r/m	mod					reg
	00	01	10	11		
				w=0	w=1	
000	[BX+SI]	[BX+SI+D8]	[BX+SI+D16]	AL	AX	000
001	[BX+DI]	[BX+DI+D8]	[BX+DI+D16]	CL	CX	001
010	[BP+SI]	[BP+SI+D8]	[BP+SI+D16]	DL	DX	010
011	[BP+DI]	[BP+DI+D8]	[BP+DI+D16]	BL	BX	011
100	[SI]	[SI+D8]	[SI+D16]	AH	SP	100
101	[DI]	[DI+D8]	[DI+D16]	CH	BP	101
110	[D16]	[BP+D8]	[BP+D16]	DH	SI	110
111	[BX]	[BX+D8]	[BX+D16]	BH	DI	111

8086/8088 指令最多可以有两个操作数。在"mod reg r/m"字节中,reg 字段表示一个采用寄存器寻址的操作数,reg 占用 3 位,不同编码指示 8 个 8 位(w=0)或 16 位(w=1)通用寄存器之一;mod 和 r/m 字段表示另一个操作数的寻址方式,分别占用 2 位或 3 位。

(1) mod=00 时为无位移量的存储器寻址方式。但其中,当 r/m=110 时为直接寻址方式,此时该字节后跟 16 位有效地址 D16。

(2) mod=01 时为带有 8 位位移量的存储器寻址方式。此时该字节后跟一个字节,表示 8 位位移量 D8,它是一个有符号数。

(3) mod=10 时为带有 16 位位移量的存储器寻址方式。此时该字节后跟两个字节,表示 16 位位移量 D16,它也是一个有符号数。

(4) mod=11 时为寄存器寻址方式,由 r/m 指定寄存器,此时的编码与 reg 相同。

3.1.3 与数据有关的寻址方式

指令中关于如何求出存放操作数有效地址的方法称为操作数的寻址方式。计算机按照指令给出的寻址方式求出操作数有效地址和存取操作数的过程，称为寻址操作。

在微机中，寻址方式可能有如下 3 种情况。

（1）操作数包含在指令中，称为立即寻址。

（2）操作数包含在 CPU 的内部寄存器中，称为寄存器寻址。

（3）操作数在内存的数据区中，这时指令中的操作数字段包含着此操作数的地址，称为存储器寻址。

为了更清楚地掌握寻址方式，下面以最常用的 MOV 指令来举例说明各种寻址方式的功能。MOV 指令是一个数据传送指令，相当于高级语言的赋值语句，其格式为：

```
MOV   OPRD1,OPRD2
```

MOV 指令的功能是将源操作数 OPRD2 传送至目的操作数 OPRD1。在讲述中，假设目的操作数采用寄存器寻址方式，用源操作数来反映各种寻址方式的功能和彼此的区别。

1. 立即数寻址方式

立即数寻址方式所提供的操作数紧跟在操作码的后面，与操作码一起放在指令代码段中。立即数可以是 8 位数或 16 位数。如果是 16 位数，则低位字节存放在低地址中，高位字节存放在高地址中。

立即数寻址方式只能用于源操作数字段，不能用于目的操作数字段，经常用于给寄存器赋初值。

【例 3.1】 将 8 位立即数 18 存入寄存器 AL 中。

```
MOV   AL,18
```

指令执行后，(AL) = 12H

【例 3.2】 将 16 位立即数 8090H 存入寄存器 AX 中。

```
MOV   AX,8090H
```

图 3.2 给出了立即数寻址方式示意图。指令执行后的结果为：(AX) = 8090H。

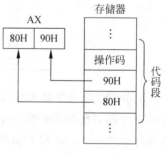

图 3.2　立即数寻址方式示意图

2. 寄存器寻址方式

在寄存器寻址方式中，操作数包含于 CPU 的内部寄存器之中。这种寻址方式大都用于寄存器之间的数据传输。对于 16 位操作数，寄存器可以是 AX、BX、CX、DX、SI、DI、SP 和 BP 等；对于 8 位操作数，寄存器可以是 AL、AH、BL、BH、CL、CH、DL 和 DH。这种寻址方式可以取得较高的运算速度。下列指令都属于寄存器寻址方式：

```
MOV   DS,AX
MOV   AL,CL
MOV   SI,AX
```

```
MOV    BL,AH
```

【例 3.3】　寄存器寻址方式的指令操作过程如下。

```
MOV    AX,BX
```

如果指令执行前(AX)＝ 6688H,(BX)＝ 1020H;则指令执行后,(AX)＝ 1020H,(BX)保持不变,图 3.3 给出了寄存器寻址方式示意图。

3. 存储器寻址方式

寄存器寻址虽然速度较快,但 CPU 中寄存器数目有限,不可能把所有参与运算的数据都存放在寄存器中。多数情况下,操作数还是要存储在主存中。如何寻址主存中存储的操作数称为存储器寻址方式,也称为主存寻址方式。在这种寻址方式下,指令中给出的是有关操作数的主存地址信息。由于 8086/8088 的

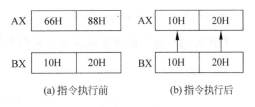

图 3.3　寄存器寻址方式示意图

存储器是分段管理的,因此这里给出的地址只是偏移地址(即有效地址 EA),而段地址在默认的或用段超越前缀指定的段寄存器中。

为了方便各种数据结构的存取,8086/8088 设计了多种主存寻址方式。

1) 直接寻址方式

直接寻址方式是操作数地址的 16 位偏移量直接包含在指令中,和指令操作码一起放在代码段,而操作数则在数据段中。操作数的地址是数据段寄存器 DS 中的内容左移 4 位后,加上指令给定的 16 位地址偏移量。把操作数的偏移地址称为有效地址 EA,则物理地址＝16D×(DS)＋EA。如果数据存放在数据段以外的其他段中,则在计算物理地址时应使用指定的段寄存器。直接寻址方式适合于处理单个数据变量。

【例 3.4】　直接寻址方式示例如下。

```
MOV    AX,[400H]
```

如果(DS)＝ 1000H,则物理地址的计算式为:

$$10000H(段基地址)＋ 400H(偏移地址)＝ 10400H(物理地址)$$

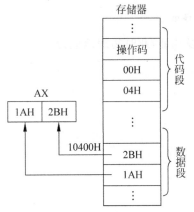

图 3.4　直接寻址方式示意图

图 3.4 给出了直接寻址方式示意图。指令执行后的结果为:(AX)＝ 1A2BH。

也可以用符号地址代替数值地址,例如:

```
MOV    AX,BUFFER
```

此时 BUFFER 为存放数据单元的符号地址。它等效于如下形式:

```
MOV    AX,[BUFFER]
```

2) 寄存器间接寻址方式

在寄存器间接寻址方式中,操作数在存储器中。操作数的有效地址由变址寄存器 SI、DI 或基址寄存器

BX、BP 提供。这又分成两种情况:

如果指令中指定的寄存器是 BX、SI、DI,则用 DS 寄存器的内容作为段地址,即操作数的物理地址为:

物理地址 = 10H × (DS) + (BX、SI 或 DI)

如指令中用 BP 寄存器,则操作数的段地址在 SS 中,即堆栈段,所以操作数的物理地址为:

物理地址 = 10H × (SS) + (BP)

【例 3.5】 寄存器间接寻址方式示例如下。

MOV AX,[SI]

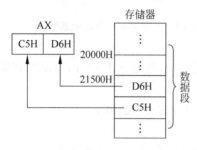

图 3.5 寄存器间接寻址方式示意图

如果(DS)=2000H,(SI)=1500H,则物理地址的计算式为:

20000H(段基地址)+1500H(偏移地址)
=21500H(物理地址)

图 3.5 给出了寄存器间接寻址方式示意图。指令执行后的结果为:(AX)= C5D6H。

3) 寄存器相对寻址方式

该寻址方式是以指定的寄存器内容,加上指令中给出的位移量(8 位或 16 位),并以一个段寄存器为基准,作为操作数的地址。指定的寄存器一般是一个基址寄存器或变址寄存器。即:

$$EA=\begin{Bmatrix}(BX)\\(BP)\\(SI)\\(DI)\end{Bmatrix}+\begin{Bmatrix}8\ \text{位}\\16\ \text{位}\end{Bmatrix}\text{位移量}$$

与寄存器间接寻址方式类似,对于寄存器为 BX、SI、DI 的情况,段寄存器用 DS,则物理地址为:

物理地址 = 10H × (DS) + (BX、SI 或 DI) + 8 位(或 16 位)位移量

当寄存器为 BP 时,则使用 SS 段寄存器的内容作为段地址,此时物理地址为:

物理地址 = 10H × (SS) + (BP) + 8 位(或 16 位)位移量

【例 3.6】 寄存器相对寻址方式示例如下。

MOV AX,DISP[DI]

也可表示为

MOV AX,[DISP + DI]

其中 DISP 为 16 位位移量的符号地址。

如果(DS)=3000H,(DI)=2000H,DISP = 600H,则物理地址的计算式为:

30000H(段基地址)＋2000H(变址)＋600H(位移量)＝32600H(物理地址)

图 3.6 给出了寄存器相对寻址方式示意图,指令执行后的结果是:(AX)＝005AH。

4) 基址加变址寻址方式

在基址加变址寻址方式中,通常把 BX 和 BP 看作是基址寄存器,把 SI 和 DI 看作变址寄存器,可把两种方式组合起来形成一种新的寻址方式。基址加变址的寻址方式是把一个基址寄存器 BX 或 BP 的内容,加上变址寄存器 SI 或 DI 的内容,并以一个段寄存器作为地址基准,作为操作数的地址。

两个寄存器均由指令指定。当基址寄存器为 BX 时,段寄存器使用 DS,则物理地址为:

物理地址 ＝ 10H × (DS) + (BX) + (SI 或 DI)

当基址寄存器为 BP 时,段寄存器用 SS,此时物理地址为:

物理地址 ＝ 10H × (SS) + (BP) + (SI 或 DI)

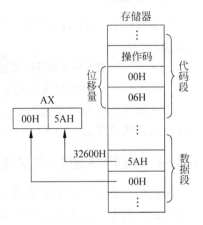

图 3.6 寄存器相对寻址方式示意图

【例 3.7】 基址加变址寻址方式示例如下。

```
MOV  AX,[BX][DI]
```

或写为:

```
MOV  AX,[BX + DI]
```

如果(DS)＝1000H,(BX)＝2000H,(DI)＝3000H,则物理地址的计算式为:

10000H(段基地址)＋2000H(基址)＋3000H(变址)＝15000H(物理地址)

图 3.7 给出了基址加变址寻址方式示意图。指令执行后的结果为:(AX)＝1288H。

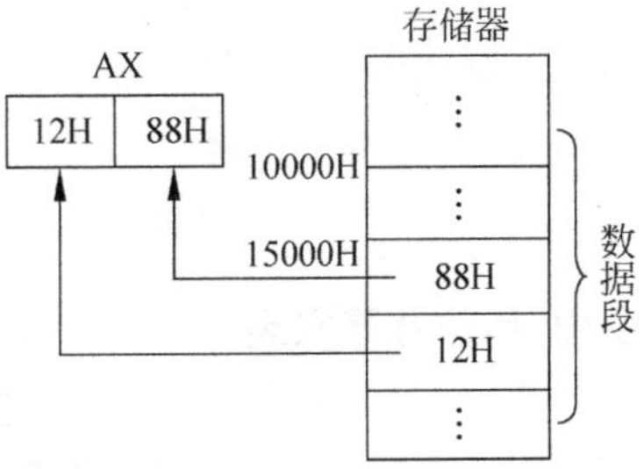

图 3.7 基址加变址寻址方式示意图

5) 相对基址变址寻址方式

在相对基址变址寻址方式中,通常把 BX 和 BP 看作是基址寄存器,把 SI 和 DI 看作变址寄存器。它是把一个基址寄存器 BX 或 BP 的内容,加上变址寄存器 SI 或 DI 的内容,再加上指令中给定的 8 位或 16 位位移量,并以一个段寄存器为地址基准,作为操作数的地址。同样,当基址寄存器为 BX 时,段寄存器使用 DS,则物理地址为:

物理地址 ＝ 10H × (DS) + (BX) + (SI 或 DI) + 8 位(或 16 位)位移量

当基址寄存器为 BP 时,段寄存器则用 SS。此时物理地址为:

物理地址 ＝ 10H × (SS) + (BP) + (SI 或 DI) + 8 位(或 16 位)位移量

【**例 3.8**】 相对基址变址寻址方式示例如下。

```
MOV  AX,DISP[BX][SI]
```

如果(DS)＝4000H,(BX)＝2000H,(SI)＝1000H,DISP＝800H,则物理地址的计算式为:

$$EA = 2000H(基址) + 1000H(变址) + 800H(位移量) = 3800H$$
$$40000H(段基地址) + 3800H(EA) = 43800H(物理地址)$$

图 3.8 给出了相对基址变址寻址方式示意图。
指令执行后的结果为:(AX)＝EEFFH。

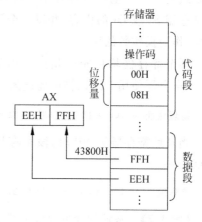

图 3.8 相对基址变址寻址方式示意图

3.1.4 与转移地址有关的寻址方式

微机指令系统中有转移指令及子程序调用等
非顺序执行指令。这类指令所指出的地址是程序
转移到的指定的转移地址,然后再依次顺序执行程
序。这种提供转移地址的方法称为程序转移地址
的寻址方式。它分为段内直接寻址、段内间接寻
址、段间直接寻址和段间间接寻址 4 种情况。在
8086/8088 指令系统中,条件转移指令只能使用段
内直接寻址方式,且位移量为 8 位;而非条件转移
指令和子程序调用指令则可用 4 种寻址方式中的任何一种。

1. 段内直接寻址

这种寻址方式是将当前 IP 寄存器的内容和指令中指定的 8 位或 16 位位移量之和作为
转向的有效地址。一般用相对于当前 IP 值的位移量来表示转向有效地址,所以它是一种相
对寻址方式。当这一程序段在内存中的不同区域运行时,转移指令本身不会发生变化,这是
符合程序的再定位要求的。这种寻址方式适用于条件转移及无条件转移指令,但是当它用
于条件转移指令时,位移量只允许 8 位。

指令格式:

```
JMP  NEAR PTR ADDR1
JMP  SHORT ADDR2
```

其中,ADDR1 和 ADDR2 都是转向的符号地址,在机器指令中,用位移量来表示。

2. 段内间接寻址

段内间接寻址的转向有效地址是一个寄存器或一个存储单元的内容,并且可以用数据
寻址方式中除立即数以外的任何一种寻址方式取得转向的有效地址。

指令格式:

```
JMP  BX
JMP  WORD PTR [BP + DISP]
```

其中,WORD PTR 为操作符,用以指出其后的寻址方式所取得的转向地址是一个字的有效
地址,也就是说它是一种段内转移。

对于段内转移寻址方式,直接把求得的转移的有效地址送到 IP 寄存器就可以了。如果需要计算转移的物理地址,则应是:

$$物理地址 = 10H \times (CS) + EA$$

其中,EA 为转移的有效地址。

下面的两个例子说明了在段内间接寻址方式的转移指令中有效地址的计算方法。

假设:$(DS) = 2000H, (BX) = 2000H, (SI) = 3000H, (25000H) = 3200H$。

【例 3.9】　指令如下。

```
JMP   BX
```

则执行指令后

```
(IP) = 2000H
```

【例 3.10】　指令如下。

```
JMP   [BX][SI]
```

则执行指令后

```
(IP) = (10H × (DS) + (BX) + (SI))
     = (20000H + 2000H + 3000H)
     = (25000H)
     = 3200H
```

3. 段间直接寻址

这种寻址方式直接提供转向的段地址(16 位)和偏移地址(16 位),所以需要 32 位的地址信息。只要用指令中指定的偏移地址取代 IP 寄存器的内容,用指定的段地址取代 CS 寄存器的内容就完成了从一个段到另一个段的转移操作。

指令格式可表示为:

```
JMP   FAR PTR ANOSEG
```

其中,ANOSEG 为转向的符号地址,FAR PTR 则是表示段间转移的操作符。

4. 段间间接寻址

为了达到段间转移,这种寻址方式是用存储器中的两个相继字的内容来取代 IP 和 CS。内存单元的地址是由指令指定的除立即寻址和寄存器寻址方式以外的任何一种数据寻址方式取得。

指令格式可表示为:

```
JMP   DWORD PTR [DISP + BX]
```

其中,[DISP+BX]说明数据寻址方式为寄存器间接寻址方式,DWORD PTR 为双字操作符,以满足段间转移地址的要求。

3.2　8086/8088 指令系统

计算机的指令系统就是指该计算机能够执行的全部指令的集合。8086/8088 指令系统的指令分为 7 类,即数据传送类、算术运算类、逻辑操作类、程序控制类、数据串操作类、处理器控制类以及输入/输出类指令。在学习指令系统过程中,以下几个方面是需要注意的。

（1）掌握指令的功能:该指令能够实现何种操作,通常指令助记符就是指令功能的英文单词或其缩写形式。

（2）分析指令支持的寻址方式:该指令中的操作数可以采用何种寻址方式。

（3）清楚指令对标志位的影响:该指令执行后是否对各个标志位有影响,以及如何影响。

（4）其他特征:如指令执行时的约定设置、必须预置的参数、隐含使用的寄存器等。

3.2.1 数据传送类指令

数据传送是计算机中最基本、最重要的一种操作。传送指令也是最常使用的一类指令,可以实现数据从一个位置到另一个位置的移动,如执行寄存器与寄存器之间、寄存器与主存单元之间的字或字节的多种传送操作。

1. 数据传送指令

指令格式:

```
MOV  OPRD1,OPRD2
```

OPRD1 为目的操作数,可以是寄存器、存储器、累加器。

OPRD2 为源操作数,可以是寄存器、存储器、累加器和立即数。

本指令的功能是将一个 8 位或 16 位的源操作数（字或字节）送到目的操作数中,即 OPRD1←OPRD2,本指令不影响状态标志位。

MOV 指令可以分为以下 4 种情况。

1) 寄存器与寄存器之间的数据传送指令

例如:

```
MOV  AX,BX
MOV  CL,AL
MOV  DX,ES
MOV  DS,AX
MOV  BP,SI
```

代码段寄存器 CS 及指令指针 IP 不参加数的传送,其中 CS 可以作为源操作数参加传送,但不能作为目的操作数参加传送。

2) 立即数到通用寄存器的数据传送指令

立即数只能作为源操作数使用,不能作目的操作数使用。

例如:

```
MOV  AL,25H
MOV  BX,20A0H
MOV  CH,5
MOV  SP,2F00H
```

注意:由于传送的数据可能是字节,也可能是字,源操作数与目的操作数的类型应一致,8 位寄存器不能和 16 位寄存器之间传送数据。例如,25H 送 AL 是允许的,2000H 送 AL 是不允许的。在立即数参加传送的情况下,数据类型由寄存器确定。当立即数送至存储器时,不仅其类型应该一致,而且还应当用汇编语言的指示性语句或汇编运算符加以说明。

3) 寄存器与存储器之间的数据传送指令

例如:

```
MOV  AL,BUF
MOV  AX,[SI]
MOV  DISP[BX + DI],DL
MOV  SI,ES:[BP]
MOV  DS,DATA[BX + SI]
MOV  DISP[BX + DI],ES
```

第一条指令是将存储器变量 BUF 的值送至 AL 寄存器。BUF 可以看成是存储数据的单元的符号名,实际上是符号地址,因为该地址单元中的数据是可变的,用 BUF 作为变量名是很合适的。如果是对字进行操作,应将指令改写成如下的形式:

```
MOV  AX,BUF
```

这时汇编语言中在定义 BUF 变量时,要用 DW 伪指令将其定义为字类型变量,即在数据段中,用如下形式定义:

```
BUF  DW  1234H
```

这样,就可以使用"MOV　AX,BUF"指令进行数据字的传送操作。该指令将从地址 BUF 开始的两个存储单元的数据送至 AX 中,即(AX)= 1234H。在数据段中,如果用伪指令 DB 将 BUF 变量定义为字节类型,但仍要对从 BUF 开始的单元进行数据字的传送,则应将指令写成如下形式:

```
MOV  AX,WORD PTR BUF
```

其中 PTR 称为指针操作符。其作用是将 BUF 定义为新的变量类型。这个变量的起始地址没有改变,但已将 BUF 变量定义为字类型,因而指令能将一个数据字送至 AX 中。

现在再来看第二条指令"MOV　AX,[SI]",其中[SI]属于寄存器间接寻址,即由段寄存器 DS 与 SI 一起确定源操作数的物理地址。因为是数据字传送,所以该操作数与求出的物理地址指向的两个连续存储单元有关。

在指令"MOV　DISP[BX+DI],DL"中,目的操作数是存储器操作数,寻址方式是相对基址变址寻址,也可把它写作 DISP[BX][DI]。汇编语言将对它们进行相同的处理,即有效地址 EA ＝(BX)＋(DI)＋DISP。

指令"MOV　SI,ES:[BP]"有些特殊,源操作数是存储器操作数,其寻址方式是寄存器间接寻址。但没有按照事先的约定,BP 与 SS 段寄存器结合,找到实际的物理地址。而用"ES:[BP]"告诉汇编程序:BP 将与段寄存器 ES 结合,即 EA ＝(BP)。

与上述指令类似,指令"MOV　DS,DATA[BX+SI]"中的源操作数是存储器操作数,采用相对基址变址方式寻址,有效地址 EA ＝(BX)＋(SI)＋DATA。

"MOV　DISP[BX+DI],ES"中的目的操作数是存储器操作数,也是相对基址变址寻址,其有效地址为 EA ＝(BX)＋(DI)＋DISP。

由此可见,只有深刻理解指令中各操作数的寻址方式,才能正确理解指令的真正含义。

同样要注意,寄存器IP不能参加数据传送,CS寄存器不能作为目的操作数参与数据传送。

4）立即数到存储器的数据传送

立即数只能作为源操作数,且一定要使立即数与存储器变量类型一致。存储器变量的类型可以在数据定义时指定,也可以在指令中另行指定,应保证其与立即数的类型一致。否则,汇编程序在汇编时,将指出类型不一致的错误。

例如：

```
MOV   BUF,25
MOV   DS:DISP[BP],1234H
MOV   BYTE PTR [SI],40
```

以上指令如能正确执行,则BUF变量应定义为字节类型,DISP[BP]所指的存储单元应定义为字类型。第三条指令中,用指针操作符PTR重新把[SI]所指的单元定义为字节类型。在编写汇编语言程序时,用BYTR PTR[SI]能告诉汇编程序,此处按字节类型处理,生成相应的指令代码。

使用MOV指令传送数据,必须注意以下几点。

（1）立即数只能作为源操作数,不允许作目的操作数,立即数也不能送至段寄存器。

（2）通用寄存器可以与段寄存器、存储器互相传送数据,寄存器之间也可以互相传送数据。但是CS不能作为目的操作数。

（3）存储器与存储器之间不能进行数据直接传送。若要实现存储单元之间的数据传送,可以借助于通用寄存器作为中介来进行。

【例3.11】 要把DATA1单元的内容送至DATA2单元中,并假定这两个单元在同一个数据段中,可以通过以下两条指令实现：

```
MOV   AL,DATA1
MOV   DATA2,AL
```

2. 数据交换指令

数据传送指令单方向地将源操作数送至目的操作数存储单元,而数据交换指令则将两个操作数相互交换位置,例如：

```
XCHG   OPRD1,OPRD2
```

指令中的OPRD1为目的操作数,OPRD2为源操作数,该指令把源操作数OPRD2与目的操作数OPRD1交换。OPRD1及OPRD2可为通用寄存器或存储器。XCHG指令不支持两个存储器单元之间的数据交换,但通过中间寄存器,可以很容易地实现两个存储器操作数的交换。交换操作的示意图如图3.9所示。

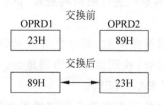

图3.9 XCHG指令操作示意图

本指令不影响状态标志位,段寄存器内容不能用XCHG指令来交换。以下指令是合法的。

```
XCHG   AX,BX
XCHG   SI,AX
XCHG   DL,DH
XCHG   DX,BUF
```

```
XCHG   WBUF,CX
```

3. 换码指令

指令格式：

```
XLAT   TABLE
XLAT
```

以上两种格式是完全等效的。本指令的功能是把待查表格的一个字节内容送到 AL 累加器中。其中 TABLE 为一待查表格的首地址，在执行该指令前，应将 TABLE 先送至 BX 寄存器中，然后将待查字节与在表格中距表首地址位移量送 AL，即：

$$(AL) \leftarrow ((BX) + (AL))$$

换码指令常用于将一种代码转换为另一种代码，如扫描码转换为 ASCII 码，数字 0～9 转换为七段显示码等。使用前首先在主存中建立一个字节表格，表格的内容是要转换成的目标代码。由于 AL 的内容实际上是距离表格首地址的位移量，只有 8 位，所以表格的最大长度为 256。超过 256 的表格需要采用修改 BX 和 AL 的方法才能转换。

本指令不影响状态标志位。

XLAT 指令中没有显式指明操作数，而是默认使用 BX 和 AL 寄存器。这种采用默认操作数的方法称为隐含寻址方式，指令系统中有许多指令采用隐含寻址方式。

【例 3.12】　将首地址为 200H 的表格缓冲区中的 4 号数据取出。

```
MOV   BX,200H
MOV   AL,4
XLAT
```

4. 堆栈操作指令

堆栈被定义为一种先进后出的数据结构，即最后进栈的元素将被最先弹出来。堆栈从一个称为栈底的位置开始，数据进入堆栈的操作称为入栈（或压栈），数据退出堆栈的操作称为出栈，每进行一次出栈操作，堆栈就减少一个元素，最后一次入栈的元素，称为栈顶元素，入栈操作和出栈操作都是对栈顶元素进行的基本操作。在计算机中，堆栈设置在一个存储区域中。8086/8088 的堆栈段的开始位置由 $(SS) \times 10H + 0000H$ 决定，堆栈段最大为 64KB。SP 称为堆栈指针，确切地讲是指向栈顶元素的地址指针，由 SP 的值就可以知道栈顶元素的位置。

1）入栈操作指令

实现入栈操作的指令是 PUSH 指令，其格式为：

```
PUSH   OPRD
```

其中，OPRD 为 16 位（字）操作数，可以是寄存器或存储器操作数。PUSH 的操作过程是：

$$(SP) \leftarrow (SP) - 2, ((SP)) \leftarrow OPRD$$

即先修改堆栈指针 SP（入栈时为自动减 2），然后，将指定的操作数送入新的栈顶位置。此处的 $((SP)) \leftarrow OPRD$，也可以理解为：

$$[(SS) \times 10H + (SP)] \leftarrow OPRD$$

或

```
[SS: SP]←OPRD
```

例如：

```
PUSH  AX
PUSH  BX
```

每条指令的操作过程分两步，首先将 SP－1→SP，把 AH 的内容送至由 SP 所指的单元。接下来再使 SP－1→SP，把 AL 的内容送到 SP 所指的单元。随着入栈内容的增加，堆栈就扩展，SP 值减少，但每次操作完，SP 总是指向堆栈的顶部。图 3.10(a)给出了入栈操作的情况。

以下入栈操作指令都是有效的。

```
PUSH  DX
PUSH  SI
PUSH  BP
PUSH  CS
PUSH  BUFFER
PUSH  DAT[BX][SI]
```

注意：每进行一次入栈操作，都压入一个字（16 位），例中的 BUFFER，DAT[BX][SI] 所指的存储器操作数应该被指定为字类型。

2）出栈操作指令

实现出栈操作的指令是 POP 指令，其格式为：

```
POP  OPRD
```

其中，OPRD 为 16 位（字）操作数，可以是寄存器或存储器操作数。POP 指令的操作过程是：

```
OPRD←((SP)),(SP)←(SP) + 2
```

它与入栈操作相反，是先弹出栈顶的数据，然后再修改指针 SP 的内容（自动加 2）。

例如：

```
POP  BX
POP  AX
```

图 3.10(b)给出了出栈操作的情况。

以下出栈操作指令都是有效的。

```
POP  AX
POP  DS
POP  BUFFER
POP  DAT[BX][DI]
```

其中的 BUFFER 及 DAT[BX][DI]所指的存储器操作数也应被指定为字类型。

PUSH 及 POP 指令对标志位没有影响。

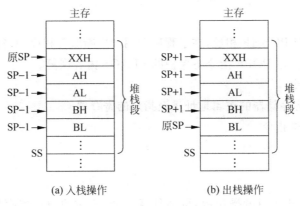

(a) 入栈操作　　　(b) 出栈操作

图 3.10　入栈和出栈操作

【例 3.13】 用堆栈操作指令实现两个存储器操作数 BUF1 及 BUF2 的交换。

```
PUSH   BUF1
PUSH   BUF2
POP    BUF1
POP    BUF2
```

5. 标志传送指令

1) 取 FLAGS 标志寄存器低 8 位至 AH 指令

指令格式：

```
LAHF
```

指令含义为：

$(AH) \leftarrow (FLAGS)_{7\sim0}$

该指令不影响 FLAGS 的原来内容，AH 只是复制了原 FLAGS 的低 8 位内容。

2) 将 AH 存至 FLAGS 低 8 位指令

指令格式：

```
SAHF
```

指令含义为：

$(FLAGS)_{7\sim0} \leftarrow (AH)$

本指令将用 AH 的内容改写 FLAGS 中的 SF、ZF、AF、PF 和 CF 标志，从而改变原来的标志位。

3) 将 FLAGS 内容入栈指令

指令格式：

```
PUSHF
```

本指令可以把 FLAGS 的内容保存到堆栈中去。

4) 从堆栈中弹出一个数据字送至 FLAGS 中的指令

指令格式：

```
POPF
```

本指令的功能与 PUSHF 相反，在子程序调用和中断服务程序中，往往用 PUSHF 指令保护 FLAGS 的内容，用 POPF 指令将保护的 FLAGS 内容恢复。

6. 地址传送指令

地址传送指令将存储器的逻辑地址送至指定的寄存器。

1）有效地址传送指令

指令格式：

```
LEA   OPRD1,OPRD2
```

指令中的 OPRD1 为目的操作数，可为任意一个 16 位的通用寄存器。OPRD2 为源操作数，可为变量名、标号或地址表达式。

本指令的功能是将源操作数给出的有效地址传送到指定的寄存器中。本指令对标志位无影响。

例如：

```
LEA   BX,DATA1
LEA   DX,BETA[BX + SI]
LEA   BX,[BP][DI]
```

显然，LEA BX,DATA1 的功能是将变量 DATA1 的地址送至 BX，而不是将变量 DATA1 的值送 BX。

如果要将一个存储器变量的地址取至某一个寄存器中，也可以用 OFFSET DATA1 表达式实现。

例如 MOV SI,OFFSET DATA1 指令，其功能是将存储器变量 DATA1 的段内偏移地址取至 SI 寄存器中，OFFSET DATA1 表达式的值就是取 DATA1 的段内偏移地址值。

因此，LEA BX,DATA1 指令与 MOV BX,OFFSET DATA1 指令的功能是等价的。

2）从存储器取出 32 位地址的指令

指令格式：

```
LDS   OPRD1,OPRD2
LES   OPRD1,OPRD2
```

其中，OPRD1 为任意一个 16 位的寄存器，OPRD2 指定了主存的连续 4 字节作为逻辑地址，即 32 位的地址指针。

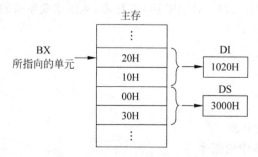

图 3.11　LDS 指令操作示意图

例如：

```
LDS   DI,[BX]
```

该指令的功能是把 BX 所指的 32 位地址指针的段地址送入 DS，偏移地址送入 DI。指令操作示意图如图 3.11 所示。

"LES DI,[BX]"指令除将地址指针的段地址送入 ES 外，其他与 LDS 类似。因此图 3.11 不仅适用于 LDS 指令，也适用于 LES

指令。

以下指令是合法的。

```
LDS  SI,ABCD
LDS  BX,FAST[SI]
LES  SI,ABCD
LES  BX,FAST[SI]
```

注意：以上指令不影响标志位。

3.2.2　算术运算类指令

算术运算类指令用来执行二进制及十进制的算术运算，主要包括加、减、乘、除指令。二进制数运算分为带符号数运算和不带符号数运算。带符号数的最高位是符号位，不带符号数所有位都是有效位。十进制数用 BCD 码表示，又分为非压缩的 BCD 码和压缩的 BCD 码两种形式。

算术运算指令会根据运算结果影响状态标志，有时要利用某些标志才能得到正确的结果。该类指令主要影响 6 个标志位，即 CF、AF、SF、ZF、PF 和 OF。

1. 加法指令

加法指令能实现字或字节的加法运算。

1）基本加法指令

指令格式：

```
ADD  OPRD1,OPRD2
```

指令含义为：

```
OPRD1 ← OPRD1 + OPRD2
```

OPRD1 为目的操作数，可以是任意一个通用寄存器，也可以是任意一个存储器操作数。在 ADD 指令执行前，OPRD1 的内容为一个加数，待 ADD 指令执行后，OPRD1 中为加法运算的结果，即和。这给程序的编写带来了很大的方便。OPRD2 为源操作数，它可以是立即数，也可以是任意一个通用寄存器或存储器操作数。立即数只能用于源操作数。

OPRD1 和 OPRD2 均为寄存器是允许的，一个为寄存器而另一个为存储器也是允许的，但不允许两个都是存储器操作数。

加法指令运算的结果对 CF、SF、OF、PF、ZF、AF 都会有影响。以上标志也称为结果标志。加法指令适用于无符号数或有符号数的加法运算。操作数可以是 8 位，也可以是 16 位。

例如：

```
ADD  AL,38H
ADD  BX,0A0AH
ADD  DX,DATA[BX]
ADD  DI,CX
ADD  BETA[BX],AX
ADD  BYTE PTR[BX],55
```

　　上述第一条指令及第六条指令为字节相加指令，其他四条均为字（双字节）相加指令。第三条指令中，存储器操作数是源操作数，采用寄存器相对寻址方式；第五条指令中，存储器操作数是目的操作数，采用寄存器相对寻址方式；第六条指令中，存储器操作数也是目的操作数，采用寄存器间接寻址方式，当立即数与存储器操作数做加法时，类型必须一致，故此处用 BYTE PTR[BX]，将存储器操作数的类型重新指定为字节类型，以保证两个操作数类型一致。

　　2）带进位加法指令

　　指令格式：

```
ADC   OPRD1,OPRD2
```

　　指令含义为：

```
OPRD1 ← OPRD1 + OPRD2 + CF
```

其中，OPRD1、OPRD2 与指令 ADD 中的含义一样。该指令对标志位的影响同 ADD 指令。

　　例如：

```
ADC   AL,CL
ADC   AX,SI
ADC   DX,MEMA
ADC   CL,15
ADC   WORD PTR[BX][SI],25
```

　　本指令适用无符号数及带符号数的 8 位或 16 位运算。

　　【例 3.14】　如果两个 32 位的数据已分别放在 ADNUM1 和 ADNUM2 开始的存储区中，存放时低字在前，高字在后，将两个数相加，且将和存放在 ADNUM3 开始的存储区中。

　　实现两个 32 位数相加的程序为：

```
MOV   AX,ADNUM1
ADD   AX,ADNUM2
MOV   ADNUM3,AX
MOV   AX,ADNUM1 + 2
ADC   AX,ADNUM2 + 2
MOV   ADNUM3 + 2,AX
```

　　由于两个存储器操作数不能直接相加，因而不能通过"ADD　ADNUM1,ADNUM2"指令进行。

　　3）加 1 指令

　　指令格式：

```
INC   OPRD
```

　　指令含义为：

```
OPRD ← OPRD + 1
```

　　OPRD 为寄存器或存储器操作数。这条指令的功能是对给定的除段寄存器以外的任何寄存器或存储单元内容加 1 后，再送回该操作数，可以实现字节加 1 或字加 1。本指令执行结果影响 AF、OF、PF、SF、ZF 标志位,但不影响 CF 标志位。

例如:

```
INC  SI
INC  WORD PTR[BX]
INC  BYTE PTR[BX + DI]
INC  CL
```

上述第二条、第三条这两条指令,是对存储字及存储字节的内容加 1 以替代原来的内容。在循环程序中,常用该指令对地址指针和循环计数值进行修改。

2. 减法指令

1) 基本减法指令

指令格式:

```
SUB  OPRD1,OPRD2
```

本指令的功能是进行两个操作数的相减,即:

```
OPRD1 ← OPRD1 - OPRD2
```

本指令的类型及对标志位的影响与 ADD 指令相同,注意立即数不能用于目的操作数,两个存储器操作数之间不能直接相减。操作数可为 8 位或 16 位的无符号数或带符号数。

例如:

```
SUB  DX,CX
SUB  [BX + 25],AL
SUB  DI,ALFA[SI]
SUB  CL,20
```

2) 带借位减法指令

指令格式:

```
SBB  OPRD1,OPRD2
```

其中,OPRD1、OPRD2 的含义及指令对标志位的影响等均与 SUB 指令相同。完成的操作为:OPRD1←OPRD1-OPRD2-CF。

例如:

```
SBB  DX,CX
SBB  BX,2000H
SBB  AX,DATA1
SBB  ALFA[BX + SI],SI
```

3) 减 1 指令

指令格式:

```
DEC  OPRD
```

其中,OPRD 的含义与 INC 指令相同,本指令的功能是 OPRD ←OPRD -1。对标志位影响同 INC 指令。

例如：

```
DEC   AX
DEC   CL
DEC   WORD PTR[DI]
DEC   ALFA[DI + BX]
```

4）取补指令

指令格式：

```
NEG   OPRD
```

OPRD 为任意通用寄存器或存储器操作数。NEG 指令也是一个单操作数指令，它对操作数执行求补运算，即用 0 减去操作数，然后将结果返回操作数。求补运算也可以表达成：将操作数按位取反后加 1。NEG 指令对标志位的影响与用 0 做减法的 SUB 指令一样。

例如：$(AL)=44H$，取补后，$(AL)=0BCH(-44H)$。

5）比较指令

指令格式：

```
CMP   OPRD1,OPRD2
```

其中，OPRD1 和 OPRD2 可为任意通用寄存器或存储器操作数，但两者不同时为存储器操作数，立即数可用做源操作数 OPRD2。本指令对标志位的影响同 SUB 指令，完成的操作与 SUB 指令类似，唯一的区别是不将 OPRD1－OPRD2 的结果送回 OPRD1，而只是比较。因而不改变 OPRD1 和 OPRD2 的内容，该指令用于改变标志位。

例如：

```
CMP   AL,56H
CMP   DX,CX
CMP   AX,DATA1[BX]
CMP   BATE[DI],BX
```

以 CMP   DX,CX 为例，对标志位的影响如下：

（1）$(DX)=(CX)$ 时，则 $ZF=1$。

（2）两个无符号数比较：若 $(DX)>(CX)$，则 $CF=0$，即无借位；若 $(DX)<(CX)$，则 $CF=1$，即有借位。

（3）两个带符号数比较：可以通过溢出标志 OF 及符号标志 SF 共同来判断两个数的大小。

当 $OF=0$，即无溢出时，若 $SF=0$，则 $(DX)>(CX)$；若 $SF=1$，则 $(DX)<(CX)$。

当 $OF=1$，即有溢出时，若 $SF=1$，则 $(DX)>(CX)$；若 $SF=0$，则 $(DX)<(CX)$。

3. 乘法指令

1）无符号数乘法指令

指令格式：

```
MUL   OPRD
```

其中,OPRD 为源操作数,即乘数。OPRD 为通用寄存器或存储器操作数。目的操作数是隐含的,即被乘数总是指定为累加器 AX 或 AL 的内容。16 位乘法时,AX 中为被乘数;8 位乘法时,AL 为被乘数。16 位乘法的 32 位乘积存于 DX 及 AX 中;8 位乘法的 16 位乘积存于 AX 中。

操作过程如下。

(1) 字节相乘:(AX)←(AL)×OPRD,当结果的高位字节(AH)≠0 时,则 CF=1,OF=1。

(2) 字相乘:(DX)(AX)←(AX)×OPRD,当(DX)≠0 时,则 CF=1,OF=1。

例如:

```
MUL   BETA[BX]
MUL   DI
MUL   BYTE PTR ALFA
```

【例 3.15】　设在 DAT1 和 DAT2 字单元中各有一个 16 位数,若求其乘积并存于 DAT3 开始的字单元中,可用以下指令组实现:

```
MOV   AX,DAT1
MUL   DAT2
MOV   DAT3,AX
MOV   DAT3 + 2,DX
```

2) 带符号数乘法指令

指令格式:

```
IMUL  OPRD
```

其中,OPRD 为任一通用寄存器或存储器操作数。隐含操作数的定义与 MUL 指令相同。本指令的功能是完成两个带符号数的相乘。

MUL 和 IMUL 指令影响标志位 CF 及 OF。

计算二进制数乘法:B4H×11H。如果把它当作无符号数,用 MUL 指令,则乘的结果为 0BF4H;如果看作有符号数,用 IMUL 指令,则乘的结果为 FAF4H。由此可见,同样的二进制数看作无符号数与有符号数相乘,即采用 MUL 与 IMUL 指令,其运算结果是不相同的。

4. 除法指令

1) 无符号数除法指令

指令格式:

```
DIV   OPRD
```

其中,OPRD 为任一通用寄存器或存储器操作数。

本指令的功能是实现两个无符号二进制除法运算。字节相除,被除数在 AX 中;字相除,被除数在 DX、AX 中,除数在 OPRD 中。

操作过程如下。

(1) 字节除法:(AL)←(AX)/OPRD,(AH)←(AX) MOD OPRD。

（2）字除法：(AX)←(DX)(AX)/OPRD,(DX)←(DX)(AX) MOD OPRD。

例如：

```
DIV   BETA[BX]
DIV   CX
DIV   BL
```

2）带符号数除法指令

指令格式：

```
IDIV   OPRD
```

其中,OPRD 为任一通用寄存器或存储器操作数。隐含操作数的定义与 DIV 指令相同。

本指令的功能是实现两个带符号数的二进制除法运算,余数的符号与被除数符号相同。

除法指令 DIV 和 IDIV 不产生有效的标志位,但是却可能产生溢出。当被除数远大于除数时,所得的商就有可能超出它所能表达的范围。对 DIV 指令,除数为 0,或者在字节除法时商大于 255,字除法时商大于 65 535,则发生除法溢出。对 IDIV 指令,除数为 0,或者在字节除法时商不在 −128～127 范围内,或者在字除法时商不在 −32 768～32 767 范围内,则发生除法溢出。

3）字节扩展指令

符号扩展是指用一个操作数的符号位（即最高位）形成另一个操作数,后一个操作数的各位是全 0（正数）或全 1（负数）。符号扩展指令可用来将字节转换为字,字转换为双字。有符号数通过符号扩展加长了位数,但数据大小并没有改变。符号扩展指令不影响标志位。

指令格式：

```
CBW
```

本指令的功能是将字节扩展为字,即把 AL 寄存器的符号位扩展到 AH 中。即两个字节相除时,先使用本指令形成一个双字节长的被除数。

例如：

```
MOV   AL,34
CBW
IDIV   BYTE PTR DATA1
```

4）字扩展指令

指令格式：

```
CWD
```

本指令的功能是将字扩展为双字长,即把 AX 寄存器的符号位扩展到 DX 中。即两个字相除时,先使用本指令形成一个双字长的被除数。

符号扩展指令常用来获得除法指令所需要的被除数。例如 AX=FF00H,它表示有符号数 −256；执行 CWD 指令后,则 DX=FFFFH,DX、AX 仍表示有符号数 −256。

对无符号数除法应该采用直接使用高 8 位或高 16 位清 0 的方法,获得倍长的被除数。这就是 0 位扩展。

【例 3.16】　在 DAT1、DAT2、DAT3 字节类型变量中,分别存有 8 位带符号数 a、b、c,用程序实现 (a * b+c)/a 运算。

程序如下:

```
MOV   AL,DAT1
IMUL  DAT2
MOV   CX,AX
MOV   AL,DAT3
CBW
ADD   AX,CX
IDIV  DAT1
```

5. 十进制调整指令

为了方便进行十进制的运算,8086/8088 提供了一组十进制数调整指令。这组指令对二进制运算的结果进行十进制调整,以得到十进制的运算结果。十进制数在计算机中也要用二进制编码表示,这就是二进制编码的十进制数:BCD 码。8086/8088 支持压缩 BCD 码和非压缩 BCD 码,相应地十进制调整指令分为压缩 BCD 码的调整指令和非压缩 BCD 码的调整指令。

压缩 BCD 码是通常的 8421 码,它用 4 个二进制位表示一个十进制位,一个字节可以表示两个十进制位,即 00～99。压缩 BCD 码调整指令包括加法和减法的十进制调整指令 DAA 和 DAS,它们用来对二进制加、减法指令的执行结果进行调整,得到十进制结果。

非压缩 BCD 码用 8 个二进制位表示一个十进制位,实际上只是用低 4 个二进制位表示一个十进制位 0～9,高 4 位通常默认为 0。ASCII 码中 0～9 的编码是 30H～39H,所以 0～9 的 ASCII 码(高 4 位变为 0)就可以认为是非压缩的 BCD 码。非压缩 BCD 码调整指令包括 AAA、AAS、AAM 和 AAD 四条指令,分别用于对二进制加、减、乘、除指令的结果进行调整,以得到非压缩 BCD 码表示的十进制数结果。由于只要在调整后的结果中加上 30H 就成为十进制数位的 ASCII 码,因此这组指令实际上也是针对 ASCII 码的调整指令。

在进行十进制数算术运算时,应分两步进行:先按二进制数运算规则进行运算,得到中间结果;再用十进制调整指令对中间结果进行修正,得到正确的结果。

下面通过几个例子说明 BCD 码运算为什么要调整以及怎样调整。

【例 3.17】　24+33=57。

24 的 BCD 码为 00100100B,33 的 BCD 码为 00110011B,57 的 BCD 码为 01010111B。

24+33 的二进制算式如下:

$$
\begin{array}{r}
00100100 \\
+\quad 00110011 \\
\hline
01010111
\end{array}
$$

结论:结果正确,不需要调整。

【例 3.18】　27+54=81。

27 的 BCD 码为 00100111B,54 的 BCD 码为 01010100B,81 的 BCD 码为 10000001B。

27+54 的二进制算式如下:

$$
\begin{array}{r}
00100111 \\
+ \quad 01010100 \\
\hline
01111011
\end{array}
$$

结果不正确,因为在进行二进制加法运算时,低 4 位向高 4 位有一个进位,这个进位是按十六进制进行的,即低 4 位逢十六才进一,而十进制数应是逢十进一。因此,比正确结果少 6,这时应在低 4 位上进行加 6 处理,调整的算式如下:

$$
\begin{array}{r}
00100111 \\
+ \quad 01010100 \\
\hline
01111011 \\
+ \quad 00000110 \\
\hline
10000001
\end{array}
$$

调整后的结果正确。

结论:加法运算后,低 4 位若向高 4 位有进位(即 AF＝1)时,应对低 4 位做加 06H 处理。

【例 3.19】 97＋81＝178。

97 的 BCD 码为 10010111B,81 的 BCD 码为 10000001B,178 的 BCD 码为 000101111000B。

97＋81 的二进制算式如下:

$$
\begin{array}{r}
10010111 \\
+ \quad 10000001 \\
\hline
CF \leftarrow 100011000
\end{array}
$$

结果不正确,因为高 4 位向 CF 的进位是按十六进制进行的,应加 60H 进行调整。调整的算式如下:

$$
\begin{array}{r}
10010111 \\
+ \quad 10000001 \\
\hline
CF \leftarrow 100011000 \\
+ \quad 01100000 \\
\hline
01111000
\end{array}
$$

调整后的结果正确。

结论:加法运算后,当 CF＝1(有进位产生)时,应做加 60H 处理。

【例 3.20】 64＋48＝112。

64 的 BCD 码为 01100100B,48 的 BCD 码为 01001000B,112 的 BCD 码为 000100010010B。

64＋48 的二进制算式如下:

$$
\begin{array}{r}
01100100 \\
+ \quad 01001000 \\
\hline
10101100
\end{array}
$$

结果不正确,因为低 4 位大于 9,且高 4 位也大于 9。先加 06H 调整低 4 位,再加 60H 调整高 4 位。调整的算式如下:

$$
\begin{array}{r}
01100100 \\
+\quad 01001000 \\
\hline
10101100 \\
+\quad 00000110 \\
\hline
10110010 \\
+\quad 01100000 \\
\hline
\text{CF} \leftarrow 100010010
\end{array}
$$

调整后的结果正确。

结论：加法运算后，低 4 位大于 9 时，需做加 06H 处理；高 4 位大于 9 时，需做加 60H 处理。

下面介绍十进制数的调整指令。

1）DAA 指令

指令格式：

DAA

DAA 指令为无操作数指令。用以完成对压缩的 BCD 码加法运算进行校正。一般在 ADD 指令之后，紧接着用一条 DAA 指令加以校正，在 AL 中可以得到正确的结果。

DAA 指令的校正操作如下。

（1）若(AL∧0FH)>9 或标志位 AF=1，则

AL←(AL)+6
AF←1

（2）若 AL>9FH 或标志 CF=1，则

CF←AF
AL←AL∧0FH
AL←(AL)+60H
CF←1

DAA 指令影响标志位 AF、CF、PF、SF、ZF，而对 OF 未定义。

2）DAS 指令

指令格式：

DAS

DAS 指令为无操作数指令。用以完成对压缩的 BCD 码相减的结果进行校正，得到正确的压缩的十进制差。一般在 SUB 指令之后，紧接着用一条 DAS 指令加以校正，在 AL 中可以得到正确的结果。

DAS 指令校正的操作如下。

（1）若(AL∧0FH)>9 或标志位 AF=1，则

AL←(AL)-6
AF←1

（2）若 AL＞9FH 或标志 CF＝1,则

```
AL←(AL)-60H
CF←1
```

DAS 指令执行时,影响标志位 AF、CF、PF、SF、ZF,而对 OF 未定义。

3) AAA 指令

指令格式:

```
AAA
```

AAA 指令为无操作数指令。AAA 指令对在 AL 中的两个非压缩的十进制数相加后的结果进行校正。两个非压缩的十进制数可以直接用 ADD 指令相加,但要得到正确的非压缩的十进制结果,必须在 ADD 指令之后,用一条 AAA 指令加以校正,在 AX 中可以得到正确的结果。

AAA 指令进行校正的操作如下。

若(AL∧0FH)＞9 或标志位 AF＝1,则

```
AL←(AL)+6
AH←(AH)+1
AF←1
CF←AF
AL←AL∧0FH
```

AAA 指令对标志位 AF 和 CF 有影响,而对 OF、PF、SF、ZF 未定义。

4) AAS 指令

指令格式:

```
AAS
```

AAS 指令为无操作数指令。AAS 指令把 AL 中两个非压缩的十进制数相减后的结果进行校正,产生一个正确的非压缩的十进制数差。

AAS 指令进行校正的操作如下。

若(AL∧0FH)＞9 或标志位 AF＝1,则

```
AL←(AL)-6
AH←(AH)-1
AF←1
CF←AF
AL←AL∧0FH
```

AAS 指令影响标志位 AF 和 CF,而对 OF、PF、SF、ZF 位未定义。

5) AAM 指令

指令格式:

```
AAM
```

AAM 指令执行的操作为:把 AL 中的积调整到非压缩的 BCD 格式后送给 AX 寄存器。

这条指令之前必须执行 MUL 指令把两个非压缩的 BCD 码相乘(此时要求其高 4 位为 0),结果放在 AL 寄存器中。

本指令的调整方法是:把 AL 寄存器的内容除以 0AH,商放在 AH 寄存器中,余数保存在 AL 寄存器中。本指令根据 AL 寄存器的内容设置标志位 SF、ZF 和 PF,但对 OF、CF 和 AF 标志位无影响。

6) AAD 指令

指令格式:

```
AAD
```

前面所述的对非压缩 BCD 码的调整指令都是在完成相应的加法、减法及乘法运算后,再使用 AAA、AAS 及 AAM 指令来对运算结果进行十进制调整的。除法的情况却不同,它针对的情况如下所述。

如果被除数是存放在 AX 寄存器中的两位非压缩 BCD 数,AH 中存放十位数,AL 中存放个位数,而且要求 AH 和 AL 中的高 4 位均为 0。除数是一位非压缩的 BCD 数,同样要求高 4 位为 0。在把这两个数用 DIV 指令相除以前,必须先用 AAD 指令把 AX 中的被除数调整成二进制数,并存放在 AL 寄存器中。因此,AAD 指令执行的操作是:

```
10 × AH + AL→AL
0→AH
```

这条指令根据 AL 寄存器的内容设置标志位 SF、ZF 和 PF,但对 OF、CF 和 AF 标志位无影响。

3.2.3 逻辑操作类指令

逻辑操作类指令是按位操作指令,可以对 8 位或 16 位的寄存器或存储单元的内容按位操作。该类指令包括逻辑运算指令、移位指令和循环移位指令。

1. 逻辑运算指令

逻辑运算指令用来对字或字节按位进行逻辑运算,包括逻辑与 AND、逻辑或 OR、逻辑非 NOT、逻辑异或 XOR 和测试 TEST 五条指令。

1) 逻辑与运算指令

指令格式:

```
AND   OPRD1,OPRD2
```

其中,目的操作数 OPRD1 为任一通用寄存器或存储器操作数,源操作数 OPRD2 为立即数、任一通用寄存器或存储器操作数。也就是在这两个操作数中,源操作数可以是任意的寻址方式,而目的操作数只能是立即数之外的其他寻址方式,并且两个操作数不能同时为存储器寻址方式。

AND 指令实现对两个操作数按位进行逻辑与的运算,结果送至目的操作数。本指令可以进行字节或字的"与"运算。

AND 指令影响标志位 PF、SF、ZF,使 CF=0,OF=0。例如,在同一个通用寄存器自身相与时,操作数虽不变,但使 CF 置 0。本指令主要用于修改操作数或置某些位为 0。

例如：

```
AND  AL,0FH
AND  AX,BX
AND  DX,BUF1[DI + BX]
AND  BYTE[BX],00FFH
```

上例中的第一条指令，将使 AL 寄存器的高 4 位置成零保持 AL 低 4 位值不变。

2）逻辑或运算指令

指令格式：

```
OR  OPRD1,OPRD2
```

其中，OPRD1、OPRD2 的含义与 AND 指令相同，对标志位的影响也与 AND 指令相同。唯一不同的地方是，OR 指令完成对两个操作数按位"或"的运算，结果送至目的操作数中。本指令可以进行字节或字的"或"运算。

OR 指令可用于置位某些位，而不影响其他位。这时只需将要置 1 的位同"1"相或，维持不变的位同"0"相或即可。

3）逻辑非运算指令

指令格式：

```
NOT  OPRD
```

其中，OPRD 可为任一通用寄存器或存储器操作数。

本指令的功能是完成对操作数的按位求反运算，结果送回给原操作数，本指令可以进行字节或字的"非"运算，不影响标志位。

4）逻辑异或运算指令

指令格式：

```
XOR  OPRD1,OPRD2
```

其中，OPRD1、OPRD2 的含义与 AND 指令相同，对标志位的影响也与 AND 指令相同。本指令的功能是实现两个操作数按位"异或"的运算，即相"异或"的两位不相同时，结果是 1；否则，"异或"的结果为 0，结果送至目的操作数中。XOR 指令可以实现字节或字的"异或"运算。

XOR 可以用于求反某些位，而不影响其他位。要求求反的位同"1"异或，维持不变的位同"0"异或。

例如，XOR BL,00010001B 指令的功能是将 BL 中 D_0 和 D_4 求反，其余位不变；XOR AX,AX 可以实现对 AX 寄存器内容清 0。

5）测试指令

指令格式：

```
TEST  OPRD1,OPRD2
```

其中，OPRD1、OPRD2 的含义同 AND 指令，对标志位的影响也与 AND 指令相同。该指令与 AND 指令一样，也是对两个操作数进行按位的"与"运算，唯一不同之处是不将相"与"的结果送目的操作数,即本指令对两个操作数的内容均不进行修改,仅是在逻辑"与"操作后,对标志位重新置位。

TEST 指令通常用于检测一些条件是否满足,但又不希望改变原操作数的情况。这条指令之后,一般都是条件转移指令,目的是利用测试条件转向不同的程序段。

【例 3.21】 写出判断寄存器 AX 中 D_3 和 D_9 位是否为 0 的指令。

```
TEST  AX,0008H
TEST  AX,0200H
```

2. 逻辑移位指令

8086/8088 指令系统的移位指令包括逻辑左移 SHL、算术左移 SAL、逻辑右移 SHR、算术右移 SAR 等指令,其中 SHL 和 SAL 指令的操作完全相同。移位指令的操作对象可以是一个 8 位或 16 位的寄存器或存储单元。移位操作可以是向左或向右移一位,也可以移多位。当要求移多位时,指令规定移位位数(次数)必须放在 CL 寄存器中,即指令中规定的移位次数不允许是 1 以外的常数或 CL 以外的寄存器。移位指令都影响状态标志位,但影响的方式各条指令不尽相同。

1) 逻辑左移指令

指令格式:

```
SHL   OPRD1,COUNT
```

其中,OPRD1 为目的操作数,可以是通用寄存器或存储器操作数。COUNT 代表移位的次数(或位数)。移位一次,COUNT＝1,移位多于一次时,COUNT＝(CL),(CL)中为移位的次数。

本指令的功能是对给定的目的操作数(8 位或 16 位)左移 COUNT 次,每次移位时最高位移入标志位 CF 中,最低位补 0。本指令对标志位 OF、PF、SF、ZF、CF 有影响。

2) 逻辑右移指令

指令格式:

```
SHR   OPRD1,COUNT
```

其中,OPRD1、COUNT 与指令 SHL 中意义相同。与 SHL 一样,SHR 指令也影响标志位 OF、PF、SF、ZF 和 CF。所不同的是,本指令实现由 COUNT 决定次数的逻辑右移操作,每次移位时,最高位补零,最低位移至标志位 CF 中。

例如:

```
SHL   BL,1
SHL   CX,1
SHL   ALFA[DI],1
```

或者:

```
MOV CL,3
SHR DX,CL
SHR DAT[DI],CL
```

上例中前三条指令完成目的操作数逻辑左移 1 位的运算;而后两条移位指令,则实现由 CL 内容指定的次数的右移运算，由于(CL)=3，故分别对目的操作数逻辑右移 3 位。

3）算术左移指令

指令格式：

SAL   OPRD1,COUNT

其中，OPRD1、COUNT 与指令 SHL 中意义相同。本指令与 SHL 的功能也完全相同，这是因为逻辑左移指令与算术左移指令所要完成的操作是一样的。如果 SAL 将 OPRD1 的最高位移至 CF，改变了原来的 CF 值，则溢出标志位 OF＝1，表示移位前后的操作数不再具有倍增的关系。因而 SAL 可用于带符号数的倍增运算，SHL 只能用于无符号数的倍增运算。

4）算术右移指令

指令格式：

SAR   OPRD1,COUNT

其中，OPRD1、COUNT 与指令 SHL 中意义相同。本指令通常用于对带符号数减半的运算中，因而在每次右移时，保持最高位（符号位）不变，最低位右移至 CF 中。

图 3.12 给出了上述四条移位指令的操作示意图。

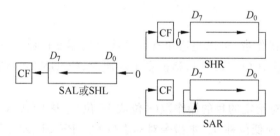

图 3.12   移位指令操作示意图

3. 循环移位指令

能实现操作数首尾相连的移位操作是循环移位指令。循环移位指令类似于移位指令，但要从一端移出的位返回到另一端形成循环。按进位标志 CF 是否参加循环移位，又可分为不带 CF 的循环移位指令和带 CF 的循环移位指令两类，每一类都可进行左移或右移，循环移位的次数由 COUNT 操作数给出。

1）不带进位循环左移指令

指令格式：

ROL   OPRD1,COUNT

2）不带进位循环右移指令

指令格式：

ROR   OPRD1,COUNT

3）带进位循环左移指令

指令格式：

```
RCL    OPRD1,COUNT
```

4）带进位循环右移指令

指令格式：

```
RCR    OPRD1,COUNT
```

循环移位指令的操作数形式与移位指令相同，如果仅移动一次，可以用 1 表示；如果需要移动多次，则需用 CL 寄存器表示移位次数。

这组指令只对标志位 CF 和 OF 有影响。CF 由移入 CF 的内容决定，OF 取决于移位一次后符号位是否改变，如改变，则 OF＝1。由于是循环移位，因此对字节移位 8 次，对字移位 16 次，就可恢复为原操作数。由于带 CF 的循环移位，可以将 CF 的内容移入，因此可以利用它实现多字节的循环。循环移位指令的操作示意图如图 3.13 所示。

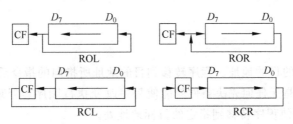

图 3.13　循环移位指令操作示意图

【例 3.22】　有两位 BCD 数存放在 BUFFER 单元，要求将其转换为 ASCII 码，存于 RESULT 开始的两个地址单元，并测试是否有字节为'0'的 ASCII 码，如有，则 CF＝1，结束操作。

程序如下：

```
         MOV    AL,BUFFER
         AND    AL,0F0H
         MOV    CL,4
         SHR    AL,CL
         OR     AL,30H
         CMP    AL,30H
         JZ     ZERO
         MOV    RESULT,AL
         MOV    AL,BUFFER
         AND    AL,0FH
         OR     AL,30H
         CMP    AL,30H
         JZ     ZERO
         MOV    RESULT+1,AL
         JMP    EXX
ZERO:    STC
EXX:     HLT
```

本程序对 BUF 单元中的两位 BCD 数分离后，用 OR　AL,30H 将 AL 中的 BCD 数转换为 ASCII 码，这是因为'0'到'9'的 ASCII 码为 30H 至 39H。同理，用比较指令 CMP

AL,30H 可判断 AL 中内容是否为 30H,若是,则 ZF＝1；否则,ZF＝0。程序针对这两种情况,作两种不同的处理。

3.2.4 程序控制类指令

在 8086/8088 指令系统中,程序的执行序列是由代码段寄存器 CS 和指令指针 IP 确定的。CS 包含当前指令所在代码段的段地址,IP 则是要执行的下一条指令的偏移地址。程序的执行一般依指令序列顺序执行,但有时需用改变程序的流程。控制转移类指令通过修改 CS 和 IP 寄存器的值来改变程序的执行顺序,包括五组指令:无条件转移指令、有条件转移指令、循环指令、过程调用和返回指令以及中断指令。

利用程序控制类指令,可以实现分支、循环、子程序等程序结构。

1. 无条件转移指令

指令格式:

```
JMP   OPRD
```

其中,OPRD 为转移的目的地址。程序转移到目的地址所指向的指令后继续向下执行。

无条件转移,就是无任何先决条件就能使程序改变执行顺序。处理器只要执行无条件转移指令 JMP,就能使程序转移到指定的目标地址处。

目标地址操作数的寻址方法可以是相对寻址、直接寻址或间接寻址。相对寻址方式以当前 IP 为基础,加上位移量构成目标地址。目标地址像立即数一样,直接在指令的机器代码中就是直接寻址方式。目标地址如果在寄存器或主存单元中,就是通过寄存器或存储器的间接寻址方式。

相对寻址方式根据位移量进行转移,方便了程序段在内存中的动态加载,是最常用的目标地址寻址方式。例如,同样的一段程序,如果改变了内存地址,转移的目的地址也就改变了,但是转移指令与目的指令之间的位移并没有因此改变。JMP 指令可以将程序转移到 1MB 存储空间的任何位置。根据跳转的距离,JMP 指令分成了段内转移和段间转移。

段内转移是指在当前代码段 64KB 范围内转移,因此不需要更改 CS 段地址,只要改变 IP 偏移地址。如果转移范围用 1 字节(−128～127)表达,则可以形成所谓的"短转移 short jump";如果地址位移用一个 16 位数表达,则形成"近转移 near jump",它是在±32KB 范围内。

段间转移是指从当前代码段跳转到另一个代码段,此时需要更改 CS 段地址和 IP 偏移地址,这种转移也称为"远转移 far jump"。转移的目标地址必须用一个 32 位数表达,叫作 32 位远指针,它就是逻辑地址。

由此可见,JMP 指令根据目标地址不同的提供方法和内容,可以分为以下 4 种格式。

(1) 段内转移,相对寻址。

(2) 段内转移,间接寻址。

(3) 段间转移,直接寻址。

(4) 段间转移,间接寻址。

以下指令为合法的无条件转移指令:

```
JMP   SHORT TARGET
JMP   TARGET
JMP   AX
JMP   TABLE[BX]
JMP   WORD PTR [BP][DI]
JMP   FAR PTR LABLE
JMP   VAR_DOUBLEWORD
JMP   DWORD PTR [BP][DI]
```

2. 条件转移指令

指令格式：

```
JCC   OPRD
```

条件转移指令只有一个操作数 OPRD,用以指明转移的目的地址。指令助记符中的
"CC"表示条件。这种指令的执行包括两个过程：第一步,测试规定的条件；第二步,如果条
件满足,则转移到目标地址；否则,继续顺序执行。

条件转移指令的操作数必须是一个短标号,也就是说,所有的条件转移指令都是两字节
指令,转移指令的下一条指令到目标地址之间的距离必须为 $-128 \sim 127$。如果指令规定的
条件满足,则将这个位移量加到 IP 寄存器上,以实现程序的转移。

绝大多数条件转移指令(除 JCXZ 指令外)将状态标志位的状态作为测试的条件。因
此,首先应该执行影响有关的状态标志位的指令,然后才能用条件转移指令测试这些标志,
以确定程序是否转移。CMP 和 TEST 指令常常与条件转移指令配合使用,因为这两条指
令不改变目的操作数的内容,但可以影响状态标志位。

8086/8088 的条件转移指令非常丰富,不仅可以测试一个状态标志位的状态,而且可以
综合测试几个状态标志位；不仅可以测试无符号数的高低,而且可以测试带符号数的大小
等,编程时使用十分灵活、方便。所有的条件转移指令的名称、助记符及转移条件等列在
表 3.2 中。其中同一行内用斜杠隔开的几个助记符,实质上代表同一条指令的几种不同的
表示方法。

表 3.2 条件转移指令

指 令 名 称	助 记 符	转 移 条 件	说 明
等于/零转移	JE/JZ	ZF=1	判断单个标志位状态
不等于/非零转移	JNE/JNZ	ZF=0	
负转移	JS	SF=1	
正转移	JNS	SF=0	
"1"的个数为偶转移	JP/JPE	PF=1	
"1"的个数为奇转移	JNP/JPO	PF=0	
溢出转移	JO	OF=1	
不溢出转移	JNO	OF=0	
进位转移	JC	CF=1	
不进位转移	JNC	CF=0	

续表

指 令 名 称	助 记 符	转 移 条 件	说 明
低于/不高于或等于转移	JB/JANE	CF＝1	用于无符号数的比较
高于或等于/不低于转移	JAE/JNB	CF＝0	
高于/不低于或等于转移	JA/JNBE	CF＝1 且 ZF＝0	
低于或等于/不高于转移	JBE/JNA	CF＝0 或 ZF＝1	
大于/不小于或等于转移	JG/JNLE	SF＝OF 且 ZF＝0	用于带符号数的比较
大于或等于/不小于转移	JGE/JNL	SF＝OF	
小于/不大于或等于转移	JL/JNGE	SF≠OF 且 ZF＝0	
小于或等于/不大于转移	JLE/JNG	SF≠OF 或 ZF＝1	
CX 等于零转移	JCXZ	(CX)＝0	不用判断标志位状态

比较两个无符号数大小的指令，通常是根据一个标志位或两个标志位以确定两个数的大小。为了与带符号数的大小相区别，无符号数比较常用高于、低于来表示。带符号数比较常用大于、小于来表示。以上两种表示方法一定要能正确地区分开，否则就不能正确理解和使用这些指令。

【例3.23】 设计一段程序实现以下功能：如果 AL 最高位为 0，则设置 AH＝0；如果 AL 最高位为 1，则设置 AH＝FFH。

程序段如下：

```
TEST  AL,80H
JZ  NEXTO
MOV  AH,0FFH
JMP  DONE
NEXTO: MOV  AH,0
DONE: …
```

【例3.24】 设 X 和 Y 为存放于 X 单元和 Y 单元的 16 位操作数，计算 $|X-Y|$，并将结果存入 RESULT 单元中。

程序段如下：

```
MOV  AX,X
SUB  AX,Y
JNS  NONNEG
NEG  AX
NONNEG: MOV  RESULT,AX
```

【例3.25】 完成下式的判定运算。

$$Y=\begin{cases} 1 & X \geqslant 0 \\ 0 & X < 0 \end{cases}$$

实现的程序如下：

```
MOV  AL,X
CMP  AL,0
```

```
      JGE   A1
      MOV   AL,0
      JMP   A2
A1:   MOV   AL,1
A2:   MOV   Y,AL
      ⋮
```

以上程序段中的 X、Y 是两个存储器变量,把 X 当成带符号数与 0 比较。

3. 循环控制指令

循环是一种特殊的转移流程,当满足(不满足)某条件时,反复执行一系列操作,直到不满足(满足)条件为止。循环流程的条件一般是循环计数,指令约定用 CX 寄存器作为计数器。在程序中用循环计数来控制循环次数。

这类指令属于段内 SHORT 短类型转移,目的地址必须距本指令在 $-127 \sim 128$ 个字节的范围内。循环指令不影响标志位。

1)循环指令

指令的一般格式为:

LOOP 标号

功能:$(CX) \leftarrow (CX) - 1$,$(CX) \neq 0$,则转移至标号处循环执行,直至 $(CX) = 0$,继续执行后续程序。

LOOP 指令的操作是先将 CX 的内容减 1,如结果不等于 0,则转到指令中指定的短标号处;否则,顺序执行下一条指令。因此,在循环程序开始前,应将循环次数送 CX 寄存器。

2)条件循环指令

指令的一般格式为:

LOOPZ/LOOPE   标号

功能:$(CX) \leftarrow (CX) - 1$,$(CX) \neq 0$,且 ZF=1 时,转移至标号处循环。

LOOPZ 和 LOOPE 实际上代表同一条指令。本指令的操作也是先将 CX 寄存器的内容减 1,如结果不为零,且零标志 ZF=1,则转移到指定的短标号处。

3)条件循环指令

指令的一般格式为:

LOOPNZ/LOOPNE   标号

功能:$(CX) \leftarrow (CX) - 1$,$(CX) \neq 0$,且 ZF=0 时,转移至标号处循环。

本指令也同样有两种表示形式。指令的操作是将 CX 寄存器的内容减 1,如结果不为 0,且零标志 ZF=0(表示"不相等"或"不等于 0"),则转移到指定的短标号处。

4. 过程调用和返回指令

如果有一些程序段需要在不同的地方多次反复地出现,则可以将这些程序段设计成为过程(相当于子程序),每次需要时进行调用。过程结束后,再返回到原来调用的地方。采用这种方法不仅可以使源程序的总长度大大缩短,而且有利于实现模块化的程序设计,使程序的编制、阅读和修改都比较方便。

1）过程调用指令

指令格式：

`CALL　OPRD`

其中,OPRD 为过程的目的地址。过程调用可以分为段内调用和段间调用两种。寻址方式也可以分为直接寻址和间接寻址两种。本指令不影响标志位。

（1）段内直接调用。

指令格式：

`CALL　NEAR 类型的过程名`

每一个过程在定义时,应指定它是近类型(NEAR),还是远类型(FAR)。本指令是段内直接调用,因而过程与调用指令同处在一个代码段内。在执行该调用指令时,首先将 IP 的内容入栈保护,然后将指令代码给出的目的地址的段内偏移量送入 IP 中,从而实现过程调用,将程序转至过程入口。

（2）段内间接调用。

指令格式：

`CALL　OPRD`

其中,OPRD 为 16 位通用寄存器或存储器数。本指令执行时,首先将 IP 的内容入栈保护,然后将目的地址在段内偏移量由指定的 16 位寄存器或存储器字中取至 IP 中,从而实现过程调用。

（3）段间直接调用。

指令格式：

`CALL　FAR 类型的过程名`

由于是段间调用,在指令执行时,应同时将当前的 CS 及 IP 的值入栈保护,然后将 FAR 类型的过程名所在的段基址和段内偏移值送 CS 及 IP,从而实现过程调用。

（4）段间间接调用。

指令格式：

`CALL　DWORD`

其中,DWORD 为存储器操作数。段间间接调用只能通过存储器双字进行。本指令执行时,首先将当前的 CS 及 IP 的值入栈保护,然后将存储器双字操作数的第一个字的内容送 IP,将第二个字的内容送 CS,以实现段间调用。

2）返回指令

指令格式：

`RET`

本指令的作用是：当调用的过程结束后实现从过程返回至原调用程序的下一条指令。本指令不影响标志位。

由于在过程定义时,已指明其近(NEAR)或远(FAR)的属性,因此 RET 指令将根据段内调用与段间调用,执行不同的操作。

对段内调用,返回时,由堆栈弹出一个字的返回地址的段内偏移量至 IP。

对段间调用,返回时,由堆栈弹出的第一个字为返回地址的段内偏移量,将其送入 IP 中,由堆栈弹出的第二个字为返回地址的段基址,将其送入 CS 中。

5. 中断指令

在程序运行时,遇到某些紧急情况或一些严重的错误(如溢出),当前程序应能够暂停,处理器中止当前程序运行,转去执行处理这些紧急情况的程序段。这种情况称为"中断"。转去执行的处理中断的子程序称为"中断服务程序"或"中断处理程序"。当前程序被中断的地方称为"断点"。中断服务程序执行完后应返回原来程序的断点,继续执行被中断的程序。中断提供了又一种改变程序执行顺序的方法。

8086/8088 具有很强的中断系统,可以处理 256 个不同方式的中断。每一个中断赋予一个中断向量码,CPU 根据向量码的不同来识别不同的中断源。8086/8088 内部中断源有除法错中断、单步中断、断点中断、溢出中断、用户自定义的软中断 5 种类型。外部中断是指来自 CPU 之外的原因引起的程序中断,分为可屏蔽中断和非屏蔽中断两种类型。

1) 溢出中断指令

指令格式:

INTO

功能:本指令检测 OF 标志位,当 OF=1 时,说明已发生溢出,立即产生一个中断类型 4 的中断,当 OF=0 时,本指令不起作用。

2) 软中断指令

指令格式:

INT n

其中,n 为软中断的类型号。

功能:本指令将产生一个软中断,把控制转向一个类型号为 n 的软中断,该中断处理程序入口地址在中断向量表的 $n \times 4$ 地址处的两个存储字(4 个单元)中。

3) 中断返回指令

指令格式:

IRET

功能:用于中断处理程序中,从中断程序的断点处返回,继续执行原程序。

本指令将影响所有标志位。

无论是软中断,还是硬中断,本指令均可使其返回到中断程序的断点处继续执行原程序。

3.2.5 串操作类指令

串操作类指令是一组具有修改数据串操作指针功能的指令。数据串可以是字节串,也可以是字串,即每一个数据占用两个存储单元。数据串只能放在存储器中,对数据串的数据进行处理时,可以只对一个数据串进行,也可以对两个数据串进行,根据数据串中数据的流动方向,可以分源数据串和目的数据串。

8086/8088 指令系统还为串操作类指令提供重复前缀,以便重复进行相同的操作。

在串操作指令中,源操作数用寄存器 SI 寻址,默认在数据段 DS 中,但允许段超越;目的操作数用寄存器 DI 寻址,默认在附加段 ES 中,不允许段超越。每执行一次串操作指令,作为源地址指针的 SI 和作为目的地址指针的 DI 将自动修改:±1(对于字节串)或±2(对于字串)。地址指针是增加还是减少则取决于方向标志 DF。在系统初始化后或执行指令 CLD 后,DF=0,此时地址指针是增 1 或 2;在执行指令 STD 后,DF=1,此时地址指针减 1 或 2。

1. 串传送指令

指令格式:

```
MOVS  OPRD1,OPRD2
MOVSB
MOVSW
```

其中,OPRD1 为目的串符号地址,OPRD2 为源串符号地址。

功能:OPRD1←OPRD2。

串传送指令 MOVS 将数据段主存单元的 1 字节或字,传送到附加段的主存单元中。定义数据串时,要求源串和目的串类型一致,并以其类型区别是字节或字操作。在指令中不出现操作数时,字节串传送格式为 MOVSB,字串传送格式为 MOVSW。MOVS 指令不影响标志位。

(1) 对字节串操作时,若 DF=0,则做加,即:

$$[ES: DI] \leftarrow [DS: SI],(SI)\leftarrow(SI) + 1,(DI)\leftarrow(DI) + 1$$

若 DF=1,则做减,即:

$$(SI)\leftarrow(SI) - 1,(DI)\leftarrow(DI) - 1$$

(2) 对字串操作时,若 DF=0,则做加,即:

$$(SI)\leftarrow(SI) + 2,(DI)\leftarrow(DI) + 2$$

若 DF=1,则做减,即:

$$(SI)\leftarrow(SI) - 2,(DI)\leftarrow(DI) - 2$$

【例 3.26】 将存储器中变量 BUFA 开始的 160 个数据串传送至 BUFB 开始的存储区,可用以下程序段实现。

```
      MOV  SI,OFFSET BUFA
      MOV  DI,OFFSET BUFB
      MOV  CX,160
      CLD
AGAIN: MOVS  BUFB,BUFA
      DEC  CX
      JNZ  AGAIN
```

2. 串比较指令

指令格式：

```
CMPS  OPRD1,OPRD2
CMPSB
CMPSW
```

其中，OPRD1 为目的串符号地址，OPRD2 为源串符号地址。

串比较指令 CMPS 将由 SI 寻址的源串中的数据与 DI 寻址的目的串中的数据（字或字节）进行比较，比较结果送标志位，而不改变操作数本身。同时，SI、DI 将自动调整。

CMPS 指令影响标志位 AF、CF、OF、SF、PF、ZF。CMPS 指令可用来检查两个字符串是否相同，可以使用循环控制方法对整串进行比较。

【例 3.27】　如对两个字节串进行比较，若一致，则 AL 内容置为 0；若不一致，则 AL 内容置为 0FFH。程序段如下：

```
        MOV   SI,OFFSET DAT1      ; DAT1 中是内存中定义的字节串 1
        MOV   DI,OFFSET DAT2      ; DAT2 中是内存中定义的字节串 2
        MOV   CX,N
        CLD
NEXT:   CMPSB
        JNZ   FIN
        DEC   CX
        JNZ   NEXT
        MOV   AL,0
        JMP   EXX
FIN:    MOV   AL,0FFH
EXX:    MOV   DAT3,AL             ; DAT3 是内存中存放结果的单元
```

3. 串扫描指令

指令格式：

```
SCAS  OPRD
SCASB
SCASW
```

其中，OPRD 为目的串符号地址。

串扫描指令 SCAS 将 AL 或 AX 的内容与附加段中由 DI 寄存器寻址的目的串中的数据进行比较，根据比较结果设置标志位，但不改变操作数本身。每次比较后修改 DI 寄存器的值，使之指向下一个元素。SCAS 指令影响标志位 AF、CF、OF、SF、PF、ZF。

SCAS 指令可查找字符串中的一个关键字，只需在本指令执行前，把关键字放在 AL 或 AX 中，用重复前缀可在整串中查找。

【例 3.28】　在附加段定义了一个字符串，首地址由 STRING 指示，共有 100 个字符。在字符串中查找"空格"（ASCII 码为 20H）字符。

```
MOV  DI,OFFSET STRING
MOV  AL,20H
MOV  CX,100
CLD
```

```
AGAIN: SCASB
JZ   FOUND          ; ZF = 1,发现空格,转移到 FOUND
DEC  CX             ; 不是空格
JNZ  AGAIN          ; 搜索下一个字符
  ⋮                 ; 不含空格,则继续执行
FOUND: ···
```

4. 串读取指令

指令格式:

```
LODS  OPRD
LODSB
LODSW
```

其中,OPRD 为源串符号地址。

串读取指令 LODS 的功能是把 SI 寻址的源串的数据字节送 AL 或数据字送 AX 中,并根据 DF 的值,地址指针 SI 进行自动调整。LODS 指令不影响标志位。

5. 字符串存储指令

指令格式:

```
STOS  OPRD
STOSB
STOSW
```

其中,OPRD 为目的串符号地址。

本指令的功能是把 AL 或 AX 中的数据存储到 DI 为目的串地址指针所寻址的存储器单元中。地址指针 DI 将根据 DF 的值进行自动调整。STOS 指令与 LODS 指令功能互逆。STOS 指令不影响标志位。

【例 3.29】 将附加段 64KB 主存区全部设置为 0。

```
MOV  AX,0
MOV  DI,0
MOV  CX,8000H       ; CX←传送次数(32×1024)
CLD                 ; 设置 DF = 0,实现地址增加
AGAIN: STOSW        ; 传送一个字
DEC  CX
JNZ  AGAIN          ; 判断传送次数 CX 是否为 0
```

在此例中,将 CLD 指令改为 STD 指令就能反向传送,实现同样功能。另外,此例中实际上只要保证 DI 为偶数即可。

【例 3.30】 数据段 DS 中有一个数据块,具有 100 个字节,起始地址为 BBUF。现在要把其中的正数、负数分开,分别存入同一个段的两个缓冲区。存放正数的起始地址为 DATAA,存放负数的起始地址为 DATAB。

```
MOV  SI,OFFSET BBUF
MOV  DI,OFFSET DATAA
MOV  BX,OFFSET DATAB
MOV  AX,DS
MOV  EX,AX          ; 所有数据都在一个段中,所以设置 ES = DS
```

```
        MOV  CX,100
        CLD
GOON:   LODSB                   ; 从 BBUF 中取出一个数据
        TEST  AL,80H            ; 检测符号位,判断是正是负
        JNZ   MINUS             ; 符号位为 1,是负数,转向 MINIS
        STOSB                   ; 符号位为 0,是正数,存入 DATAA
        JMP  AGAIN
MINUS:  XCHG  BX,DI
        STOSB                   ; 将负数存入 DATAB
        XCHG  BX,DI
AGAIN:  DEC  CX
        JNZ  GOON
```

6. 重复前缀的说明

在串操作指令前加上重复前缀,可以对数据串进行重复处理。由于加上重复前缀后,对应的指令代码是不同的,因此指令的功能便具有重复处理的功能,重复的次数存放在 CX 寄存器中。

重复前缀形式有:

```
REP                     ; CX≠0,重复执行字符串指令
REPZ/REPE               ; CX≠0 且 ZF = 1,重复执行字符串指令
REPNZ/REPNE             ; CX≠0 且 ZF = 0,重复执行字符串指令
```

REP 与 MOVS 或 STOS 串操作指令结合使用,完成一组数据的传送或建立一组相同数据的数据串。

REPZ/REPE 与 CMPS 串操作指令结合使用,可以完成两组数据串的比较。当串未结束时,继续重复执行数据串指令。它可用来判定两数据串是否相同。

REPZ/REPE 与 SCAS 串操作指令结合使用,可以完成在一个数据串中搜索一个关键字。只要当数据串未结束且当关键字与元素相同时,继续重复执行串搜索指令,用于在数据串中查找与关键字不相同的数据的位置。

REPNZ/REPNE 与 CMPS 指令结合使用,表示当串未结束且当对应串元素不相同时,继续重复执行串比较指令。它可在两数据串中查找相同数据的位置。

REPNZ/REPNE 与 SCAS 指令结合使用,表示串未结束且当关键字与元素不相同时,继续重复执行串搜索指令,用于在数据串中查找与关键字相同的数据的位置。

【例 3.31】 对两个字符串 STR1 与 STR2 进行比较。

```
        MOV  SI,OFFSET STR1
        MOV  DI,OFFSET STR2
        MOV  CX,COUNT
        CLD
REPZ    CMPSB
        JNZ  NEQU
        MOV  AL,0
        JMP  OVR
NEQU:   MOV  AL,0FFH
OVR:    MOV  RESULT,AL
        HLT
```

【例 3.32】　在字符串中搜索关键字，记下搜索的次数和关键字在串中的位置。

```
        CLD
        MOV   DI,OFFSET BUF
        MOV   CX,COUNT
        MOV   AL,CHAR
REPNE   SCASB
        JZ    FOUND
        MOV   DI,0
        JMP   DONE
FOUND:  DEC   DI
        MOV   BUFF,DI
        MOV   BX,OFFSET BUF
        SUB   DI,BX
        MOV   BUFF + 2,DI
DONE:   HLT
```

在本程序中，由于 DI 是自增的，若找到关键字，这时 DI 已指向关键字的下一个字符，故 DI 减 1 才是真正的关键字在字符串中的位置。用当前关键字的位置减去串首地址，即能得到搜索的次数。

3.2.6　处理器控制类指令

处理器控制指令用于控制 CPU 的动作，修改标志寄存器的状态等，实现对 CPU 的管理。

1. 标志位操作指令

标志位操作指令有 7 条，可以直接设置或清除 CF、DF 和 IF 标志位。例如，串操作中的程序，经常用 CLD 指令清方向标志使 DF＝0，在串操作指令执行时，按增量的方式修改串指针。

标志位操作指令的格式、功能等信息列于表 3.3 中。

表 3.3　标志位操作指令

指 令 格 式	功 能 说 明
CLC	CF＝0，进位标志位置 0
STC	CF＝1，进位标志位置 1
CMC	进位标志位求反
CLD	DF＝0，方向标志位置 0
STD	DF＝1，方向标志位置 1
CLI	IF＝0，中断标志位置 0，使 CPU 禁止响应外部中断
STI	IF＝1，中断标志位置 1，使 CPU 允许响应外部中断

这些指令仅对有关状态标志位执行操作，而对其他状态标志位则没有影响。

2. CPU 控制指令

1）处理器暂停指令

指令格式：

HLT

HLT 指令使 CPU 进入暂停状态,这时 CPU 不进行任何操作。当 CPU 发生复位 (RESET)或来自外部的中断(NMI 或 INTR)时,CPU 脱离暂停状态。HLT 指令不影响标志位。

HLT 指令可用于程序中等待中断。当程序中必须等待中断时,可用 HLT,而不必用软件死循环。然后,中断使 CPU 脱离暂停状态,返回执行 HLT 的下一条指令。

注意:该指令在 PC 中将引起所谓的"死机",一般的应用程序不要使用。

2) 处理器等待指令

指令格式:

WAIT

WAIT 指令在 8086/8088 的测试输入引脚为高电平无效时,使 CPU 进入等待状态,这时,CPU 并不做任何操作;测试为低电平有效时,CPU 脱离等待状态,继续执行 WAIT 指令后面的指令。WAIT 指令不影响标志位。

浮点指令经由 8086/8088 CPU 处理发往 8087,并与 8086/8088 本身的整数指令在同一个指令序列;而 8087 执行浮点指令较慢,所以 8086/8088 必须与 8087 保持同步。8086/8088 就是利用 WAIT 指令和测试引脚实现与 8087 同步运行的。

3) 处理器交权指令

指令格式:

ESC EXTOPRD,OPRD

其中,EXTOPRD 为外部操作码(浮点指令的操作码),是一个 6 位立即数;OPRD 为源操作数,可以是寄存器或内存单元。当 OPRD 为寄存器时,它的编码也作为操作码;如果为存储器操作数,CPU 读出这个操作数送给协处理器。

交权指令 ESC 把浮点指令交给浮点处理器执行。为了提高系统的浮点运算能力,8086/8088 系统中可加入浮点运算协处理器 8087。但是,8087 的浮点指令是和 8086/8088 的整数指令组合在一起的,8086/8088 主存中存储 8087 的操作码及其所需的操作数。当 8086/8088 发现是一条浮点指令时,就利用 ESC 指令将浮点指令交给 8087 执行。

ESC 指令不影响标志位。

4) 空操作指令

指令格式:

NOP

NOP 指令不执行任何有意义的操作,但占用 1 字节存储单元,空耗一个指令执行周期。该指令常用于程序调试。例如,在需要预留指令空间时用 NOP 填充,代码空间多余时也可用 NOP 填充,还可以用 NOP 指令实现软件延时。事实上,NOP 指令就是 XCHG AX,AX 指令,它们的代码一样。NOP 指令不影响标志位。

5) 封锁总线指令

LOCK 是一个指令前缀,可放在指令的前面。这个前缀使得在当前指令执行时间内,8086/8088 处理器的封锁输出引脚有效,即把总线封锁,使别的控制器不能控制总线,直到该指令执行完后，总线封锁解除。当 CPU 与其他处理器协同工作时，LOCK 指令可避免破坏有用信息。

6）段超越前缀指令

```
SEG:    ; 即 CS:,SS:,DS:,ES:,取代默认段寄存器
```

在允许段超越的存储器操作数之前，使用段超越前缀指令，将不采用默认的段寄存器，而是采用指定的段寄存器寻址操作数。

3.2.7　输入/输出类指令

输入/输出指令共有两条。输入指令 IN 用于从外设端口接收数据，输出指令 OUT 则向端口发送数据。无论是接收到的数据或是准备发送的数据都必须在累加器 AL（字节）或 AX（字）中，所以这是两条累加器专用指令。

输入/输出指令可以分为两大类：一类是端口直接寻址的输入/输出指令；另一类是端口通过 DX 寄存器间接寻址的输入/输出指令。在直接寻址的指令中只能寻址 256 个端口（0～255），而间接寻址的指令中可寻址 64K 个端口（0～65 535）。

1. 输入指令

指令格式：

```
IN   AL,n     (AL)←(n)
IN   AX,n     (AX)←(n+1),(n)
IN   AL,DX    (AL)←[(DX)]
IN   AX,DX    (AX)←[(DX+1)],[(DX)]
```

其中，n 为 8 位的端口地址，当字节输入时，将端口地址 n 的内容送至 AL 中；当字输入时，将端口地址 $n+1$ 的内容送至 AH 中，端口地址 n 的内容送至 AL 中。

端口地址也可以是 16 位的，但必须将 16 位的端口地址送入 DX 中。当字节寻址时，由 DX 内容作端口地址的内容送至 AL 中；当输入数据字时，[(DX+1)]送 AH，[(DX)]送 AL 中，用符号（AX）←[(DX+1)],[(DX)]表示。

指令举例：

```
IN   AL,20H
```

或：

```
MOV  DX,0400H
IN   AL,DX
```

2. 输出指令

指令格式：

```
OUT  n,AL     (n)←(AL)
OUT  n,AX     (n+1),(n)←(AX)
OUT  DX,AL    [(DX)]←(AL)
OUT  DX,AX    [(DX+1)],[(DX)]←(AX)
```

OUT 指令中各个操作数的定义与 IN 指令相同。

指令举例：

```
MOV  AL,0FH
OUT  20H,AL
```

或：

```
MOV  DX,0400H
MOV  AL,86H
OUT  DX,AL
```

输入/输出指令对标志位不产生影响。

3.3　80x86 指令系统介绍

80x86 系列微处理器指令系统保持向上兼容，如 80486 微处理器可兼容执行 8086、80286 和 80386 的指令。在介绍了 8086/8088 指令系统的基础上，本节讲述 80286、80386、80486 和 Pentium 的新增指令以及在 8086/8088 基础上扩充的新的功能的一些指令。

3.3.1　80x86 寻址方式

由于 80x86 系列 CPU 对 8086/8088 的指令是向上兼容的，因此此前所介绍的 8086/8088 的寻址方式也适用于 80x86。下面介绍的寻址方式都是针对存储器操作数的寻址方式，它们均与比例因子有关，这些寻址方式只能用在 80386 及其后继机型中，8086/8088/80286 不支持这几种寻址方式。

在 80386 及其后续机型中，8 个 32 位的通用寄存器 EAX、EBX、ECX、EDX、ESP、EBP、ESI、EDI 既可以存放数据，也可以存放地址，也就是说，这些寄存器都可以用来提供操作数在段内的偏移地址。

1. 比例变址寻址方式

操作数的有效地址是变址寄存器的内容乘以指令中指定的比例因子再加上位移量之和，所以有效地址由 3 种成分组成。这种寻址方式与寄存器相对寻址相比，增加了比例因子，其优点在于：对于元素大小为 2、4、8 字节的数组，可以在变址寄存器中给出数组元素下标，而由寻址方式控制直接用比例因子把下标转换为变址值。

例如：

```
MOV  EAX,COUNT[ESI×4]
```

假设 (DS)＝4000H，位移量为 500H。如果要求把双字数组中的元素 3 送到 EAX（EAX 为 32 位累加器）中，用这种寻址方式可以直接在 ESI 中放入 3，选择比例因子 4（数组元素为 4 字节长）就可以方便地达到目的，不必像在寄存器相对寻址方式中要把变址值直接装入寄存器中。物理地址的计算如图 3.14 所示。

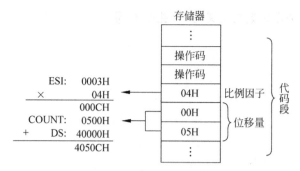

图 3.14 比例变址寻址方式

2. 基址比例变址寻址方式

操作数的有效地址是变址寄存器的内容乘以比例因子再加上基址寄存器的内容,所以有效地址由 3 种成分组成。这种寻址方式与基址变址寻址方式相比,增加了比例因子,其优点是很明显的。

例如:

```
MOV   ECX,[EAX][EDX×8]
```

此例中,EAX 作为基址,EDX 作变址,比例因子为 8。

3. 相对基址比例变址寻址方式

操作数的有效地址是变址寄存器的内容乘以比例因子,加上基址寄存器的内容,再加上位移量之和,所以有效地址由 4 种成分组成。这种寻址方式比相对基址变址寻址方式增加了比例因子,便于对元素为 2、4、8 字节的二维数组的处理。

例如:

```
MOV   EAX,TABLE[EBP][EDI×4]
```

在此例中,EBP 作为基址,EDI 作变址,比例因子为 4,位移量为 TABLE。

3.3.2 80286 指令系统新增指令

80286 指令系统除了包括所有的 8086/8088 指令外,新增指令以及增强了功能的指令列于表 3.4 中。其中,控制保护态指令是 80286 工作在保护模式下的一些特权方式指令,常用于操作系统及其他控制软件中。保护模式是集实地址模式的能力、存储器管理、对虚拟存储器的支持和对地址空间的保护为一体而建立起来的一种特殊工作方式。

表 3.4 80286 增强与增加的指令

类别	增强的指令	增加的指令
数据传送类	PUSH 立即数	PUSHA POPA
算术运算类	IMUL 寄存器,寄存器 IMUL 寄存器,存储器 IMUL 寄存器,立即数 IMUL 寄存器,寄存器,立即数 IMUL 寄存器,存储器,立即数	

续表

类别	增强的指令	增加的指令
逻辑运算与移位类	SHL 目的操作数,立即数(1~31) 其余 SAL、SAR、SHR、ROL、ROR、RCL、RCR 7 条移位指令同 SHL	
串操作类		[REP]INS 目的串,DX [REP]OUTS DX,源串 [REP]INSB/OUTB [REP]INSW/OUTW
高级语言		BOUND 寄存器,存储器 ENTER 立即数 16,立即数 LEAVE
保护模式的系统控制指令类		LAR(装入访问权限)、LSL(装入段界限)、LGDT(装入全局描述符表)、SGDT(存储全局描述符表)、LIDT(装入 8 字节中断描述符表)、SIDT(存储 8 字节中断描述符表)、LLDT(装入局部描述符表)、SLDT(存储局部描述符表)、LTR(装入任务寄存器)、STR(存储任务寄存器)、LMSW(装入机器状态字)、SMSW(存储机器状态字)、VERR(存储器或寄存器读校验)、VERW(存储器或寄存器写校验)、ARPL(调整已请求特权级别)、CLTS(清除任务转移标志)

下面介绍 80286 指令系统中主要的新增及扩展指令。

1. 堆栈操作指令

指令格式:

PUSH　16 位立即数

PUSH 指令将 16 位立即数压入堆栈,如果给出的数不够 16 位,则自动扩展为 16 位后压入堆栈。该指令不影响状态标志位。在 8086/8088 指令系统中,PUSH 指令允许的操作数只能是两字节的寄存器操作数或存储器操作数。

2. 通用寄存器入栈操作指令

指令格式:

PUSHA

PUSHA 指令将所有通用寄存器 AX、CX、DX、BX、SP、BP、SI 和 DI 的内容按顺序压入堆栈,入栈的 SP 值是执行该指令之前的 SP 值,在执行完本指令后,SP 值减 16。

3. 通用寄存器内容出栈操作指令

指令格式:

POPA

POPA 指令将栈顶的内容顺序弹至 DI、SI、BP、SP、BX、DX、CX 和 AX。SP 中的值是堆栈中所有通用寄存器弹出后,堆栈指针实际指向的值(不是栈中保存的 SP 值),也即该指令执行后 SP 的值,可以通过加 16 来恢复。

4. 有符号整数乘法指令(两个操作数)

指令格式:

```
IMUL   16 位寄存器,立即数
```

有符号整数乘法指令 IMUL 将 16 位通用寄存器中的有符号数作为被乘数,与有符号立即数相乘,乘积送回通用寄存器。若乘积超出有符号数的表示范围($-32\,768\sim+32\,767$),除丢失溢出部分外,并将 OF 及 CF 置为 1;否则,将 OF 及 CF 置为 0。

5. 有符号整数乘法指令（3 个操作数）

指令格式:

```
IMUL   16 位寄存器,16 位存储器,立即数
```

该指令与上一条指令功能类似,区别仅在于,将 16 位存储器操作数作为被乘数与立即数相乘,结果送 16 位寄存器。

6. 移位指令

8086/8088 中有 8 条移位指令,移位计数使用 CL 或 1 表示,且规定当移位次数大于 1 时,必须使用 CL。在 80286 中,将上述限制修改为当移位次数为 1～31 次时,允许使用立即数。

7. 串输入/输出指令 INS/OUTS

指令格式:

```
[REP]INS    目的串,DX
[REP]OUTS   DX,源串
[REP]INSB
[REP]OUTB
[REP]INSW
[REP]OUTW
```

串输入/输出指令可以带两个操作数,也可以采用默认操作数形式,指令中不指出操作数,但要在指令助记符中用 B 或 W 指明输入/输出的数据串是字节还是字。该类指令可以实现 DX 指定的端口与由指定的内存地址之间的数据块传送,其类型可以是字节或字。如果加重复前缀 REP,完成整个串的输入/输出操作,这时 CX 寄存器中为重复前缀操作的次数。

8. 内存范围检查指令

指令格式:

```
BOUND   16 位寄存器,32 位存储器
```

BOUND 指令以 32 位存储器低两字节的内容为下界,高两字节的内容为上界。若 16 位寄存器的内容在此上、下界表示的地址范围内,程序正常执行;否则产生 INT 5 中断。当出现这种中断时,返回地址指向 BOUND 指令,而不是 BOUND 后面的指令,这与返回地址指向程序中下一条指令的正常中断是有区别的。

9. 设置堆栈空间指令

格式:

```
ENTER   16 位立即数,8 位立即数
```

在 ENTER 指令中,两个操作数中的 16 位立即数表示堆栈空间的大小,也即表示给当前过程分配多少字节的堆栈空间,8 位立即数指出在高级语言内调用自身的次数,也即嵌套

层数。值得注意的是该指令使用 BP 寄存器而非 SP 作为栈基值。

10. 撤销堆栈空间指令

指令格式：

```
LEAVE
```

LEAVE 指令撤销由 ENTER 指令建立的堆栈空间。

例如：

```
TASK   PROC NEAR
       ENTER  400,8      ; 建立堆栈空间为 400 字节,允许过程嵌套 8 层
        ⋮
       LEAVE             ; 释放堆栈空间
       RET
TASK   ENDP
```

3.3.3　80386 指令系统新增指令

80386 指令系统包括了所有 80286 指令,并对 80286 的部分指令进行了功能扩充,还新增了一些指令,特别指出的是,80386 提供了 32 位寻址方式,可对 32 位数据直接操作。所有 16 位指令均可扩充为 32 位指令。表 3.5 列出了 80386 增强及增加的指令。

表 3.5　80386 增强与增加的指令

类　　别	增强的指令	增加的指令
数据传送类	PUSH 立即数 PUSHAD/POPAD PUSHFD/POPFD	MOVSX 寄存器,寄存器/存储器 MOVZX 寄存器,寄存器/存储器
算术运算类	IMUL 寄存器,寄存器/存储器 IMUL 寄存器,寄存器/存储器,立即数 CWDE CDQ	
逻辑运算与移位类		SHLD/SHRD 寄存器/存储器,寄存器,CL/立即数
串操作类	所有串操作指令后面扩展 D,如 MOVSD、OUTD 等	
位操作类		BT/BTC/BTS/BTR 寄存器/存储器,寄存器/立即数 BSF/BSR 寄存器,寄存器/存储器
条件设置类		SET 条件 寄存器/存储器

下面介绍 80386 指令系统中主要的新增及扩展指令。

1. 数据传送与扩展指令

1) MOVSX

指令格式：

```
MOVSX  寄存器,寄存器/存储器
```

MOVSX 指令将源操作数传送到目的操作数中。目的操作数可以是 16 位或 32 位寄存器；源操作数可以是寄存器或存储器操作数,其位数应小于或等于目的操作数的位数。当源操作数的位数少于目的操作数时,目的操作数的高位用源操作数的符号位填补。此指令适用于有符号数的传送与扩展。

2) MOVZX

指令格式：

```
MOVZX  寄存器,寄存器/存储器
```

MOVZX 指令与 MOVSX 功能基本相同,唯一区别的是当源操作数的位数少于目的操作数位数时,目的操作数的高位补"0"。该指令适用于无符号数的传送与扩展。

2. 堆栈操作指令

1) PUSH

指令格式：

```
PUSH  32 位立即数
```

该指令将 32 位立即数压入堆栈。该指令执行后 SP 的值将减 4。

2) PUSHAD

指令格式：

```
PUSHAD
```

该指令将所有通用寄存器 EAX、ECX、EDX、EBX、ESP、EBP、ESI 和 EDI 的内容顺序压入堆栈,其中压入堆栈的 ESP 是该指令执行前 ESP 的值。执行该指令后,ESP 的值减 32。

3) POPAD

指令格式：

```
POPAD
```

该指令将当前栈顶内容顺序弹至 EDI、ESI、EBP、ESP、EBX、EDX、ECX 和 EAX,但是最终 ESP 的值为弹出操作对堆栈指针调整后的值(而不是堆栈中保存的 ESP 的值)。即执行该指令后 ESP 的值,可以通过增加 32 来恢复。

4) PUSHFD

指令格式：

```
PUSHFD
```

该指令将 32 位标志寄存器 EFLAGS 的内容压入堆栈。

5) POPFD

指令格式：

```
POPFD
```

该指令将当前栈顶的 4 字节内容弹至 EFLAGS 寄存器。

3. 有符号数乘法指令

1）两操作数乘法指令

指令格式：

IMUL　寄存器,寄存器/存储器

该指令将 16 位或 32 位通用寄存器中的有符号数作为被乘数,相同位数通用寄存器或存储单元中的有符号数作为乘数,乘积送目的操作数。若乘积溢出,溢出位部分将丢失,且将 OF 及 CF 置 1；否则将 OF 及 CF 清 0。

2）三操作数乘法指令

指令格式：

IMUL　寄存器,寄存器/存储器,立即数

该指令与前一个指令功能基本相同,唯一区别在于,寄存器/存储器为被乘数,立即数为乘数,乘积存放在第一个操作数中。

3）符号扩展指令

该指令将 AX 中 16 位有符号数的符号位扩展到 EAX 的高 16 位中,即把 AX 的 16 位有符号数扩展为 32 位后,送 EAX。

4）符号扩展指令

该指令将 EAX 中 32 位有符号数扩展到 EDX：EAX 寄存器中,使之成为 64 位有符号数,即将 EAX 中的符号位扩展到 EDX 中。

4. 移位指令

80386 中新增加了一组移动多位的指令。它们可以把指定的一组位左移或右移到一个操作数中。

1）SHLD

指令格式：

SHLD　寄存器/存储器,寄存器,CL/立即数

该指令将第一操作数（16 位或 32 位）左移若干位（由 8 位立即数或 CL 指定）,空出位用第二操作数（与第一操作数等位宽）高位部分填补,但第二操作数的内容不变,CF 标志位中保留第一操作数最后的移出位。若仅移一位,当 CF 值与移位后的第一操作数的符号位不一致时,OF 置 1；否则 OF 清 0。SHLD 指令操作示意图如图 3.15 所示。

2）SHRD

指令格式：

SHRD　寄存器/存储器,寄存器,CL/立即数

该指令将第一操作数（16 位或 32 位）右移若干位（由 8 位立即数或 CL 指定）,空出位用第二操作数（与第一操作数等位宽）低位部分填补,指令执行后,第二操作数的内容不变,CF 标志位中保留第一操作数最后的移出位。SHRD 指令操作示意图如图 3.16 所示。

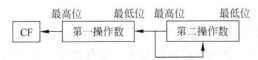 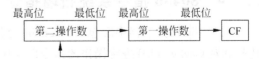

图 3.15　SHLD 指令功能示意图　　　　　图 3.16　SHRD 指令功能示意图

5. 位操作指令

1）位测试及设置指令

测试指令可用来对指定位进行测试，因而可根据该位的值来控制程序流的执行方向，而置位指令可对指定的位进行设置。指令格式及功能如表 3.6 所示。

表 3.6　位测试与设置指令

指 令 格 式	功　　　能
BT 寄存器/存储器,寄存器/立即数	第一操作数指定要测试的内容（16 位或 32 位），第二操作数（与第一操作数同长度的通用寄存器或 8 位立即数）指定要测试的位，将被测内容的指定测试位的值送 CF
BTC 寄存器/存储器,寄存器/立即数	在 BT 指令功能的基础上，将被测试位取反
BTR 寄存器/存储器,寄存器/立即数	在 BT 指令功能的基础上，将被测试位清 0
BTS 寄存器/存储器,寄存器/立即数	在 BT 指令功能的基础上，将被测试位置 1

2）位扫描指令

位扫描指令用于找出寄存器或存储器地址中所存数据的第一个或最后一个是 1 的位。该指令可用于检查寄存器或存储单元是否为 0。BSF 和 BSR 指令格式及功能如表 3.7 所示。

表 3.7　位扫描指令

指 令 格 式	功　　　能
BSF 寄存器,寄存器/存储器	对第二操作数（16 位或 32 位通用寄存器或存储器）从最低位到最高位进行扫描，将首先扫描到"1"的位号送第一操作数，且使 ZF＝0。若第二操作数的各位均为 0，则第一操作数的值不确定，且使 ZF＝1
BSR 寄存器,寄存器/存储器	与 BSF 指令功能基本相同，唯一区别的是该指令从最高位到最低位进行扫描

6. 条件设置指令

指令格式：

SET 条件　寄存器/存储器

这是 80386 特有的指令，用于测试指定的标志位所处的状态，并根据测试结果，将指定的一个 8 位寄存器或内存单元置 1 或清 0。它们类似于条件转移指令中的标志位测试，但前者根据测试结果将操作数置 1 或清 0，而后者根据测试结果决定转移还是不转移。指令中的条件是指令助记符的一部分，用于指定要测试的标志位，如 SETZ 或 SETNZ 等。

3.3.4　80486 指令系统新增指令

在 80486 微处理器中既包含有 Cache 存储器，又包含有浮点运算器，因此，新增了用于比较和对 Cache、TLB 进行操作的指令以及比较完整的浮点操作指令。全部指令可分为 13 类，共计 200 多条。表 3.8 列出了 80486 新增加的指令。

表 3.8 80486 增加的指令

类 别	指 令 格 式	功 能
数据传送类	BSWAP reg32	字节交换
算术运算类	XADD 寄存器/存储器,寄存器	交换与相加
	CMPXCHG 寄存器/存储器,寄存器	比较与交换
Cache 管理类	INVD WBINVD INVLPG	这类指令用于 80486 管理 CPU 内部的 8KB Cache

下面介绍 80486 指令系统中新增的指令。

1. 字节交换指令

指令格式:

```
BSWAP   reg32
```

该指令可以实现双字交换。使 32 位寄存器中的操作数按字节首尾交换,即 $D_{31} \sim D_{24}$ 与 $D_7 \sim D_0$ 交换,$D_{23} \sim D_{16}$ 与 $D_{15} \sim D_8$ 交换。

【例 3.33】 [EAX]=01234567H,执行以下指令,并分析结果。

```
BSWAP   EAX
```

结果:[EAX]= 67452301H。

2. 算术运算指令

指令格式:

```
XADD   寄存器/存储器,寄存器
```

该指令将源操作数与目的操作数交换并相加,其中源操作数必须为寄存器,而目的操作数可以是寄存器也可以是内存单元,然后相加,其结果存放在目的操作数中。

【例 3.34】 设[EAX]= 12000001H,[EBX]= 30000002H,执行以下指令,并分析结果。

```
XADD EAX,EBX
```

结果:[EAX]= 42000003H,[EBX]=12000001H。

3. 比较与交换指令

指令格式:

```
CMPXCHG   寄存器/存储器,寄存器
```

该指令使用 3 个操作数:一个寄存器中的源操作数、一个寄存器或内存储器单元的目的操作数和一个隐含(不出现在用户所书写的指令中)的累加器(AL/AX/EAX)。如果目的操作数与累加器的值相等,源操作数送目的单元,否则将目的操作数送累加器。

【例 3.35】 设[EAX]=01010101H,[EBX]=02020202H,[ECX]=03030303H,执行以下指令,并分析结果。

```
CMPXCHG ECX,EBX
```

结果:CF=0,[EAX]=03030303H,[EBX]=02020202H,[ECX]=03030303H。

4. 作废 Cache 指令

指令格式：

INVD

INVD 指令用于将 Cache 的内容作废。其具体操作是：刷新内部 Cache,并分配一个专用总线周期刷新外部 Cache。执行该指令不会将外部 Cache 中的数据写回主存储器。

5. 写回和作废 Cache 指令

指令格式：

WBINVD

WBINVD 指令先刷新内部 Cache,并分配一个专用总线周期将外部 Cache 的内容写回主存储器,并在此后的一个总线周期将外部 Cache 刷新。

6. 作废 TLB 项指令

指令格式：

INVLPG

INVLPG 指令用于使 TLB 中的某一项作废。如果 TLB 中含有一个存储器操作数映像的有效项,则该 TLB 项被标记为无效。

3.3.5　Pentium 指令系统新增指令

与 80486 相比,Pentium 新增加了 3 条处理器专用指令和 5 条系统控制指令,但某些新增的指令是否有效与 Pentium 的型号有关,可利用处理器特征识别指令 CPUID 判别处理器是否支持某些新增指令。表 3.9 列出了 Pentium 增加的指令。由于 Pentium 系列处理器的指令集是向上兼容的,因此所有早期的软件可直接在 Pentium 机器上运行。

表 3.9　Pentium 增加的指令

类别	指令格式	含义	操作

专用指令	CMPXCHG8B 存储器	8 字节比较与交换	IF(EDX：EAX＝D)
			ZF＝1,D←ECX：EBX
			ELSE
			ZF＝0,EDX：EAX←D

	CPUID	CPU 标识	IF(EAX＝0H)
			EAX,EBX,ECX,EDX←厂商信息
			IF(EAX＝1H)
			EAX,EBX,ECX,EDX←CPU 信息

	RDTSC	读时间标记计数器	EDX：EAX←时间标记计数器
系统控制指令	RDMSR	读模式专用寄存器	EDX：EAX←MSR ECX＝0H,MSR 选择 MCA ECX＝1H,MSR 选择 MCT
	WRMSR	写模式专用寄存器	MSR←EDX：EAX ECX＝0H,MSR 选择 MCA ECX＝1H,MSR 选择 MCT
	RSM	恢复系统管理模式	
	MOV CR$_4$,寄存器 MOV 寄存器,CR$_4$	与 CR$_4$ 传输	CR4←reg32 reg32←CR$_4$

下面介绍 Pentium 指令系统中新增指令的功能。

1. 处理器标识指令

指令格式：

CPUID

使用该指令可以辨别微机中 Pentium 处理器的类型和特点。在执行 CPUID 指令前，EAX 寄存器必须设置为 0 或 1，根据 EAX 中设置值的不同，软件会得到不同的标志信息。

2. 8 字节比较交换指令

指令格式：

CMPXCHG8B　存储器

该指令带有一个内存储器单元操作数。它能实现将 EDX：EAX 中的 8 字节值与指定的 8 字节存储器操作数相比较，若相等，则使 ZF＝1，且将 ECX：EBX 中的值送指定的 8 字节存储单元替换原有的存储器操作数；否则使 ZF＝0，且将指定的 8 字节存储器操作数送 EDX：EAX。

【例 3.36】　设 [EAX]＝01010101H，[EBX]＝02020202H，[ECX]＝03030303H，[EDX]＝04040404H，而 DS：2000H 所指的内存单元开始的 8 个连续单元的内容为 0404040401010101H。

执行以下指令，并分析结果。

CMPXCHG8B　[2000H]

结果是将 DS：2000H 所指单元开始的 8 个字节和 EDX：EAX 中的 8 个字节比较，由于[EDX：EAX]中为 0404040401010101H，而存储器 DS：[2000H]中开始的 8 个字节也是 0404040401010101H，因此 ZF＝1，并将 ECX：EBX 中的数送给 DS：2000H 开始的 8 个单元，使得 DS：[2000H]开始的 8 个字节为 0303030302020202H。

3. 读时间标记计数器指令

指令格式：

RDTSC

Pentium 处理器有一个片内 64 位计数器，称为时间标记计数器。计数器的值在每个时钟周期都递增，在 RESET 后该计数器被置 0。执行 RDTSC 指令可以将 Pentium 中的 64 位时间标记计数器的高 32 位送 EDX，低 32 位送 EAX。

一些应用软件需要确定某个事件已经执行了多少个时钟周期，在执行该事件之前和之后分别读出时钟标志计数器的值，计算两次值的差就可得出时钟周期数。

4. 读模式专用寄存器指令

指令格式：

RDMSR

该指令使软件可访问模式专用寄存器的内容，这两种模式专用寄存器是机器地址检查寄存器（MCA）和机器类型检查寄存器（MCT）。若要访问 MCA，指令执行前需将 ECX 置为 0；而为了访问 MCT，需要将 ECX 置为 1。执行指令时在访问的模式专用寄存器与寄存器组 EDX：EAX 之间进行 64 位的操作。具体来说，是将 ECX 所指定的模式专用寄存器的内容送 EDX：EAX，高 32 位送 EDX，低 32 位送 EAX。

5. 写模式专用寄存器指令

指令格式：

```
WRMSR
```

该指令将 EDX：EAX 的内容送到由 ECX 指定的模式专用寄存器。具体来说，EDX 和 EAX 的内容分别作为高 32 位和低 32 位。若指定的模式寄存器有未定义或保留的位，则这些位的内容不变。

6. 恢复系统管理模式指令

指令格式：

```
RSM
```

Pentium 处理器有一种称为系统管理模式（SMM）的操作模式，这种模式主要用于执行系统电源管理功能。外部硬件的中断请求使系统进入 SMM 模式，执行 RSM 指令后返回原来的实模式或保护模式。

7. 32 位寄存器与 CR_4 之间的传输指令

指令格式：

```
MOV    CR4,reg32
MOV    reg32,CR4
```

该指令实现将 32 位寄存器的内容传送至控制寄存器 CR_4 或将控制寄存器 CR_4 的内容送到 32 位寄存器中。

思考与练习

1. 什么叫寻址方式？8086/8088 系统中关于存储器操作数的寻址方式有哪几类？80386 及后继处理器支持的新增的存储器寻址方式有哪几种？

2. 指令中数据操作数的种类有哪些？

3. 指出段地址、偏移地址与物理地址之间的关系。有效地址 EA 又是指什么？

4. 在 8086/8088 系统中，能用于寄存器间接寻址及相对寻址的寄存器有哪些？它们通常与哪个段寄存器配合形成物理地址？

5. 80x86 指令系统中新增加的数据传送类指令有哪些？分析它们的功能。

6. 什么是堆栈操作？以下关于堆栈操作的指令执行后，SP 的值是多少？

```
PUSH   AX
PUSH   CX
PUSH   DX
POP    AX
PUSH   BX
POP    CX
POP    DX
```

7. 用汇编语言指令实现以下操作。

（1）将寄存器 AX、BX 和 DX 的内容相加，和放在寄存器 DX 中。

（2）用基址变址寻址方式（BX 和 SI）实现 AL 寄存器的内容和存储器单元 BUF 中的一个字节相加的操作，和放到 AL 中。

（3）用寄存器 BX 实现寄存器相对寻址方式（位移量为 100H），将 DX 的内容和存储单元中的一个字相加，和放到存储单元中。

（4）用直接寻址方式（地址为 0500H）实现将存储器中的一个字与立即数 3ABCH 相加，和放回该存储单元中。

（5）用串操作指令实现将内存定义好的两个字节串 BUF1 和 BUF2 相加后，存放到另一个串 BUF3 中的功能。

8. 指出下列指令中，源操作数及目的操作数的寻址方式。

（1）SUB　BX,[BP+35]

（2）MOV　AX,2030H

（3）SCASB

（4）IN　AL,40H

（5）MOV　[DI+BX],AX

（6）ADD　AX,50H[DI]

（7）MOV　AL,[1300H]

（8）MUL　BL

9. 已知(DS)=1000H,(SI)=0200H,(BX)=0100H,(10100H)=11H,(10101H)=22H,(10600H)=33H,(10601H)=44H,(10300H)=55H,(10301H)=66H,(10302H)=77H,(10303H)=88H,试分析下列各条指令执行完后 AX 寄存器的内容。

（1）MOV　AX,2500H

（2）MOV　AX,500H[BX]

（3）MOV　AX,[300H]

（4）MOV　AX,[BX]

（5）MOV　AX,[BX][SI]

（6）MOV　AX,[BX+SI+2]

10. 判断下列指令是否有错，如果有错，说明理由。

（1）SUB　BL,BX

（2）MOV　BYTE PTR[BX],3456H

（3）SHL　AX,CH

（4）MOV　AH,[SI][DI]

（5）SHR　AX,4

（6）MOV　CS,BX

（7）MOV　125,CL

（8）MOV　AX,BYTE PTR[SI]

（9）MOV　[DI],[SI]

11. 设(DS)=1000H,(ES)=2000H,(SS)=3000H,(SI)=0080H,(BX)=02D0H,

(BP)=0060H,试指出下列指令的源操作数字段是什么寻址方式？它的物理地址是多少？

  (1) MOV AX,0CBH

  (2) MOV AX,[100H]

  (3) MOV AX,[BX]

  (4) MOV AX,[BP]

  (5) MOV AX,[BP+50]

  (6) MOV AX,[BX][SI]

  12. 分别说明下列每组指令中的两条指令的区别。

  (1) AND CL,0FH   OR CL,0FH

  (2) MOV AX,BX   MOV AX,[BX]

  (3) SUB BX,CX   CMP BX,CX

  (4) AND AL,01H   TEST AL,01H

  (5) JMP NEAR PTR NEXT JMP SHORT NEXT

  (6) ROL AX,CL   RCL AX,CL

  (7) PUSH AX   POP AX

  13. 试分析以下程序段执行完后 BX 的内容为何？

```
MOV   BX,1030H
MOV   CL,3
SHL   BX,CL
DEC   BX
```

  14. 写出下列指令序列中每条指令的执行结果,并在 DEBUG 环境下验证,注意各标志位的变化情况。

```
MOV   BX,126BH
ADD   BL,02AH
MOV   AX,2EA5H
ADD   BH,AL
SBB   BX,AX
ADC   AX,26H
SUB   BH,−8
```

  15. 编写能实现以下功能的程序段。

  根据 CL 中的内容决定程序的走向,设所有的转移都是短程转移。若 D_0 位等于 1,其他位为 0,转向 LAB1；若 D_1 位等于 1,其他位为 0,转向 LAB2；若 D_2 位等于 1,其他位为 0,转向 LAB3；若 D_0、D_1、D_2 位都是 1,则顺序执行。

第 4 章

伪指令与汇编语言程序结构设计

一个汇编语言源程序要满足一定的结构要求,因此,用汇编语言编写源程序,首先要了解汇编语言的语法规则和语句格式。

4.1 汇编语言语句类型和格式

汇编语言源程序由若干条语句组成,语句是源程序的基本单位。语句分为如下两类。

(1) 指令性语句:是由指令组成的由 CPU 执行的语句,完成一定的操作功能,能够翻译成机器代码。

(2) 指示性语句:也称为伪指令语句。指示性语句是指不由 CPU 执行,只为汇编程序在翻译汇编语言源程序时提供有关信息,并不翻译成机器代码的语句。

实际上,汇编语言源程序中还可以出现宏指令语句。宏指令语句就是由若干条指令语句形成的语句,一条宏指令语句的功能相当于若干条指令语句的功能。

汇编语言的语句由 1~4 个部分组成。

[名字项] 操作项 [操作数项] [;注释项]

在格式上,指令性语句和伪指令语句略有差别。

指令性语句的格式如下:

[名字:] 操作码 [操作数[,操作数]] [;注释]

伪指令语句的格式如下:

[名字] 伪操作码 [操作数[,操作数,…]] [;注释]

其中,带方括号的项是可选项,需要根据具体情况而定。

名字项是一个符号。

操作项是一个操作码的助记符,它可以是指令、伪指令或宏指令名。

操作数项由一个或多个表达式组成,它提供为执行所要求的操作而需要的信息。

注释项用来说明程序或语句的功能。";"为识别注释项的开始,";"也可以从一行的第一个字符开始,此时整行都是注释。

每个部分之间用空格(至少一个)或"横表"(TAB)符分开,这些部分可以在一行的任意位置输入,一行最多可有 132 个字符,最好小于 80 个字符,因为屏宽是 80 个字符,这样更便于用户阅读源程序。

1. 名字项

名字也就是由用户按一定规则定义的标识符，名字可由下列字符组成：英文字母（A～Z，a～z）、数字（0～9）和特殊字符（?、·、@、_、$）。

名字的定义要满足如下规则。

（1）数字不能作名字项的第一个字符。

（2）圆点仅能用作第一个字符。

（3）单独的"?"不能作为名字。

（4）汇编语言中有特定含义的保留字，如操作码、寄存器名等，不能作为名字使用。

（5）可以用很多字符来说明名字，但名字项最长为 31 个字符。

名字项分标号和变量两种情况，在程序中同样的标号或变量的定义只允许出现一次，否则汇编程序会指示出错。标号用来表示本语句的符号地址，它是可有可无的，只有当需要用符号地址来访问该语句时它才出现。

1）标号

标号用来代表一条指令所在单元的地址，在代码段中定义及使用。标号放在语句的前面，并用冒号"："与操作项分开。标号不是每条指令所必需的，它也可以用 LABEL 或 EQU 伪指令来定义。此外它还可以作为过程名定义。标号经常在转移指令或 CALL 指令的操作数字段出现，用以表示转向的目标地址。

标号在命名时，应尽量取有意义的字符，以便于程序的阅读和理解。

2）变量

变量在数据段、附加段和堆栈段中定义，后面不跟冒号。它也可以用 LABEL 或 EQU 伪指令来定义。变量是一个可以存放数据的存储单元的名字，即存放数据的存储单元的地址符号名。变量可以是用 DB、DW、DD 定义的字节、字或双字操作数，也可以被定义为一个数据区（有具体数值）或存储区（只定义存储区域，而不指定具体的数值）。此时变量名仅表示该数据区或存储区的第一个数据单元的首地址。变量经常在操作数字段出现。

3）标号及变量的 3 种属性

标号和变量都具有 3 种属性：段属性、偏移属性及类型属性。

段属性定义标号或变量的段起始地址，此值必须在一个段寄存器中。标号的段总是在 CS 寄存器中，变量的段地址在 DS 中，在指令执行时，这种段地址被隐含地使用。

偏移属性是标号或变量所在的地址距段基址的偏移量。它们通常在指令中以显示方式出现，并最终能确定其有效地址 EA。偏移地址是 16 位无符号数，它代表从段起始地址到定义标号或变量的位置之间的字节数。

有了段属性和偏移属性，就能确定该标号或变量的物理地址，以实现正确的程序转移或存取有关的存储区数据。

标号的类型属性用来指出该标号是在本段内引用还是在其他段中引用。如在段内引用的，则称为 NEAR，指针长度为两个字节；如在段外引用，则称为 FAR，指针长度为 4 个字节。变量的类型属性定义该变量所保留的字节数。如 BYTE（1 个字节长）、WORD（2 个字节长）、DWORD（4 个字节长）、DQ（8 个字节长）、DT（10 个字节长）。

2. 操作项

操作项可以是指令、伪指令或宏指令的操作码，或称助记符。助记符表示指令语句的功能,如 INC、MOV 等。操作项是由系统定义的,编程时必须照写不误,既不能多写,也不能少写。如果指令带有前缀(如 LOCK、REP、REPE/REPZ、REPNE/REPNZ 等),则指令前缀和指令助记符要用空格分开。

对于指令,汇编程序将其翻译为机器语言指令。对于伪指令,汇编程序将根据其所要求的功能进行处理。对于宏指令,则根据定义将其展开。

3. 操作数项

操作数项是操作项的操作对象,可以是数据本身、标号、寄存器名字或算术表达式。该项由一个或多个表达式组成,多个操作数项之间一般用逗号分开。对于指令,操作数项一般给出操作数地址,它们可能有一个、两个或一个也没有。对于伪指令或宏指令则给出它们所要求的参数。操作数表达式是由运算量和运算符组成的表示操作数或操作数地址的运算式。

下面介绍与操作数项有关的一些基本组成元素。

1) 常数

常数指在程序运行过程中不变的数。汇编语言语句中出现的常数可以有二进制、八进制、十进制、十六进制、字符串等多种类型,使用时注意它们的书写规则。

(1) 二进制数:由一串 0 和 1 组成的序列,数字后跟字母 B,如 11101001B。

(2) 十进制数:以 0~9 数字组成的序列,数字后跟 D 或不跟字母,如 67D 或 32。

(3) 八进制数:由 0~7 数字组成的序列,数字后面跟字母 Q 或 O,如 536Q 或 442O。

(4) 十六进制数:由 0~9、A、B、C、D、E、F 组成的序列,数字后跟 H,如 0ABCDH、0123H。注意,当数字的第一个字符是 A~F 时,在字符前应添加一个数字 0,以便与变量进行区别。

(5) 十进制浮点数:浮点十进制数,如 14E-3 等。

(6) 十六进制实数:数字后跟 R,数字的位数必须是 8、16 或 20,在第一位是 0 的情况下,数字的位数可以是 9、17 或 21,如 0FFAADC43R。

(7) 字符和字符串:指包含在单引号内的字母、符号或初始化存储器时,所包含的若干个字母、符号,汇编程序将它们变成相应的 ASCII 码,如'C'、'STRING'等。

2) 运算符

表达式是常数、寄存器、标号、变量与一些运算符相组合的序列,可以有数字表达式和地址表达式两种。在汇编期间,汇编程序按照一定的优先规则对表达式进行计算后可得到一个数值或一个地址。

(1) 算术运算符。算术运算符有 +(加)、-(减)、*(乘)、/(除)和 MOD(取余)。这些运算符用于数值操作数中,其结果应为可计算的数值。如 26/5 的值为 5,而 26 MOD 5 的值是 1。

算术运算符用于地址表达式时,要注意地址表达式的物理意义。同一段中的两个地址相减(其值为两个地址之间字节单元的个数)、一个地址加上一个整数(其值为另一个单元的地址)、一个地址减去一个整数(其值为另一个单元的地址)是有意义的,而两个地址相加、两个地址相乘、两个地址相除是没有意义的。

以下两条指令是正确的。

```
MOV  AL,5 * 8 + 30; 数值表达式
MOV  SI,OFFSET BUF + 8; 地址表达式
```

(2) 逻辑运算符。逻辑运算符有 AND、OR、XOR 和 NOT。逻辑运算符是按位操作的,

它的操作数只能是数字，且结果也为数字。存储器地址操作数不能进行逻辑运算。要注意此处的 AND、OR、XOR 和 NOT 不是指令助记符，而是汇编语言在汇编时进行的逻辑运算。

例如：

```
DAT1  EQU  0ACH
AND   AL,DAT1 AND 0FH
```

第一个 AND 是逻辑"与"指令的助记符，在计算机运行此程序并执行该指令时，完成"与"逻辑运算的操作。第二个 AND 是"与"逻辑运算符，它由汇编程序在汇编时完成 DAT1 和 0FH 的"与"运算，产生一个立即数 0CH，作为该指令的操作数。该指令等价于指令：

```
AND   AL,0CH
```

（3）关系运算符。关系运算符有 EQ（相等）、NE（不等）、LT（小于）、GT（大于）、LE（小于或等于）和 GE（大于或等于）6 种。它的两个操作数必须都是数字或是同一段内的两个存储单元的地址。计算的结果应为逻辑值：结果为真，表示为 0FFFFH；结果为假，则表示为 0。关系运算符所完成的操作也是在汇编时完成的。

例如：

```
MOV   AX,DAT1 GT 0CH
```

当关系成立时，DAT1 GT 0CH 用 0FFFFH 作为结果。该指令等价于：

```
MOV   AX,0FFFFH
```

当关系不成立时，DAT1 GT 0CH 用 0 作为结果。该指令等价于：

```
MOV   AX,0
```

（4）数值返回运算符。数值返回运算符（或称操作符）有 TYPE、LENGTH、SIZE、OFFSET 和 SEG 5 种。这些操作符把一些特征或存储器地址的一部分作为数值回送，但不改变原操作数的属性。

TYPE 是类型操作符。用 DB、DW、DD、DF、DQ、DT 定义的变量对应的类型值分别为 1、2、4、6、8、10；NEAR、FAR 型标号对应的类型值分别为 −1、−2。

LENGTH 是分配单元长度操作符。对于使用 DUP 定义的变量，计算出分配给该变量的单元数，其他变量的 LENGTH 值为 1。

SIZE 是分配字节操作符。其值为 TYPE 与 LENGTH 的乘积，即：

```
SIZE = TYPE × LENGTH
```

OFFSET 是偏移量操作符。汇编程序计算出变量或标号的段内偏移地址。

SEG 是段基址操作符。汇编程序计算出变量或标号的段地址。

下面举例说明这几个操作符的用法。

【例 4.1】　TYPE 操作符的用法示例。

```
ALFA  DW  30 DUP(?)
      ⋮
MOV   AL,TYPE ALFA
```

由于是字类型,TYPE ALFA＝2,因此 MOV 指令等价于:

```
MOV AL,2
```

【例 4.2】 已定义变量 DAT1 和 DAT2,求其对应的 LENGTH 和 SIZE 值。

汇编语言规定,只有存储区用 DUP()来定义时,才返回与存储器操作数相联系的单元数,否则返回 1。

```
DAT1   DW   80 DUP(?)
DAT2   DB   44,75,'Q'
  ⋮
MOV   AL,LENGTH DAT1        ;将 80 →(AL)
MOV   BL,LENGTH DAT2        ;将 1 →(BL)
MOV   AL,SIZE DAT1          ;将 160 →(AL)
MOV   BL,SIZE DAT2          ;将 1 →(BL)
```

(5) 属性运算符。属性运算符(或称操作符)有 PTR、THIS、段操作符、SHORT、HIGH 和 LOW 6 种。

指针操作符 PTR 用于在本语句中取代一个已经定义过的存储器操作数的属性,但并不永久改变该操作数的属性,仅在本语句中有效。即用 PTR 来建立符号地址,但它本身并不分配存储器,只是用来给已分配的存储地址赋予另一种属性,使该地址具有另一种类型。

指定操作符 THIS 可以像 PTR 一样建立一个指定类型(BYTE、WORD 或 DWORD)的或指定距离(NEAR、FAR)的地址操作数,但该操作数的段地址和偏移地址与下一个存储单元地址相同。

段操作符“:”用来定义段超越,跟在段寄存器名(DS、ES、SS、CS)之后,可以给一个存储器操作数指定一个段属性,而不管其原来隐含的段是什么。

段操作符的格式为:

段寄存器名：地址表达式

例如:

```
MOV   AX,ES:[BX + SI]
```

运算符 SHORT 指定一个标号的类型为 SHORT(短标号),即标号到引用该标号之间的距离在−128～127 个字节的范围内。短标号可以用于转移指令中。使用短标号的指令比使用默认的近程标号的指令少一个字节。

字节分离运算符 HIGH 和 LOW 分别得到一个数值或地址表达式的高位和低位字节。

例如:

```
BUF   EQU   1234H
MOV   AH,HIGH BUF        ;将 12H 送至 AH
MOV   AL,LOW BUF         ;将 34H 送至 AH
```

(6) 运算符的优先级别。当表达式中出现多个运算符时,汇编程序按一定的规则计算表达式的求值。

规则 1:先执行优先级别高的运算。

规则 2:优先级相同的运算,自左至右进行。

规则 3：括号可以改变运算顺序。

操作符的优先级别从高到低排列如表 4.1 所示。

表 4.1　运算符的优先级顺序

运　算　符	优　先　级
圆括号中的项、方括号中的项、LENGTH、SIZE、WIDTH、MASK	高
段超越前缀符（：）	
PTR、OFFSET、SEG、TYPE、THIS	
HIGH、LOW	
乘法和除法：＊、/、MOD	⋮
加法和减法：＋、−	
关系操作：EQ、NE、LT、GT、LE、GE	
逻辑：NOT	
逻辑：AND	
逻辑：OR、XOR	低
SHORT	

4. 注释项

汇编语句的注释部分不属于程序本身，即注释不会影响汇编产生的目标程序。汇编过程中，汇编程序对注释不做任何加工，注释只是为阅读程序及编写文件方便，对语句和程序段的功能进行说明。

汇编语言中的注释不是每条语句必须有的部分，如果有一定用"；"开头，以回车、换行来结束。当注释在一行写不完时可另起一行，但仍然要以"；"开头，以回车、换行结束。在写注释时，若是注释指令，不应说明指令在做什么，而是要说明为什么执行这条指令。

4.2　伪　指　令

伪指令无相应的目标代码，因此也称为伪操作。伪指令语句又称为说明性语句或管理语句。它不同于指令性语句，不是直接命令 CPU 去执行某一操作，而是命令汇编程序应当如何生成目标代码，例如控制汇编以实现数据定义、存储器分配、符号处理、模块之间的通信、源程序开始和指示程序结束等功能。

80x86 汇编语言有丰富的伪指令，如数据定义伪指令、符号定义伪指令、段定义伪指令、程序开始与结束伪指令、对准与基数控制伪指令等。80x86 汇编语言从 MASM 5.0 开始提供简化段定义伪指令，主要用于实现汇编代码与高级语言代码之间的连接，定义当前段的简化段定义伪指令可作为前一段的结束，而且还隐含使用 ASSUME 伪指令。

伪指令有五六十种，本书只介绍常用的一部分。

4.2.1　表达式赋值伪指令

EQU 伪指令的功能是给各种形式的表达式赋予一个名字。表达式一旦赋予了一个名字，在以后的程序语句中，凡是出现该表达式的地方，均可用它的名字来代替。这样当需要修改这一表达式时，只需要修改这一表达式的赋值语句即可，而使用该表达式名字的各语句无须修改。用表达式的名字代替表达式不仅使程序简单,也便于修改和调试。

格式如下:

表达式名　　EQU　　表达式

上式中的表达式可以是任何有效的操作数格式,也可以是任何求出常数值的表达式,还可以是任何有效的助记符。举例如下:

```
DAT1    EQU    66
DAT2    EQU    [SI + 8]
DAT3    EQU    DAT1 + 80
```

已经用 EQU 命令定义的符号,若以后不再用了就可以用 PURGE 伪指令来解除。

PURGE 伪指令的格式为:

PURGE　符号 1,符号 2,…,符号 n

注意:PURGE 伪指令本身不能有名字,用 PURGE 伪指令解除后的符号就可以重新定义。

与 EQU 伪指令功能类似的是"="伪指令,"="伪指令又称为等号语句。等号语句能对符号进行重新定义,并使其具有新的值,而 EQU 伪指令中的表达式名是不允许重新定义的。

例如:

```
      ⋮
VALUE1 = 50
      ⋮
VALUE1 = VALUE1 + 30
      ⋮
```

在第一个等号语句后 VALUE1 的值为 50,而在第二个等号语句后 VALUE1 的值则为 80。

4.2.2　数据定义伪指令

数据定义伪指令的主要任务是定义一个变量的类型、为变量分配存储单元以及定义数据的初始化数值,建立变量和存储单元之间的对应关系。它在设置源程序的数据区时是十分有用的。在源程序装入内存,经过汇编所产生的编码除了包含指令和它们的地址外,还包括了数据项的初值和它们的地址。

数据定义伪指令的格式如下:

[变量名]　伪操作　操作数[,操作数,…]　[;注释]

其中,操作数可以不止一个,如果有多个操作数,用逗号间隔。

常用的数据定义伪操作符号及其功能如表 4.2 所示。

一个数据定义伪操作可以定义多个数据元素,但每个数据元素的值不能超过由伪操作所定义的数据类型限定的范围。例如,DB 伪操作所定义的数据的类型是字节,则其所定义的数据元素的范围为 0～255(无符号数)或 −128～+127(有符号数)。

操作数可为如下几种情况。

(1) 常数或表达式。

（2）问号（?）。

（3）地址表达式（适用 DW 和 DD）。

（4）字符、字符串（适用于 DB）。

（5）重复子句 DUP（表达式）。

（6）用逗号分开的上述各项。

表 4.2　数据定义伪指令的伪操作

伪操作	含　　义	说　　明
DB	一个操作数占用一个字节单元,定义的变量为字节变量	可用来定义字符串
DW	一个操作数占用一个字单元（两个字节单元）,定义的变量为字变量	在内存中存放时,低字节在低地址单元,高字节在高地址单元
DD	一个操作数占用一个双字单元（4 个字节单元）,定义的变量为双字变量	在内存中存放时,低字节在低地址单元,高字节在高地址单元
DF	一个操作数占用一个三字单元（6 个字节单元）,定义的变量为三字变量	该伪操作符仅用于 80386 以上 CPU,定义的变量作为指针使用,其低 4 字节存放偏移地址,高两字节存放段地址
DQ	一个操作数占用一个四字单元（8 个字节单元）,定义的变量为四字变量	在内存中存放时,低字节在低地址单元,高字节在高地址单元
DT	一个操作数占用 10 个字节单元,定义的变量为 10 字节变量	使用该伪操作符时,对于十进制操作数,必须给出后缀 D,没有后缀则默认为压缩 BCD 码

【例 4.3】　操作数是数据的定义形式。

```
DAT1    DB    8,26H
DAT2    DW    26H,100
DAT3    DD    0C3D4H
```

存储器

DAT1	08H
	26H
DAT2	26H
	00H
	64H
	00H
DAT3	D4H
	C3H
	00H
	00H

操作数可以用各种进制形式书写,汇编程序将其转换成相应的补码存入内存单元。同一个数（如 26H）,由于数据定义伪操作符的不同,所占用的内存空间就不一样。图 4.1 给出了例 4.3 的内存单元存储情况。

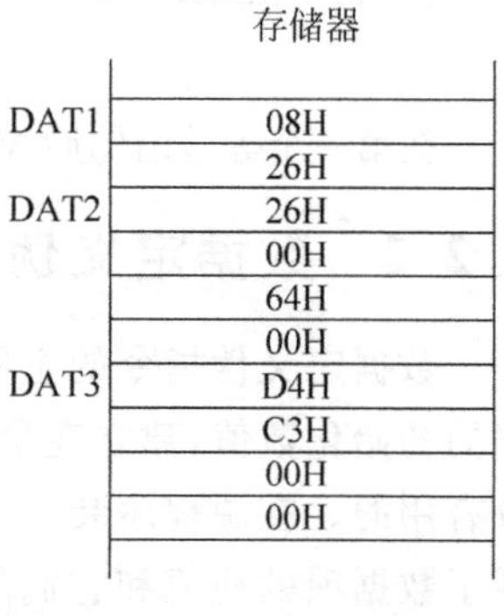

【例 4.4】　操作数是字符串的情况。

```
STRING    DB    'ABCDE'
```

图 4.1　例 4.3 的汇编结果

操作数为字符或字符串时,字符和字符串都必须放在单引号中,内存中存放的是各字符的 ASCII 码。超过两个字符的字符串只能用 DB 伪指令定义。图 4.2 给出了例 4.4 的内存单元存储情况。

【例 4.5】　操作数是地址的定义形式。

```
ADDR1    DW    NEXT
ADDR2    DD    NEXT
    ⋮
NEXT: MOV    AL,BL
```

NEXT 为一条指令的标号,代表了这条指令所在单元的地址。由于 ADDR1 是一个字单元,因此其中只存放偏移地址。ADDR2 是一个双字单元,其中存放偏移地址和段地址。图 4.3 给出了例 4.5 的内存单元存储情况。

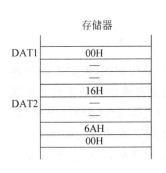

存储器	
STRING	41H
	42H
	43H
	44H
	45H

图 4.2　例 4.4 的汇编结果

	存储器	
ADDR1	偏移地址低字节
	偏移地址高字节
ADDR2	偏移地址低字节
	偏移地址高字节
	段地址低字节
	段地址高字节

图 4.3　例 4.5 的汇编结果

【**例 4.6**】　操作数是"?"的情况。

```
DAT1    DB    0,?,?,16H
DAT2    DW    ?,6AH
```

"?"用以保留存储空间,但不存入数据。图 4.4 给出了例 4.6 的内存单元存储情况。

【**例 4.7**】　操作数用复制操作符 DUP,表示操作数重复若干次。

```
DAT1    DB    2 DUP(10,0,?)
DAT2    DB    80 DUP(?)
```

图 4.5 给出了例 4.7 的内存单元存储情况。

【**例 4.8**】　操作数使用重复子句的嵌套情况。

```
DAT    DB    2 DUP(2 DUP(0,4),8)
```

图 4.6 给出了例 4.8 的内存单元存储情况。

	存储器	
DAT1	00H
	—
	—
	16H
DAT2	—
	6AH
	00H

图 4.4　例 4.6 的汇编结果

	存储器	
DAT1	0AH
	00H
	—
	0AH
	00H
	—
DAT2	—
	⋮
	—

}80 个字节

图 4.5　例 4.7 的汇编结果

	存储器	
DAT	00H
	04H
	00H
	04H
	08H
	00H
	04H
	00H
	04H
	08H

图 4.6　例 4.8 的汇编结果

4.2.3　LABEL 伪指令

格式:

<变量或标号>LABEL<类型>

LABEL 伪指令的功能是定义某变量或标号的类型,同时也定义了该变量或标号的段

值和偏移地址。其段值为当前段的段值，偏移地址为下一条指令的偏移地址。LABEL 伪指令本身不开辟新的内存单元，但它可以改变标号（变量）的属性，使这同一标号（变量）对不同的引用可以具有不同的属性。

利用 LABEL 伪指令可以使同一个数据区兼有 BYTE 和 WORD 两种属性，这样在以后的程序中可根据不同的需要分别以字节或字为单位存取其中的数据。

例如：

```
ARRAY1  LABEL  WORD
ARRAY   DB     100DUP(?)
          ⋮
MOV  ARRAY1,AX                ; AX 送两个单元中

MOV  ARRAY[25],AL             ; AL 送一个单元中
```

LABEL 伪指令也可以将一个属性已经定义为 NEAR，或者后面跟有冒号（隐含属性为NEAR）的标号再定义为 FAR。

例如：

```
NEXT1  LABLE  FAR             ; 定义标号 NEXT1 的属性为 FAR
NEXT:  PUSH  DX               ; 标号 NEXT 的属性为 NEAR
```

上面的标号既可以用 NEXT 在本段内引用，也可以利用 NEXT1 被其他段引用。

4.2.4 段定义伪指令

汇编语言源程序是用分段的方法来组织程序、数据和变量的。一个汇编语言源程序由若干个逻辑段组成，逻辑段用汇编语言源程序中的段定义伪指令来定义。

1. 段定义

段定义伪指令的格式如下：

```
段名    SEGMENT  [定位类型][组合类型]['类别']
          ⋮           ; 段体
段名    ENDS
```

SEGMENT 和 ENDS 前边的段名表示定义的逻辑段的名字，必须相同，否则汇编程序将无法辨认。起什么名字可由程序员自行决定，但不要与指令助记符或伪指令重名。后面方括号中为可选项，规定了该逻辑段的一些特性。源程序中的每个逻辑段由 SEGMENT 语句开始，到 ENDS 语句结束。两者总是成对出现，缺一不可。中间省略的部分称为段体。对数据段、附加段、堆栈段来说，一般为变量、符号定义等伪指令；对代码段来说，则主要是程序代码。

如果有任选项，则它们的顺序必须符合格式中的规定。任选项告诉汇编程序和连接程序，如何确定段的边界，以及如何组合几个不同的段等。

1) 定位类型

定位类型任选项告诉汇编程序如何确定逻辑段的边界在存储器中的位置。定位类型共有以下 4 种。

(1) BYTE＝×××× ×××× ×××× ×××× ××××B：说明逻辑段从字节边界开

始,即该段可以从任何地址开始。此时,本段的起始地址紧接在前一个段的后面。

(2) WORD=×××× ×××× ×××× ×××× ×××0B:说明逻辑段从字边界开始,段起始单元 20 位地址的最低一位必须为 0,即本段的起始地址必须是偶数。

(3) PARA=×××× ×××× ×××× ×××× 0000B=××××0H:说明逻辑段从一个节的边界开始。16 个字节为一个节,所以段的起始地址应能被 16 整除。如果省略定位类型任选项,则默认其为 PARA。它符合 8086/8088 对内存段的定义,是通常采用的定位方式。

(4) PAGE=×××× ×××× ×××× 0000 0000B=×××00H:说明逻辑段从页边界开始,256 个字节称为一页,即段的起始地址能被 256 整除。

下面的例子说明了定位类型的应用。

【例 4.9】 设有 4 个段 SEG1、SEG2、SEG3、SEG4,长度分别为 1265H 字节、1E5H 字节、5FFH 字节与 4CH 字节,其定位方式分别为 PARA、PAGE、WORD 和 PARA。并设分配给 SEG1 段的物理地址为 0000:0000H。

如果分配给 SEG1 段的物理地址为 00000H(即段值 0000,偏移地址 0000),则 SEG2 段的起始地址为 01300H(段值 0130H,偏移地址为 0000H),与 SEG1 段的间隙为 9CH 个字节;SEG3 段的起始地址为 014E6H(段值 014EH,偏移地址为 0006H),与 SEG2 段的间隙为一个字节;SEG4 段的起始地址为 01AF0H(段值 01AFH,偏移地址为 0000H),与 SEG3 段的间隙为 0AH 个字节。

经过连接程序定位处理后,内存分配图如图 4.7 所示。

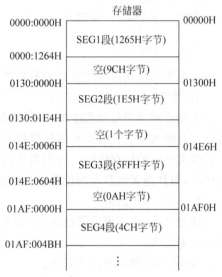

图 4.7　例 4.9 的内存分配图

2) 组合类型

组合类型主要用在多个模块的程序中。组合类型规定本段与其他段的组合关系,有以下 6 种方式。

(1) NONE 连接时,表示本段与其他段在逻辑上没有组合。即对不同程序模块中的逻辑段,即使具有相同的段名,也分别作为不同的逻辑段装入内存,而不进行组合。如果 SEGMENT 伪指令的组合类型任选项省略,则汇编程序认为这个逻辑段是不组合的(NONE)。

(2) PUBLIC 连接时,本段将与其他同名、同类别的段相邻地连接在一起,形成一个大的逻辑段。段的长度为各 PUBLIC 段长度之和。

(3) COMMON 连接时,本段将与其他同名、同类别的段从同一个地址开始装入,即各个逻辑段重叠在一起。连接后段的长度为原来最长的逻辑段的长度,重叠部分的内容是最后一个逻辑段的内容。

(4) STACK 表示此段为堆栈段,连接方式与 PUBLIC 段基本相同,即不同程序中的逻辑段,如果段名相同,则集中成为一个逻辑段。但仅限于作为堆栈的逻辑段使用。SS 指向这一逻辑段的首地址,SP 栈指针指向栈顶。

（5）MEMORY 表示当几个逻辑段连接时，本逻辑段定位在地址最高的地方。如果各模块中有多个段选用了 MEMORY 方式，则除第一个遇到的 MEMORY 段外，其他同名段都作为 COMMON 处理。

（6）AT 表达式这种组合类型表示本逻辑段根据表达式求值的结果定位段地址。其段地址值为数值表达式的值，偏移量为 0，例如 AT 8000H，定位的段首地址为（8000H：0000H）。但这种方式不用于代码段。

下面通过例子来说明连接程序对不同的组合方式的处理情况。

【例 4.10】 有两个源模块如下，试画出模块在内存的组合关系。

源模块 1：

```
DATA    SEGMENT    COMMON
        DB  50DUP(?)
DATA    ENDS
CODE    SEGMENT    PUBLIC
            ⋮
CODE    ENDS
```

源模块 2：

```
DATA    SEGMENT    COMMON
        DB  80DUP(?)
DATA    ENDS
CODE    SEGMENT    PUBLIC
            ⋮
CODE    ENDS
```

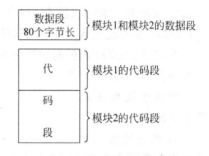

图 4.8　两个源模块在内存的组合关系

两个源模块在内存的组合关系如图 4.8 所示。

3）类别

类别是用单引号括起来的字符串，如代码段('CODE')、堆栈段('STACK')等。当然，也可以是其他名字。设置类别的作用是当几个程序模块进行连接时，将具有相同类别名的逻辑段装入连续的内存区内。类别名相同的逻辑段，按出现的先后顺序排列。没有类别名的逻辑段，与其他无类别名的逻辑段一起连续装入内存。

2. ASSUME 伪指令

段定义后，还要规定段的性质，也就是要明确段和段寄存器的关系，这可用 ASSUME 伪指令来实现。

ASSUME 伪指令的格式为：

```
ASSUME    段寄存器:段名[,段寄存器:段名… ]
```

或者：

```
ASSUME    段寄存器:NOTHING    ;取消原段寄存器的指定对象
```

段寄存器可以是 CS、DS、ES、SS。

8086/8088 的存储器采用分段结构，每个逻辑段最大不得超过 64KB，且可有多个逻辑段，但同时最多只能允许 4 个逻辑段有效，即一个代码段、一个数据段、一个堆栈段和一个附加段。ASSUME 伪指令用来告诉汇编程序当前正在使用的各段的名字，换句话说，就是告诉汇编程序用 SEGMENT 伪指令定义过的段的段地址将要存放在哪个段寄存器中。真正把段地址装入段寄存器(称为段初始化)的操作需要由程序员自己完成,但代码段寄存器 CS 不要求用户赋初值。

当汇编程序汇编一个逻辑段时,即可利用相应的段寄存器寻址该逻辑段中的指令或数据。在一个源程序中,ASSUME 伪指令要放在可执行程序开始位置的前面。

3. 设置段地址值

ASSUME 伪指令只是指出各逻辑段应该装填的地址,但并未真正将段基址装入相应的段寄存器中,所以在程序的代码段开始处就应该先进行数据段 DS、堆栈段 SS 和附加段 ES 的段基址的装填,否则无法正确对数据进行寻址操作。而代码段 CS 则在加载程序后由系统自动装填。堆栈段 SS 也可以不用用户装填,而由系统自动装填。但是在定义堆栈段时,必须把参数写全。

其格式为:

```
STACK  SEGMENT  PARA  STACK  'STACK'
```

这时,将程序装入内存,系统会自动地把堆栈段地址和栈指针置入 SS 和 SP 中,因而可以不在代码段中装填 SS 和 SP 的值。

DS、SS 和 ES 的装填可以使用相同的方法。直接由用户程序进行加载。例如,DS 的装填可由下列指令完成:

```
MOV  AX,DATA        ; 数据段段地址送 AX 寄存器
MOV  DS,AX          ; AX 寄存器的内容送数据段寄存器 DS
```

或

```
MOV  AX,SEG X       ; 变量 X 所在数据段的段地址送 AX 寄存器
MOV  DS,AX          ; AX 寄存器的内容送数据段寄存器 DS
```

4. 对准伪指令

伪指令格式:

```
EVEN
```

EVEN 伪指令的功能是使下一个偶数地址为起始地址。一个字的地址最好从偶数地址开始,所以对于字数组,为保证其从偶地址开始,可在它前面加上 EVEN 伪指令来达到这一目的。

【例 4.11】 EVEN 伪指令的应用。

```
DATA   SEGMENT
X1     DB  0AH
X2     DB  0FH
X3     DB  ?
       EVEN            ; 使字数组 ARRAY 从偶地址开始分配存储单元
ARRAY  DW  50 DUP(?)
       ⋮
DATA   ENDS
```

5. ORG 伪指令

伪指令格式：

ORG　数值表达式

ORG 为初始化汇编位置指针。ORG 伪指令的功能是告诉汇编程序,使其后的指令或数据从数值表达式所指定的偏移地址开始存放。直到遇到下一个 ORG 命令。表达式的值在 0000H~FFFFH(0~65 535)之间。

【例 4.12】　ORG 伪指令的应用。

```
DATA    SEGMENT
        ORG  100H                ; 以下所定义的第一个变量的偏移地址从 100H 开始
    X1  DB  66H
    X2  DW  1234H
        ORG  200H                ; 以下所定义的第一个变量的偏移地址从 200H 开始
    X3  DD 12345678H
DATA    ENDS
```

6. 地址计数器 $ 的使用

在汇编程序对源程序汇编的过程中,使用地址计数器来保存当前正在汇编的伪指令或指令的地址。用 $ 表示当前地址计数器的值,即偏移地址,$ 一般用于表达式。当 $ 用在伪指令的参数字段时,它表示的是地址计数器的当前值。当 $ 用在指令中时,它表示本条指令中的第一个字节的地址。例如,指令 JNE　$+6 表示该指令的转向地址是 JNE 指令的首地址加上 6。$+6 必须是另一条指令的首地址,否则汇编程序将指示出错信息。

下面通过两个实例来说明 $ 的应用。

【例 4.13】　利用偏移地址赋初值。

BUF1　DW　11,4C5H,$ + 4,28,0A0DH,00EFH

在本例中,设 BUF1 的偏移地址为 0064H,则 $+4 中的 $ 值为 0068H,$+4 中的 $+4 值为 006CH。

【例 4.14】　利用偏移地址计算数据元素的个数。

```
ORG     $ +4                      ; 从当前地址开始跳过 4 个字节单元
BUFA    DB    12H,23H,34H,45H,56H,67H    ; 定义字节变量 BUFA
COUNTA  EQU   $ - BUFA            ; COUNTA 为 BUFA 中数据元素的个数
BUFB    DW    1AH,2AH,3AH,4AH,5AH,6AH    ; 定义字节变量 BUFB
COUNTB  EQU   ( $ - BUFB)/2       ; COUNTB 为 BUFB 中数据元素的个数
```

4.2.5　简化段定义伪指令

从 MASM 5.0 开始提供简化段定义伪指令,用于编写简化结构的汇编语言源程序。

1. 模式选择伪指令

伪指令格式：

.MODEL　模式选择符

.MODEL 伪指令用以指明简化段的内存模式,模式选择符有 TINY、SMALL、

MEDIUM、COMPACT、LARGE 等,一般选用 SMALL 模式。

（1）TINY 模式：也称为微模式,所有数据及代码放入同一个物理段内,该模式用于编写较小的源程序,这种模式的源程序最终可以形成 COM 文件。

（2）SMALL 模式：也称为小模式,所有数据放入一个 64KB 的段中,所有代码放入另一个 64KB 的段中,即程序中只有一个数据段和一个代码段。

（3）MEDIUM 模式：也称为中模式,所有数据放入一个 64KB 的段中,代码可以放入多于一个的段中,即程序中可以有多个代码段。

（4）COMPACT 模式：也称为压缩模式,所有代码放入一个 64KB 的段中,数据可以放入多于一个的段中,即程序中可以有多个数据段。

（5）LARGE 模式：也称为大模式,代码和数据都可以分别放入多于一个的段中,即程序中可以有多个代码段和多个数据段。

2. 数据段定义伪指令

伪指令格式：

`.DATA [名字]`

.DATA 伪指令定义一个数据段。如果有多个数据段,则用名字区别。只有一个数据段时,隐含段名为@DATA。

3. 堆栈段定义伪指令

伪指令格式：

`.STACK [长度]`

.STACK 伪指令定义一个堆栈段,并形成 SS 及 SP 的初值,SP 的默认值为 1024,隐含段名为@STACK。可选的"长度"参数指定堆栈段所占存储区的字节数,默认大小是 1KB。

4. 代码段定义伪指令

伪指令格式：

`.CODE [名字]`

.CODE 伪指令定义一个代码段。如果有多个代码段,则用名字区别。只有一个代码段时,隐含段名为@CODE。

5. 程序返回伪指令

伪指令格式：

`.EXIT`

.EXIT 伪指令的功能是返回 DOS。

6. 程序开始伪指令

伪指令格式：

`.STARTUP`

.STARTUP 伪指令的功能是指示程序的开始位置。

4.2.6　过程定义伪指令

过程也称为子程序,是模块化程序设计的基础。过程只需定义一次,可在程序的不同地方多次调用。一个过程用伪指令 PROC 和 ENDP 来定义。在 8086/8088 系统中，用 CALL 指令启动过程，用 RET 指令结束过程调用。

过程定义伪指令格式：

```
过程名    PROC [NEAR/FAR]
          ⋮    过程体
          RET
过程名    ENDP
```

其中，PROC 定义一个过程，赋予过程一个名字，并指出该过程的类型属性为 NEAR 或 FAR，如果没有特别指明类型，则认为过程的类型是 NEAR。ENDP 标志过程的结束，PROC 与 ENDP 必须成对出现，而且 PROC 和 ENDP 前面的过程名必须一致。

当一个程序被定义为过程后，程序中其他地方就可以用 CALL 语句调用这个过程。

调用一个过程的格式如下：

```
CALL    过程名
```

过程名实质上是过程入口的符号地址，与标号一样，也有 3 种属性：段、偏移量和类型。过程的类型属性可以是 NEAR 或 FAR。

一般来说，被定义为过程的程序段中应该有返回语句 RET，但不一定是最后一条语句，也可以有不止一条 RET 语句。执行 RET 语句后，控制返回到原来调用语句的下一条语句。过程的定义和调用都可以嵌套。

【例 4.15】 过程的定义和调用示例。

```
NAMEA    PROC  FAR
          ⋮
          CALL  NAMEB
          ⋮
          RET
NAMEB    PROC  NEAR
          ⋮
          RET
NAMEB    ENDP
NAMEA    ENDP
```

在以上示例中，NAMEA 的定义中包含着另一个过程 NAMEB 的定义。NAMEA 本身是一个可以被调用的过程，而它也可以调用其他过程。

4.2.7 模块命名、通信等伪指令

在编写规模较大的汇编语言程序时，可以将整个程序划分成为几个独立的源程序（或称为模块），然后将各个模块分别进行汇编，生成各自的目标程序，最后将它们连接成为一个完整的可执行程序。

各个模块之间可以相互进行符号访问，一个模块中定义的符号可以被另一个模块引用。通常称这类符号为外部符号，而将那些在一个模块中定义，只在同一模块中引用的符号称为局部符号。

下面介绍与模块定义及通信相关的伪指令。

1．NAME

伪指令格式：

NAME　模块名

模块命名伪指令 NAME 用于给源程序汇编以后得到的目标程序指定一个模块名,连接时需要使用这个目标程序的模块名。

2．TITLE

伪指令格式：

TITLE　TEXT

其中,TEXT 为标题,为不加引号的字符串,最长为 60 个字符。TITLE 伪指令用来给源程序设置标题,在列表文件中每页的第一行都打印出标题。

如果程序中没有 NAME 伪指令,则汇编程序将 TITLE 伪指令后面"标题名"中的前 6 个字符作为模块名。如果源程序中既没有使用 NAME 伪指令,也没有使用 TITLE 伪指令,则汇编程序将源程序的文件名作为目标程序的模块名。

3．SUBTTL

伪指令格式：

SUBTTL　TEXT

SUBTTL 伪指令的功能是为程序指定一个小标题,并在每一页标题之后打印出来。

4．PAGE

伪指令格式：

PAGE　参数 1,参数 2

PAGE 伪指令一般作为程序的第一语句,参数 1 指定汇编程序所产生的列表文件应该每页多少行(默认 66),参数 2 指定每行多少个字符(默认 80)。

5．END

伪指令格式：

END　[标号]

其中,标号表示程序执行的启动地址。END 伪指令将标号的段地址和偏移地址分别提供给 CS 和 IP 寄存器。方括号中的标号是任选项。如果有多个模块连接在一起,则只有主模块的 END 语句使用标号。

END 伪指令表示源程序到此结束,指示汇编程序停止汇编,对于 END 后面的语句可以不予理会。

6．PUBLIC

伪指令格式：

PUBLIC　标识符表

公用名伪指令的功能是指明本模块中定义的哪些标识符是可为其他模块引用的,即被其他的模块看成是外部标识符。标识符表中可包括常量、变量、寄存器名、标号、过程名等。

标识符经过 PUBLIC 说明后即可为其他模块引用。标识符必须作过定义才能用 PUBLIC 说明，否则就算错误。

7. EXTRN

伪指令格式：

EXTRN　标识符：类型[，标识符：类型…]

其中，类型可以是符号常量（ABS）、字节（BYTE）、字（WORD）、双字（DWORD）等变量类型；对标号的类型可以是 NEAR 或 FAR。类型必须与定义该标识符时给出的类型一致。外部定义伪指令的功能是指出本模块要引用的标识符是在其他模块中定义，而且是经 PUBLIC 语句说明的。

一个模块中的 EXTRN 语句要与其他模块中的 PUBLIC 语句相呼应以完成模块之间的参数传送。

4.3　汇编语言源程序结构

一个汇编语言源程序一般由几个段组成，每个段都是可独立寻址的逻辑单位。任何一个源程序至少必须有一个代码段和一条作为源程序结束的伪指令 END。若程序中需要用到数据存储区，则要定义数据段，必要时还要定义附加数据段。一个源程序文件可以有多个数据段、多个代码段或多个堆栈段。每个段的排列顺序是任意的。

汇编语言源程序有 4 种结构形式：完整段定义结构、简化段定义结构、程序段前缀结构和可执行程序结构。

4.3.1　完整段定义结构

所谓完整段定义结构，是指汇编语言源程序中使用段定义伪指令对用到的逻辑段分别定义，典型的结构如下：

```
STACK    SEGMENT  STACK                     ; 堆栈段段定义开始
         DW  256 DUP(?)                      ; 堆栈空间预置
STACK    ENDS
DATA     SEGMENT                             ; 数据段段定义开始
         ⋮                                   ; 变量定义及数据空间预置
DATA     ENDS
CODE     SEGMENT                             ; 代码段段定义开始
ASSUME   CS: CODE,SS: STACK,DS: DATA         ; 段寄存器地址说明
START:   MOV  AX,DATA                        ; 段地址装填
         MOV  DS,AX
         ⋮                                   ; 主程序体程序代码
         MOV  AH,4CH                         ; 返回 DOS
         INT  21H
         ⋮                                   ; 子程序代码
CODE     ENDS
         END  START                          ; 汇编结束,程序开始点为 START
```

以上的程序结构并非是固定不变的，例如，堆栈段可以和数据段交换位置，EQU 定义语

句可以放在数据段或代码段中,PUBLIC 可以放在程序中任意一行等。

任何一个汇编语言源程序,至少应含有一个代码段,堆栈段和数据段视需要而定。如果使用堆栈,最好用户自己设置堆栈空间。如果用户不设置堆栈空间,将自动使用系统的堆栈空间。在汇编语言源程序中不一定定义子程序,根据应用程序要求而定。子程序可以放在代码段中,也可以单独建立子程序段。

另外,编写汇编语言源程序时,为了使程序整齐清晰,便于阅读,应满足一定的格式要求。由于指令语句和伪指令语句都是由名字、操作码、操作数和注释四部分组成的,因此在编辑源程序时,可以使各语句按照这四部分分段对齐,各段间留有空格。为了加强程序的可读性,可以适当加注释。

【例 4.16】　先将 FIRST 字变量与 SECOND 字变量相加,结果存至 THIRD1 存储字中,然后再将 FIRST 与 SECOND 两个字变量相乘,结果存至 THIRD2 开始的两个字中。

问题分析:

FIRST 与 SECOND 都是字变量,因此存放和的 THIRD1 单元也必须是字变量。而存放积的单元 THIRD2 必须是双字。

程序如下:

```
NAME    EXAMPLE                      ;模块名(源程序名)
DATA    SEGMENT                      ;数据段定义开始
FIRST   DW  6CD5H
SECOND  DW  01F8H
THIRD1  DW  ?
THIRD2  DW  2 DUP(?)
DATA    ENDS
STACK   SEGMENT  STACK               ;堆栈段段定义开始
        DW  256 DUP(?)               ;堆栈空间预置
STACK   ENDS
CODE    SEGMENT                      ;代码段定义开始
        ASSUME  CS: CODE,DS: DATA,SS: STACK
START:  MOV  AX,DATA
        MOV  DS,AX
        MOV  AX,FIRST
        ADD  AX,SECOND
        MOV  THIRD1,AX
        MOV  AX,FIRST
        MUL  SECOND
        MOV  THIRD2,AX
        MOV  THIRD2 + 2,DX
        MOV  AH,4CH
        INT  21H
CODE    ENDS
        END  START
```

4.3.2　简化段定义结构

简化段定义源程序格式从微软宏汇编程序 MASM 5.0 开始支持,其典型格式如下。

```
.MODEL   SMALL                       ;定义程序的存储模式(SMALL 表示小型模式)
.DATA                                ;定义数据段
```

```
        ⋮                           ;数据定义
        .STACK                      ;定义堆栈段(默认是 1KB 空间)
        .CODE                       ;定义代码段
START:  MOV   AX,@DATA              ;程序起始点,@DATA 表示数据段
        MOV   DS,AX
        ⋮                           ;程序代码
        MOV   AH,4CH
        INT   21H
        END   START
```

仍然考虑例 4.16 的问题,用简化段定义结构实现该程序。

```
NAME    EXAMPLE                     ;模块名(源程序名)
.MODEL  SMALL                       ;定义程序的存储模式
.DATA                               ;数据段定义开始
FIRST   DW    6CD5H
SECOND  DW    01F8H
THIRD1  DW    ?
THIRD2  DW    2 DUP(?)
.STACK  512                         ;堆栈段定义,预留了 512 个字节单元
.CODE                               ;代码段定义开始
START:  MOV   AX,@DATA              ;程序起始点,@DATA 表示数据段
        MOV   DS,AX
        MOV   AX,FIRST
        ADD   AX,SECOND
        MOV   THIRD1,AX
        MOV   AX,FIRST
        MUL   SECOND
        MOV   THIRD2,AX
        MOV   THIRD2 + 2,DX
        MOV   AH,4CH
        INT   21H
        END   START
```

相对于例 4.16 的完整段定义结构程序,可以减少程序语句的书写量。

4.3.3　程序段前缀结构

在程序段前缀结构的程序中,把整个程序定义成一个 FAR 型的过程(这个过程可以理解成被 DOS 调用),程序中有以下 3 条指令:

```
PUSH   DS
MOV    AX,0
PUSH   AX
```

这 3 条指令实际上就是把程序段前缀区第一个字节单元的段地址和偏移地址入栈保存,程序执行完之后的 RET 指令把这两个值弹出分别送入 IP 和 CS,这样便会转去执行 INT 20H,从而实现返回 DOS 状态。

【例 4.17】 3 个数相加并把结果存放在 SUM 单元中。

问题分析:

定义变量 DATABUF,长度为 3 个字节,赋初值。再定义一个字节型变量 SUM,用来存放运算结果。

程序如下:

```
DATA        SEGMENT
DATABUF     DB   06H,46H,07CH
SUM         DB   ?
DATA        ENDS
CODE        SEGMENT
            ASSUME  CS: CODE,DS: DATA
ADDP        PROC FAR
START:      PUSH   DS
            MOV   AX,0
            PUSH   AX
            MOV   AX,DATA
            MOV   DS,AX
            MOV   AL,0
            MOV   SI,OFFSET DATABUF
            ADD   AL,[SI]
            INC   SI
            ADD   AL,[SI]
            INC SI
            ADD   AL,[SI]
            MOV   SUM,AL
            RET
ADDP        ENDP
CODE        ENDS
            END   START
```

图 4.9　程序加载结构

汇编语言的源程序经汇编、连接形成 EXE 文件后,就可以在 DOS 提示符下加载运行了。EXE 文件加载到内存后的结构如图 4.9 所示。在程序区的前面是一个 256 字节的程序段前缀区。程序执行前,DS 的值是前缀区中第一个字节单元的段地址(从这个单元开始定义一个段),该单元中存放的是返回 DOS 指令 INT 20H。

4.3.4　可执行程序结构

DOS 操作系统支持两种可执行程序的结构,分别为 EXE 程序和 COM 程序。

1. EXE 程序

利用程序开发工具,通常会生成 EXE 结构的可执行程序(扩展名为 EXE 的文件)。它有独立的代码段、数据段和堆栈段,还可以有多个代码段或多个数据段,程序长度可以超过 64KB。

EXE 文件在磁盘上由两部分组成:文件头和装入模块。装入模块就是程序本身;文件头则由连接程序生成,含有文件的控制信息和重定位信息,供 DOS 装入 EXE 文件时使用。

DOS 装入 EXE 文件的过程如下。

(1) DOS 确定当前主存最低的可用地址作为该程序的装入起始点。

(2) DOS 在偏移地址 00H~FFH 的 256(=100H)个字节空间中,为该程序建立一个程序段前缀控制块（Program Segment Prefix，PSP）。PSP 具有环境参数、命令行参数缓冲区等程序运行时可以利用的信息。每个执行程序加载到内存时，DOS 都要为其创建 PSP 区域。

（3）DOS 利用文件头对有关数据进行重新定位，从偏移地址 100H 开始装入程序本身。

（4）程序装载成功，DOS 将控制权交给该程序，开始执行 CS 和 IP 指向的第一条指令。

EXE 文件装入内存的映像如图 4.10 所示。

从图 4.10 可以看出，DS 和 ES 指向 PSP，而不是程序的数据段和附加段，所以需要在程序中根据实际的数据段和附加段改变 DS 和 ES 值。CS 和 IP 指向代码段程序开始执行的指令，SS 和 SP 指向堆栈段。源程序中如果没有堆栈段，则 SS＝PSP 段地址，SP＝100H，堆栈段占用 PSP 中部分区域。所以，有时不设堆栈段也能正常工作。但为了安全起见，程序应该设置足够的堆栈段空间。

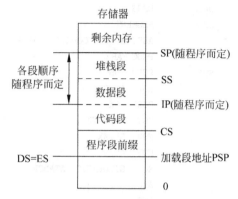

图 4.10　EXE 文件的内存映像图

EXE 程序没有规定各个逻辑段的先后顺序。在源程序中，通常按照便于阅读的原则或个人习惯书写各个逻辑段，也可以利用段顺序伪指令设置每个逻辑段在内存的顺序。

```
.SEG          ; 按源程序各段顺序
.DOSSEG       ; 按标准 DOS 程序顺序
.ALPHA        ; 按段名的字母顺序
```

由完整段定义源程序生成的 EXE 程序，默认按照源程序各段的书写顺序安排（即由 .SEG 伪指令规定）。采用 .MODEL 伪指令的简化段定义源程序，默认为 .DOSSEG 规定的标准 DOS 程序顺序，地址从小到大依次为代码段、数据段、堆栈段。

2. COM 程序

COM 文件是一种只有一个逻辑段的程序，其中包含有代码区、数据区和堆栈区，大小不超过 64KB。COM 文件存储在磁盘上是主存的自我完全映像，与 EXE 文件相比，其装入速度快，占用的磁盘空间少。

DOS 装入 COM 文件的过程类似于装入 EXE 文件的过程，也要建立程序段前缀 PSP，但不需要重新定位，直接将程序装入偏移地址 100H 开始的区域，并从 100H 处开始执行程序。COM 文件加载到主存的映像如图 4.11 所示。

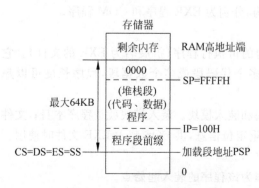

图 4.11　COM 文件的内存映像图

从图 4.11 可以看出，所有段寄存器都指向 PSP 的段地址。程序执行起点是 PSP 后的一条指令，即 IP＝100H。这就要求 COM 程序的第一条指令必须是可执行指令，即程序的开始执行点是程序头部。堆栈区设在 64KB 物理段尾部（通常为 0FFFFH），在栈底置 0000 字。

创建 COM 结构的程序时需要满足一定的条件：源程序只设置代码段,不能设置数据段和堆栈段等其他逻辑段；程序必须从 100H 处开始执行；数据安排在代码段中,但不能与可执行代码冲突,所以数据通常在程序最后。

使用 MASM 5. x 只能生成 EXE 文件,然后用一个 EXE2BIN. exe 程序将符合 COM 程序条件的文件转换为 COM 文件。采用 MASM 6. x 可以直接生成 COM 文件,只要具有 TINY 模式就可以了。

【例 4.18】 用 COM 结构实现：将字类型变量 A 的高 4 位和低 4 位置 0,其余各位保持不变,并将结果存到 A 单元的下一个字单元。

问题分析：

此类问题的关键是确定屏蔽字。要让一个数的某几位置 0,则只要与一个数相"与"。对应位为 0,则相"与"结果即为 0；对应位为 1,则相"与"结果即保持不变。此处应与数 0FF0H 相"与",0FF0H 被称为屏蔽字。

程序如下：

```
CODE     SEGMENT
         ASSUME  CS: CODE,DS: CODE
         ORG  100H
START:   JMP  BEGIN
A        DW  3CC8H
         DW  ?
BEGIN:   MOV  AX,CS
         MOV  DS,AX
         LEA  BX,A
         MOV  AX,[BX]
         AND  AX,0FF0H
         INC  BX
         INC  BX
         MOV  [BX],AX
         MOV  AH,4CH
         INT  21H
CODE     ENDS
         END  START
```

思考与练习

1. EQU 伪指令和等号"＝"伪指令有何异同？

2. 汇编语言的语句由几部分构成？分析每部分的作用。

3. 简述指令和伪指令的区别。

4. 8086/8088 系统中各段如何定义？在段定义中,定位类型、组合类型、类别各起什么作用？

5. 汇编语言的可执行程序分哪几类？简述各类的特点。

6. 举例说明 LABEL、PTR 和 THIS 的作用和用法。

7. 在指令"AND AX,X1 AND X2"中,X1 和 X2 是两个已赋值的变量,问两个 AND 分别在何时进行操作? 有什么区别?

8. 在 BUF1 变量中依次存储了 5 个字数据,接着定义了一个名为 BUF2 的字单元,表示如下:

```
BUF1    DW    8765H,6CH,0,1AB5H,47EAH
BUF2    DW    ?
```

假设 BX 中是 BUF1 的首地址,请编写指令将数据 50H 传送给 BUF2 单元,并编写指令将数据 FFH 传送给数据为 0 的单元。

9. 下面是一个数据段的定义,请用图表示它们在内存中存放的形式。

```
DATA    SEGMENT
A1      DB    25H,35H,45H
A2      DB    3 DUP(5)
A3      DW    200,3AB6H
A4      DW    3000H,6A6FH
DATA    ENDS
```

10. 说明下列语句所分配的存储空间及初始化的数据值。

(1) BYTE_VAR   DB   'BYTE',21,−42H,3 DUP(0,?,2 DUP(2,3),?)

(2) WORD_VAR   DW   5 DUP(4,2,0),?,−8,'BY','TE'256H

11. 在下列数据传送程序段中有些使用不当的语句,请改正。

```
A       DB    10H,20H,'OPQ',4FH
B       DB    N DUP(?)
        MOV   DI,A
        MOV   SI,B
        MOV   CX,LENGTH A
CC:     MOV   AX,[DI]
        MOV   [SI],AX
        INC   SI
        INC   DI
        DEC   CX
        LOOP  CC
```

12. 有一个数据段定义了如下 6 个变量,请写出该数据段。

(1) BUF1 为十进制数字节变量:64。

(2) BUF2 为字符串变量:'Teacher'。

(3) BUF3 为十六进制数字节变量:2FH。

(4) BUF4 为双字变量:657AH。

(5) BUF5 为字变量:657AH。

(6) BUF6 为二进制数字节变量:10101101B。

13. 根据下面的数据定义,请将正确结果填入括号内。

```
VAR1  DB  '6677'
VAR2  DB  30 DUP(0)
VAR3  DW  10 DUP(?)
VAR4  DW  0A02H,0B03H
```

(1) LENGTH VAR1 =(   )   (2) TYPE VAR1 =(   )

(3) LENGTH VAR2 =(   )   (4) TYPE VAR2 =(   )

(5) LENGTH VAR3 =(   )   (6) TYPE VAR3 =(   )

(7) LENGTH VAR4 =(   )   (8) TYPE VAR4 =(   )

第 5 章

汇编语言程序设计

汇编语言是面向机器的低级程序设计语言,它可以直接控制硬件的最底层,如寄存器、标志位、存储单元等。进行汇编语言程序设计时,首先应理解和分析题目要求,选择适当的数据结构及合理的算法,然后再考虑用语言来实现。汇编语言面向机器的特点使得程序员在编写程序时必须严格遵守其语法及程序结构方面的规定。

5.1　汇编语言程序设计概述

汇编语言程序设计需要经过几个阶段,但问题的复杂程度不同,编写者的经验不同,使得程序设计的具体过程会有所不同。

1. 汇编语言程序设计步骤

汇编语言程序设计的基本过程可以分为以下几个步骤。

1) 问题定义

问题定义就是精确地定义要处理的问题和必须满足的条件。对于一个问题必须给出全面的定义,其中包括:对输入/输出的说明,处理方面的要求,处理错误的方法及与其他程序或表格之间的相互作用等。

2) 建立数学模型

在分析问题和明确要求的基础上,要建立数学模型,将一个物理过程或工作状态用数学形式表达出来。

3) 确立算法和处理方案

数学模型建立后,必须研究和确定算法。算法是指解决某些问题的计算方法,不同类的问题有不同的计算方法。根据问题的特点,对计算方法进行优化,若没有现成方法可用,必须通过实践摸索,并总结出算法思想和规律性。

4) 画流程图

流程图是程序设计的一种工具,它的特点是用一些标准的图形符号来描述算法。程序流程图是对程序过程的图文描述,流程图完整地反映程序的处理过程。画流程图时应该从粗到细把算法逐步具体化,以便于理解、阅读和编制程序。

5) 编制程序

编制程序时,应先分配好存储空间及所使用的寄存器,根据流程图及算法编写源程序并保存,形成源程序文件(.asm)。应注意的是,编写程序要简洁,尽量提高程序的可读性。对于复杂的程序应划分为多个程序模块,逐个编写和调试。

6）上机调试

程序编制好后，必须上机调试。特别是对于复杂的问题，往往要分解成若干个子问题，分别由几个人编写，形成若干个程序模块。把它们组装在一起，才能形成总体程序。一般来说，总会有这样或那样的问题或错误，这些问题和错误在调试程序时通常都可以发现，然后进行修改，再调试，再修改，直到所有的问题解决为止。

7）试运行和分析结果

程序调试成功后，并不代表程序设计整个过程完成，试运行程序及分析程序各模块运行结果是检查程序是否达到要求的最后环节。有时程序调试通过了，但在执行过程中，却不能达到原设计要求，这时还要动态地分析程序，从分析问题出发，对源程序进行修改，再对程序进行调试，最终达到设计要求。

8）整理资料，投入运行

在试运行满足要求之后，应当系统地整理材料，有关资料要及时提交给用户，以便正常投入运行。

2. 结构化设计方法

对于较大的程序，可以用结构化程序设计方法来实现。结构化程序设计的目标是使程序具有良好的结构、清晰的层次、容易阅读和理解、容易修改和查错。这种程序设计方法包括以下 3 个方面的内容。

（1）程序由顺序结构、分支结构和循环结构等一些基本结构组成。顺序结构是按照语句实现的先后次序执行一系列操作的结构，顺序结构的程序一般是简单程序。分支结构根据不同情况做出判断和选择，以便执行不同的程序段。循环结构是重复做一系列的操作，直到某个条件出现为止。

（2）一个大型的复杂程序应按其功能分解成若干个功能模块，并把这些模块按层次关系进行组装。每个模块内的执行步骤都应当很清楚，整个程序的算法和每个模块算法，都用标准的结构来表示。每个结构内还可以包含同样形式的结构或是其他形式的结构，而且每个结构只有一个入口点和一个出口点，以结构化的方式编写的程序容易理解，也容易排除错误。

（3）采用"自上而下、逐步求精"的实施方法。首先将一个大型程序分解成几个主要的模块，最高层次部分说明这些模块之间的关系以及它们的功能。这也是一种系统化的程序设计方法。最高层次部分是对整个程序的概述，而每个主要的模块再分解成几个较小的模块，然后继续分解成更小的模块，直到每个模块内的操作步骤都很清楚、很容易理解为止，最后把一个模块或几个模块分配给每个程序设计师编写。

模块的划分应遵循一些基本原则，即模块内部联系要紧密，关联度要高；模块间的接口要尽可能简单，以减少模块间的数据传输；模块的长度要合理，避免过大或过小。同时在模块内部，程序的编制应采用结构化的设计方法。

3. 汇编语言程序质量的评价标准

一个高质量的程序不仅应满足设计要求，实现预先设定的功能，并能够正常运行，还应使程序具备可理解性、可维护性和高效率等性能。衡量一个程序的质量通常有以下几个标准：

（1）程序的正确性和完整性。

（2）程序的易读性。

（3）程序的执行时间和效率。

（4）程序所占内存的大小。

编写一个程序首先要保证它的正确性，包括语法的正确性和功能的正确性。针对汇编语言程序较难读、难理解的特点，设计时应尽量采用结构化、模块化的程序设计方法。每个模块都由基本结构程序组成，在语句后面加一定的注释说明，并配以完整的文档资料，以便于阅读、测试和维护等。还有一些性能指标也是很重要的，如程序的实时处理能力、输入/输出的控制方式、程序的响应时间以及程序的可靠性等。

5.2 顺序程序设计

顺序结构程序在设计上比较简单，顺序结构的程序是指完全按顺序逐条执行指令序列的程序，这种程序也称为直线程序。这种结构的程序主要由数据传送类指令、算术运算类指令以及逻辑运算类指令组成。其结构流程如图 5.1 所示。

【例 5.1】 设有 3 个字变量 $X1$、$X2$ 和 $X3$，初值分别为 28H、30H 和 48H，试求出三者之和，并存入字变量 Y 中。

问题分析：

在数据段中定义 4 个变量 $X1$、$X2$、$X3$、Y，并按要求初始化，然后依次相加 3 个变量，最后保存结果。

程序如下：

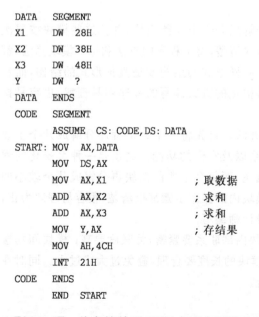

图 5.1 顺序程序的结构流程图

```
DATA    SEGMENT
X1      DW    28H
X2      DW    38H
X3      DW    48H
Y       DW    ?
DATA    ENDS
CODE    SEGMENT
        ASSUME  CS: CODE,DS: DATA
START: MOV    AX,DATA
        MOV    DS,AX
        MOV    AX,X1          ; 取数据
        ADD    AX,X2          ; 求和
        ADD    AX,X3          ; 求和
        MOV    Y,AX           ; 存结果
        MOV    AH,4CH
        INT    21H
CODE    ENDS
        END    START
```

【例 5.2】 将存储单元 BUF 中两个压缩 BCD 数拆成两个非压缩的 BCD 码，低位 BCD 数存入 BUF1 中，高位 BCD 数存于 BUF2 中，并将对应的 ASCII 码存入 BUF3 及 BUF4 中。

问题分析：

若要将一个字节的两位 BCD 码分开，可采用屏蔽高 4 位、保留低 4 位的方法，得到低位

BCD 码。若采用逻辑右移 4 位的方法,左边移入 4 个 0,即可达到将高 4 位 BCD 码分离出来的目的。由未组合的 BCD 码转为 ASCII 码,只要高 4 位"加"或者"或"30H 即可。

程序如下:

```
DATA      SEGMENT
BUF       DB  68H                    ; 定义原始数据
BUF1      DB  ?                      ; 低位 BCD 数
BUF2      DB  ?                      ; 高位 BCD 数
BUF3      DB  ?                      ; 低位 ASCII 码
BUF4      DB  ?                      ; 高位 ASCII 码
DATA      ENDS
CODE      SEGMENT
          ASSUME  CS: CODE,DS: DATA
MAIN      PROC  FAR
START:    PUSH  DS
          MOV  AX,0
          PUSH  AX
          MOV  AX,DATA
          MOV  DS,AX
          MOV  AL,BUF
          MOV  CL,4
          SHR  AL,CL                 ; 分离出高 4 位
          MOV  BUF2,AL
          OR  AL,30H                 ; 形成对应的 ASCII 码
          MOV  BUF4,AL
          MOV  AL,BUF
          AND  AL,0FH                ; 分离出低 4 位
          MOV  BUF1,AL
          OR  AL,30H                 ; 形成对应的 ASCII 码
          MOV  BUF3,AL
          RET
MAIN      ENDP
CODE      ENDS
          END   START
```

【例 5.3】 在以 DAT 为首地址的内存单元中存放有 0～15 的平方值表。查表求 SQU 单元中的数(在 0～15 之间)的平方值,并将查到的平方值送回到 SQU 单元中。

问题分析:

由于限定数的范围为 0～15,因此可以设 SQU 和 DAT 都是字节型变量。平方表是按数值顺序存放在内存中的,所以表的首地址与 SQU 单元给定数的和就是给定数的平方值在内存中的存放地址。

程序如下:

```
DATA      SEGMENT
DAT       DB  0,1,4,9,16,25,36,49
          DB  64,81,100,121,144,169,196,225
SQU       DB  10
DATA      ENDS
CODE      SEGMENT
```

```
              ASSUME  CS: CODE,DS: DATA
START:   MOV   AX,DATA
         MOV   DS,AX
         MOV   BX,OFFSET DAT        ; 取平方表的首地址
         XOR   AX,AX
         MOV   AL,SQU               ; 取数据
         ADD   BX,AX                ; 计算地址
         MOV   AL,[BX]              ; 查表
         MOV   SQU,AL               ; 存查到的平方值
         MOV   AH,4CH
         INT   21H
CODE     ENDS
         END   START
```

【例 5.4】 设有字节型变量 $X1$、$X2$、$X3$、$X4$，另有存放结果的字节型变量 Y，编程实现运算式：$Y=(X1+X2)-(X3+X4)$。

问题分析：

将字节型变量 $X1$、$X2$、$X3$ 和 $X4$ 存放在数据段开始的连续的 4 个单元，Y 定义为存放运算结果的单元。其运算流程如图 5.2 所示。

程序如下：

```
DATA     SEGMENT
         X1   DB   63H
         X2   DB   31H
         X3   DB   91H
         X4   DB   78H
         Y    DB   ?
DATA     ENDS
CODE     SEGMENT
              ASSUME  CS: CODE,DS: DATA
START:   MOV   AX,DATA
         MOV   DS,AX
         MOV   AL,X1               ; 取数据
         ADD   AL,X2               ; 完成 X1 + X2 的运算
         MOV   BL,X3               ; 取数据
         ADD   BL,X4               ; 完成 X3 + X4 的运算
         SUB   AL,BL               ; 完成相减运算
         MOV   Y,AL                ; 存运算结果
         MOV   AH,4CH
         INT   21H
CODE     ENDS
         END   START
```

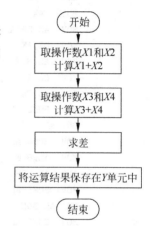

图 5.2　例 5.4 的流程图

5.3　分支程序设计

在程序中，往往需要对不同的情况或条件进行不同的处理，这样的程序就不再是简单的顺序结构，而要采用分支结构。分支程序结构可以有两种基本形式，即双分支结构和多分支

结构。

5.3.1 双分支结构程序设计

双分支结构有 IF…THEN 和 IF…THEN…ELSE 两种基本形式。当程序的逻辑根据某一条件表达式为真或假,执行两个不同处理之一时,便是 IF…THEN…ELSE 双分支形式;当有其中一个处理为空时,就是 IF…THEN 双分支形式。

条件转移指令 JCC 和无条件转移指令 JMP 用于实现程序的分支结构。JMP 指令仅实现转移到指定位置,JCC 指令则可根据条件转移到指定位置或不转移而顺序执行后续指令序列。JCC 指令不支持一般的条件表达式,它是根据当前的某些标志位的设置情况实现转移或不转移。因此,须在条件转移指令之前安排算术运算、比较、测试等影响相应标志位的指令。

对于 IF…THEN 结构的程序,需要正确选择分支条件。因为 JCC 指令是条件成立才能发生转移,所以分支语句体是在条件不成立时顺序执行,如图 5.3(a)所示。这与高级语言的分支 IF 语句不同。

对于 IF…THEN…ELSE 结构的程序,两种情况都有各自的分支语句体,选择条件并不关键。但是,顺序执行的分支语句体 1 不会自动跳过分支语句体 2,所以分支语句体 1 最后一定要有一条 JMP 指令跳过分支体 2,即分支汇点处,如图 5.3(b)所示;否则将进入顺序分支语句体 2 而出现错误。

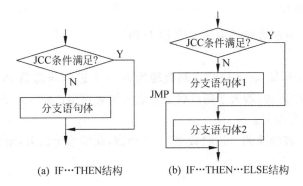

(a) IF…THEN结构   (b) IF…THEN…ELSE结构

图 5.3 双分支程序结构图

下面举例说明双分支结构程序的设计方法。

【例 5.5】 将内存中十进制数的 ASCII 码转换为 BCD 码。

问题分析:

设从键盘输入的 5 位十进制数的 ASCII 码已存放在 3500H 开始的内存单元内,把它转换为 BCD 码后,再按位分别存入 3600H 开始的内存单元内。若发现非十进制数的 ASCII 码,则对应存放结果的单元内容为"FFH"。单字节 ASCII 码取其低四位即变成 BCD 码。

程序如下:

```
STACK    SEGMENT
         DW  64 DUP(?)
STACK    ENDS
CSEG     SEGMENT
         ASSUME  CS: CSEG,SS: STACK
```

```
START    PROC  FAR
         PUSH  DS
         XOR   AX,AX
         PUSH  AX
         MOV   CX,0005H          ; 置个数
         MOV   SI,3500H
         MOV   DI,3600H          ; 数据的地址放至 DI
A1:      MOV   BL,0FFH
         MOV   AL,[SI]
         CMP   AL,3AH            ; 数据与 3AH 比较,若非十进制数的 ASCII 码
         JNB   A2                ; 转至 A2 处
         SUB   AL,30H
         JB    A2
         MOV   BL,AL             ; 形成 BCD 码
A2:      MOV   AL,BL
         MOV   [DI],AL
         INC   SI
         INC   DI                ; 下一个单元
         LOOP  A1
         RET
START    ENDP
CSEG     ENDS
         END   START
```

【例 5.6】 将二进制数转换为压缩型 BCD 码。

问题分析：

本例即是二翻十运算,将 8 位二进制数转换为二-十进制压缩型 BCD 码。转换时先检查待转换的数是否大于 99,若大于则设状态标志并结束程序;若不大于则转换后的 BCD 码为一个字节,存入内存单元。

转换的算法是：被转换的二进制数除以 10 得商,此即为十位数,余数为个位数,然后形成压缩型 BCD 码。

程序如下：

```
DATA     SEGMENT
DAT1     DB    65H               ; 被转换数
DAT2     DB    ?                 ; 转换结果
DAT3     DB    ?                 ; 存放大于 99 时的转换标志
DATA     ENDS
CODE     SEGMENT
         ASSUME   CS:CODE,DS:DATA
START:   MOV   AX,DATA
         MOV   DS,AX
         LEA   SI,DAT1
         MOV   AL,[SI]
         CMP   AL,99             ; 与 99 比较
         JBE   BCD
         LEA   DI,DAT3
         MOV   [DI],0FFH
         JMP   EXIT
```

```
BCD:    CBW                         ; 小于 99 则转换
        MOV  CL,10
        DIV  CL                     ; 除以 10
        MOV  CL,4
        SHL  AL,CL                  ; 十位放至 AL 的高四位
        OR   AL,AH                  ; 个位放至 AL 的低四位
        LEA  DI,DAT2
        MOV  [DI],AL                ; 放转换后的结果
EXIT:   MOV  AH,4CH
        INT  21H
CODE    ENDS
        END  START
```

【**例 5.7**】　设有首地址为 DATBUF 的字数组,已经按升序排好,数组长度为 $N=12$,且数据段与附加段占同一段,在该数组中查找数 X,若找到,则从数组中删掉;若找不到,则把它插入到正确位置,且变化后的数组长度存放在寄存器 DX 中。

问题分析:

若在指定的有序串中查找数 X,需要用串查找指令。由于有找到和找不到两种情况存在,因此程序结构是典型的分支结构。当找到时又有该数在字串的末尾和非末尾两种情况,需要分别处理;而找不到时就要将该数插入到字串中,根据数 X 的大小又有将 X 放在串尾还是插入串中两种情况。因此本例中存在多处双分支结构的应用。

程序如下:

```
DATA    SEGMENT
N       DW   12
X       DW   55
DATBUF  DW   4,36,50,55,69,87,88,2AH,100H,510,1234,2000H,?
DATA    ENDS
STACK   SEGMENT  STACK
        DW   100 DUP(?)
STACK   ENDS
CODE    SEGMENT
        ASSUME  CS: CODE,SS: STACK,DS: DATA,ES: DATA
START:  PUSH  ES
        MOV   AX,DATA
        MOV   DS,AX
        PUSH  DS
        POP   ES
        MOV   AX,X                  ; 将 X 放入 AX 中
        MOV   DX,N                  ; 将字串的数量放入 DX
        MOV   CX,N                  ; 设置计数器 CX
        MOV   DI,OFFSET DATBUF      ; 取字数组的有效地址
        CLD
REPNE   SCASW                       ; 用重复串扫描指令进行查找
        JE   DELETE
        DEC  DX
        MOV  SI,DX
        ADD  SI,DX
A1:     CMP  AX,DATBUF[SI]          ; 找到 X 在数组中的正确位置
```

```
            JL    A2
            MOV   DATBUF[SI+2],AX
            JMP   A3
A2:         MOV   BX,DATBUF[SI]
            MOV   DATBUF[SI+2],BX
            SUB   SI,2
            JMP   A1
A3:         ADD   DX,2                    ;修改数组长度
            JMP   A4
DELETE:     JCXZ  NEXT
LOOPT:      MOV   BX,[DI]                 ;若在数组中找到X,则删除它
            MOV   [DI-2],BX
            ADD   DI,2
            LOOP  LOOPT
NEXT:       DEC   DX                      ;修改数组长度
A4:         POP   ES
            MOV   AH,4CH
            INT   21H
CODE        ENDS
            END   START
```

【例 5.8】 在内存单元中存放两个字符,设计程序比较两个字符是否相同,若相同,显示 YES；不相同,则显示 NO。

问题分析：

在数据段定义待比较的两个字符,比较结果的输出需要用到 DOS 功能调用的 9 号子功能,即输出字符串的功能。程序流程图如图 5.4 所示。

程序如下：

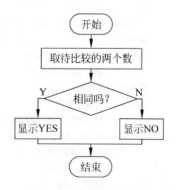

图 5.4 例 5.8 的流程图

```
DATA        SEGMENT
CHA1        DB    'A'                     ;定义字符
CHA2        DB    'B'
STR1        DB    'YES','$'               ;定义字符串
STR2        DB    'NO','$'
DATA        ENDS
STACK       SEGMENT STACK
            DW    100 DUP(?)
STACK       ENDS
CODE        SEGMENT
            ASSUME CS:CODE,SS:STACK,DS:DATA
START:      MOV   AX,DATA
            MOV   DS,AX
            MOV   AL,CHA1
            MOV   BL,CHA2
            CMP   AL,BL                   ;比较两个字符
            JNE   NEXT1
            LEA   DX,STR1                 ;取要显示字符串的首地址
            JMP   NEXT2
NEXT1:      LEA   DX,STR2
NEXT2:      MOV   AH,9                    ;显示字符串的功能调用
            INT   21H
```

```
            MOV   AH,4CH
            INT   21H
    CODE    ENDS
            END   START
```

【例 5.9】 从键盘输入一位数字,判断其奇偶性,并在屏幕输出一个标志,若为奇数,则输出 1,否则输出 0。

问题分析:

从键盘输入一位数字,需要用到 DOS 功能调用的 1 号子功能调用,输入数字的 ASCII 码放在 AL 中,将该数的最低位移入 CF 标志位,进行判断,若为 1,是奇数,若为 0,则为偶数。输出标志需要用到 DOS 功能调用的 2 号子功能。程序流程图如图 5.5 所示。

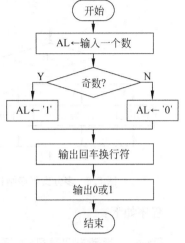

图 5.5　例 5.9 的流程图

程序如下:

```
STACK    SEGMENT  STACK
         DW   100 DUP(?)
STACK    ENDS
CODE     SEGMENT
         ASSUME  CS:CODE,SS:STACK
START:   MOV   AH,1          ;通过键盘输入一位数字
         INT   21H
         CLC
         RCR   AL,1          ;采用循环右移操作,将最低位移至 CF
         JNC   EVN
         MOV   BL,31H        ;送数字 1 的 ASCII 码
         JMP   DISPLAY
EVN:     MOV   BL,30H        ;送数字 0 的 ASCII 码
DISPLAY: MOV   AH,2
         MOV   DL,0DH        ;送回车的 ASCII 码
         INT   21H
         MOV   DL,0AH        ;送换行的 ASCII 码
         INT   21H
         MOV   DL,BL
         INT   21H
         MOV   AH,4CH
         INT   21H
CODE     ENDS
         END   START
```

5.3.2　多分支结构程序设计

多分支结构是指有两个以上的分支。在程序设计时,有时要求对多个条件同时进行判断,根据判断的结果,可能有多个分支要进行处理。在汇编语言中,多分支只能由多次使用单分支方式予以实现。多分支程序的基本结构如图 5.6 所示。

【例 5.10】 根据键盘输入的控制变量(字母 A、B、C、D)来决定程序的转向,以控制程序作若干分支选择,形成一个多分支的程序结构。

问题分析：

根据各控制变量（字母 A、B、C、D）和各分支之间的关系，把程序分成 4 个分支段，各分支段的起始标号为 $A1$、$A2$、$A3$、$A4$。每个分支段的功能为显示一个字符串。如果输入的字符不是字母 A、B、C 或 D，则显示出错提示字符串。程序流程图如图 5.7 所示。

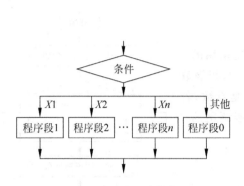

图 5.6　多分支程序结构图

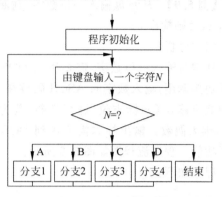

图 5.7　例 5.10 的程序流程图

程序如下：

```
STACK    SEGMENT PARA STACK 'STACK'
         DB  256 DUP(?)
STACK    ENDS
DATA     SEGMENT
STR1     DB  'Branch1','$'                    ;定义各个分支显示的字符串
STR2     DB  'Branch2','$'
STR3     DB  'Branch3','$'
STR4     DB  'Branch4','$'
ERR      DB  'Error','$'                      ;出错时显示的字符串
DATA     ENDS
CODE     SEGMENT
         ASSUME  CS:CODE,SS:STACK,DS:DATA
START:   MOV  AX,DATA
         MOV  DS,AX
BEGIN:   MOV  AH,01H                          ;由键盘输入字符
         INT  21H
         CMP  AL,41H                          ;判断是否为'A'
         JE   A1
         CMP  AL,42H                          ;判断是否为'B'
         JE   A2
         CMP  AL,43H                          ;判断是否为'C'
         JE   A3
         CMP  AL,44H                          ;判断是否为'D'
         JE   A4
         MOV  DX,OFFSET ERR                   ;出错了
         MOV  AH,9
         INT  21H
         JMP  FINISH                          ;转结束程序
A1:      MOV  DX,OFFSET STR1                  ;显示第 1 分支的字符串
         MOV  AH,9
```

```
          INT    21H
          JMP    ENTER
A2:       MOV    DX,OFFSET STR2              ;显示第 2 分支的字符串
          MOV    AH,9
          INT    21H
          JMP    ENTER
A3:       MOV    DX,OFFSET STR3              ;显示第 3 分支的字符串
          MOV    AH,9
          INT    21H
          JMP    ENTER
A4:       MOV    DX,OFFSET STR4              ;显示第 4 分支的字符串
          MOV    AH,9
          INT    21H
ENTER:    MOV    DL,0DH                      ;回车、换行
          MOV    AH,2
          INT    21H
          MOV    DL,0AH
          INT    21H
          JMP    BEGIN                       ;返回程序开始处继续输入字符
FINISH:   MOV    AH,4CH
          INT    21H
CODE      ENDS
          END    START
```

当程序中分支较多时,可以使用跳转表来实现程序分支。跳转表实际上是内存中的一段连续单元,根据表中存放的内容性质不同,又分为根据表内指令分支、根据表内地址分支和根据关键字分支 3 种情况。

(1) 根据表内指令分支。根据表内指令分支时,跳转表中连续存放的是主程序转向各分支程序的转移指令代码。以各转移指令在表中的偏移量加上表首地址作为转移地址,转到表的相应位置,执行相应的无条件转移指令,从而实现多分支。跳转表的结构如图 5.8 所示。

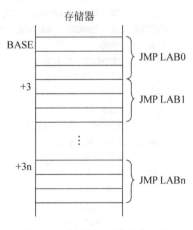

图 5.8　根据表内指令分支的
跳转表结构

(2) 根据表内地址分支。根据表内地址分支时,跳转表内连续存放的是一系列跳转地址,即各分支程序的入口地址。当各分支程序均属于近程跳转时,跳转表中装入的是各分支程序的入口偏移地址;当各分支程序都属于远程跳转时,跳转表中装入的是各分支程序的段地址和偏移地址。根据条件首先在地址表中找到转移的目的地址,然后转到相应位置,从而实现多分支结构。跳转表的结构如图 5.9 所示。

(3) 根据关键字分支。根据关键字分支时,跳转表中连续存放的是各分支程序对应的"关键字、入口地址"等数据。此时要根据关键字搜索来确定分支程序对应的入口地址。跳转表的结构如图 5.10 所示。

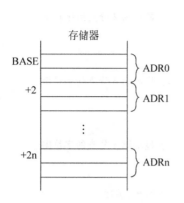

图 5.9　根据表内地址分支的跳转表结构

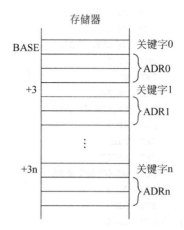

图 5.10　根据关键字分支的跳转表结构

【**例 5.11**】　设某控制程序可以完成 8 种产品的加工,每种加工程序对应一个数字(1～8)。要求根据输入的值去加工相应产品。假设 8 种加工程序段与主程序在同一代码段中。

问题分析:

这是一个典型的多分支结构,通过键盘输入 1～8 的数字,选择对应的程序段执行。本例根据表内地址分支的跳转表结构实现多分支功能。在数据段定义跳转表,转移指令要用存储器间接寻址方式,输入字母 E 则退出程序。8 种加工程序段的具体代码略去。

程序如下:

```
DATA      SEGMENT
BASE      DW  SUBP1,SUBP2,SUBP3,SUBP4      ; 定义跳转表
          DW  SUBP5,SUBP6,SUBP7,SUBP8
DISPLAY   DB  'ERROR',0AH,0DH,'$'          ; 定义错误信息
DATA      ENDS
STACK     SEGMENT  STACK
          DW  100 DUP(?)
STACK     ENDS
CODE      SEGMENT
          ASSUME  CS:CODE,SS:STACK,DS:DATA
START:    MOV  AX,DATA
          MOV  DS,AX
INPUT:    MOV  AH,1                        ; 通过键盘输入数字
          INT  21H
          CMP  AL,'1'                      ; 判断是否是 1～8 中的数字
          JB   ERR                         ; 不是则转出错处理
          CMP  AL,'8'
          JA   ERR
          SUB  AL,'1'
          AND  AX,000FH
          JMP  BASE[AX*2]                  ; 用存储器间接寻址方式查找跳转表
SUBP1:    ...                              ; 加工程序段 1
            ⋮
SUBP8:    ...
            ⋮
```

```
ERR:     CMP   AL,'E'               ;是否输入了退出字符
         JZ    EXIT                 ;是,结束程序
         MOV   DX,OFFSET DISPLAY    ;否,显示错误信息
         MOV   AH,09H
         INT   21H
         JMP   INPUT
EXIT:    MOV   AH,4CH
         INT   21H
CODE     ENDS
         END   START
```

5.4　循环程序设计

凡是要重复执行的程序段都可以按循环结构设计。采用循环结构,可简化程序书写形式,缩短程序长度,减少占用的内存空间。但要注意,循环结构并不简化程序的执行过程,相反,增加了一些循环控制环节,使总的程序执行语句和执行时间不仅无减,反而有增。

循环程序一般由如下 4 个部分组成。

1. 循环初始化部分

这是循环准备工作阶段,如建立地址指针、设置循环次数、必要的数据保护以及为循环体正常工作而建立的初始状态等。

2. 循环体部分

循环体是在循环过程中反复执行的部分。它是循环的核心部分,是循环程序所要完成的若干操作的全部指令。

3. 循环修改部分

循环修改主要是指对一些运算控制单元(变量、寄存器)的修改,如修改操作数地址、修改循环计数器、改变变量的值等。这一部分是为保证每一次循环时,参加执行的信息能发生有规律的变化而建立的程序段。

4. 循环控制部分

根据给定的循环次数或循环条件,判断是否结束循环。若未结束,则转去重复执行循环工作部分(循环体和修改部分);否则退出循环。常用的循环结束的控制方式有计数控制、条件控制和逻辑变量控制等。

这 4 部分有两种组织方式,即先判断后执行结构和先执行后判断结构。这两种基本结构如图 5.11 所示。

先判断后执行这种结构的特点是进入循环后,首先判断循环结束条件,再决定是否执行循环体。如果一进入循环就满足结束条件,循环体将一次也不执行,即循环次数为 0。而先执行后判断结构的特点是进入循环后,先执行一次循环

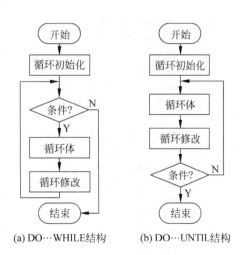

(a) DO…WHILE结构　　(b) DO…UNTIL结构

图 5.11　基本循环结构示意图

体，再判断循环是否结束，程序至少执行一次循环体。

5.4.1 简单循环程序设计

控制循环次数较常用的方法是用计数器控制循环、按问题的条件控制循环和用逻辑变量控制循环。其中，前两种方法比较常用。

计数器控制循环就是利用循环次数作为控制条件，它是最简单的和典型的循环控制方法。对于循环次数已知的程序，或者在进入循环前可由某个变量确定循环次数的程序，通常用计数器来控制循环。这种情况适于采用循环指令 LOOP 来实现循环功能。

有些循环程序的循环次数事先无法确定，但它与问题的某些条件有关。这些条件可以通过指令来测试。若测试比较的结果满足循环条件，则继续循环，否则结束循环。这就是所谓的按问题的条件控制循环。事实上，利用条件转移指令支持的转移条件作为循环控制条件，可以更方便地构造复杂的循环程序结构。

在有些情况下，可能在一个循环中有两个循环支路，在第一个支路循环了若干次以后，转至另一个循环支路循环。这就可以设置一个逻辑变量，用以控制转入不同的循环支路。具体实现方法是：把逻辑变量送入寄存器中，以逻辑变量各位的状态作为执行某段程序的标志。逻辑变量可由一到多个字节组成。

循环体中不再包含循环结构的程序，称为单重循环程序，下面给出单重循环程序的设计实例。

【例 5.12】 某数据区内有若干个数据，其中可能有正数、负数或 0，试编制程序求出负数的个数。并将此个数存放在内存单元。

问题分析：

本例用计数值控制循环。在数据区的第一个单元中存放数据的个数，从第二个单元开始存放数据，结果放在最后一个单元。为统计数据区内负数的个数，需要逐个判断数据区内的每一个数据，然后将所有数据中凡是符号位为 1 的数据的个数累加起来，即得区内所包含负数的个数。

程序如下：

```
STACK   SEGMENT   STACK
        DW  64 DUP(?)
STACK   ENDS
DATA    SEGMENT
BUF     DB  7,44, - 12,67, - 10, - 72,84, - 30,?
DATA    ENDS
CODE    SEGMENT
        ASSUME  CS: CODE,DS: DATA,SS: STACK
START:  MOV  AX,DATA
        MOV  DS,AX
        MOV  DI,OFFSET  BUF
        MOV  CL,[DI]                    ; 个数在 CX 中,用以控制循环
        XOR  CH,CH
        MOV  BL,CH
        INC  DI
A1:     MOV  AL,[DI]
```

```
           TEST  AL,80H              ; 测试最高位是否为 1
           JZ    A2
           INC   BL                  ; 累加负数的个数
    A2:    INC   DI
           LOOP  A1
           MOV   [DI],BL             ; 保存统计结果
           MOV   AH,4CH
           INT   21H
    CODE   ENDS
           END   START
```

【例 5.13】 编程实现将十进制数的 ASCII 码转换为非压缩的 BCD 码的功能。

问题分析：

在内存单元中定义若干个十进制数的 ASCII 码,将它们转换为非压缩 BCD 码后,再存放在后续的单元中。ASCII 码转换为非压缩的 BCD 码只需减 30H。转换所有 ASCII 码可用单循环结构实现,本例用计数值控制循环。非压缩 BCD 码是十进制数的每一位占一个字节,高半字节为 0,低半字节为该十进制数字的 BCD 码。若非十进制数的 ASCII 码,则在存放结果的相应单元中存入"FFH"。程序框图如图 5.12 所示。

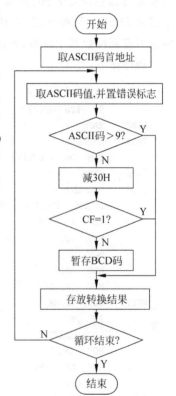

图 5.12 例 5.13 的流程图

程序如下：

```
    STACK     SEGMENT STACK
              DB  256 DUP(?)
    STACK     ENDS
    DATA      SEGMENT
    ASCBUF    DB  30H,32H,34H,54H,37H,20H,33H  ; 定义 ASCII 码
              DB  7 DUP(?)
    DATA      ENDS
    CODE      SEGMENT
              ASSUME  CS: CODE,DS: DATA,SS: STACK
    START:    MOV  AX,DATA
              MOV  DS,AX
              MOV  CX,7
              MOV  DI,OFFSET ASCBUF          ; 取 ASCII 码首地址
    LAB1:     MOV  BL,0FFH                   ; 设置错误标志
              MOV  AL,[DI]
              CMP  AL,3AH
              JNB  OK
              SUB  AL,30H                    ; 转为 BCD 码
              JC   OK
              MOV  BL,AL
    OK:       MOV  AL,BL
              MOV  [DI + 06H],AL             ; 存 BCD 码
              INC  DI
              LOOP LAB1
```

```
            MOV   AH,4CH
            INT   21H
CODE        ENDS
            END   START
```

【例 5.14】 求 1~100 的自然数之和。

问题分析：

本题的各加数项是有规律的数，所以可以由程序自动生成，本例用计数值控制循环。累加和为 4 位十进制数，存入内存单元中。采用减法运算方式将累加和变换为十进制数，即先判断累加和是否大于 1000（其二进制数为 3E8H），如大于 1000，表明有千位数，并从累加和中减去 3E8H。可循环减，直到不够减为止。减的次数即为千位数值。然后从剩余数中，判断是否有百位数和十位数，方法同上。最后所剩之值就是个位数。

程序如下：

```
STACK    SEGMENT STACK
         DW  128 DUP(?)
STACK    ENDS
DATA     SEGMENT
         SUM  DB  4 DUP(?)
DATA     ENDS
CODE     SEGMENT
         ASSUME  CS: CODE,SS: STACK,DS: DATA
START:   MOV   AX,DATA
         MOV   DS,AX
         MOV   BX,1              ; 加数置初值
         MOV   AX,0              ; 累加器清 0
         MOV   CX,100            ; 计数器置初值
NEXT:    ADD   AX,BX
         INC   BX                ; 加数递增
         LOOP  NEXT
         MOV   DL,0
LP1:     CMP   AX,3E8H           ; 大于 1000 吗？
         JB    LP2               ; NO,转 LP2
         INC   DL                ; YES,DL 加 1
         SUB   AX,3E8H
         JMP   LP1
LP2:     MOV   SUM+3,DL          ; 存千位数
         MOV   DL,0
LP3:     CMP   AX,64H            ; 大于 100 吗？
         JB    LP4               ; NO,转 LP4
         INC   DL                ; YES,DL 加 1
         SUB   AX,64H
         JMP   LP3
LP4:     MOV   SUM+2,DL          ; 存百位数
         MOV   DL,0
LP5:     CMP   AX,0AH            ; 大于 10 吗？
         JB    LP6               ; NO,转 LP6
         INC   DL                ; YES,DL 加 1
         SUB   AX,0AH
```

```
            JMP  LP5
LP6:    MOV  SUM + 1,DL                    ;存十位数
        MOV  SUM,AL                        ;存个位数
        MOV  AH,4CH
        INT  21H
CODE    ENDS
        END  START
```

【例 5.15】 从自然数 1 开始累加,直到累加和大于 600 为止,统计被累加的自然数的个数,并保存运算结果。

问题分析:

自然数可以自动产生,但由于被累加的自然数的个数未知,因此不能用计数值控制循环。根据题意,累加和大于 600 则停止累加,可以用此条件来控制循环。程序流程如图 5.13 所示。

程序如下:

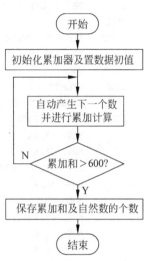

图 5.13　例 5.15 的流程图

```
DATA    SEGMENT
NUM     DW   ?
SUM     DW   ?
DATA    ENDS
STACK   SEGMENT  STACK
        DW   100 DUP(?)
STACK   ENDS
CODE    SEGMENT
        ASSUME  CS: CODE,SS: STACK,DS: DATA
START:  MOV  AX,DATA
        MOV  DS,AX
        MOV  AX,0                          ;置初值
        MOV  BX,0
AGAIN:  INC  BX
        ADD  AX,BX
        CMP  AX,600                        ;循环控制条件
        JBE  AGAIN                         ;不满足,则继续循环
        MOV  SUM,AX                        ;存和
        MOV  NUM,BX                        ;存个数
        MOV  AH,4CH
        INT  21H
CODE    ENDS
        END  START
```

【例 5.16】 设有两个函数: $X = A + 23$; $Y = B + 34$。

根据需要,函数 X 计算 5 次,而函数 Y 计算 3 次,且计算的次序为: X 计算一次,Y 计算一次,X 计算两次,Y 计算一次,X 计算一次,Y 计算一次,最后再计算 X 一次。每计算一次,A 递增 2,B 递减 2。X 和 Y 的计算结果分别依次存放在内存单元中。

问题分析:

本例采用计数值和逻辑值共同控制循环的实现。根据计算 X 和 Y 的顺序,可以设计一

个 8 位的逻辑值：10110101。将其放在寄存器 DL 中，其中 1 表示计算 X，0 表示计算 Y。然后利用算术左移指令 SAL，每次左移一位，共移八次可完成所有计算。每次移入 CF 的值可以决定计算 X 或 Y。

程序如下：

```
DATA    SEGMENT
A       DB  46
X       DB  5 DUP(?)                  ; 为计算 X 预留单元
B       DB  100
Y       DB  3 DUP(?)                  ; 为计算 Y 预留单元
DATA    ENDS
STACK   SEGMENT STACK
        DW  100 DUP(?)
STACK   ENDS
CODE    SEGMENT
        ASSUME  CS: CODE, SS: STACK, DS: DATA
START:  MOV AX,DATA
        MOV DS,AX
        MOV CX,8
        MOV DL,10110101B             ; 装入逻辑值
        MOV AH,A                     ; 以下几条指令为取初值和地址
        SUB AH,2
        MOV DH,B
        ADD DH,2
        LEA BX,X
        LEA SI,Y
A1:     SAL DL,1                     ; SAL 指令用以从左到右依次分离出各个位
        JNC A2
        ADD AH,2                     ; 每次计算递增 2
        MOV AL,AH
        ADD AL,23
        MOV [BX],AL                  ; 保存计算结果
        INC BX
        JMP A3
A2:     SUB DH,2                     ; 每次计算递减 2
        MOV AL,DH
        ADD AL,34
        MOV [SI],AL                  ; 保存计算结果
        INC SI
A3:     LOOP A1
        MOV AH,4CH
        INT 21H
CODE    ENDS
        END START
```

5.4.2　多重循环程序设计

多重循环又称为循环的嵌套，也即循环体中包含循环结构的程序。多重循环程序设计的方法和单重循环程序设计的方法基本是一致的，但多重循环程序在具体实现时的处理要

比单循环程序复杂得多。多重循环程序实现时,应该仔细考虑各重循环的控制条件及其采用的方法,相互之间不可混淆。

在使用多重循环时必须注意以下几点。

(1) 内循环必须完整地包含在外循环内,内外循环不能相互交叉。

(2) 内循环在外循环中的位置可根据需要任意设置,在设计内外循环时要避免出现混乱。

(3) 多个内循环可以拥有一个外循环,这些内循环间的关系可以是嵌套的,也可以是并列的。当通过外循环再次进入内循环时,内循环中的初始条件必须重新设置。

(4) 程序可以从内循环中直接跳到外循环,但不能从外循环直接跳到内循环中。

(5) 无论是外循环,还是内循环,注意不要使循环返回到初始部分,以避免出现"死循环"情况。

下面通过实例来分析多重循环结构的设计。

【例 5.17】　设计一个 200ms 的软件延时程序。

问题分析:

用双重循环结构完成软件延时功能,设置内层循环完成 10ms 的延时,外层循环 20 次即可。

程序如下:

```
DATA    SEGMENT
ENUM    DB  14H                          ;定义外层循环次数
INUM    DW  2800H                        ;定义产生 10ms 延时的内层循环次数
DATA    ENDS
STACK   SEGMENT  STACK
        DW  100 DUP(?)
STACK   ENDS
CODE    SEGMENT
        ASSUME  CS: CODE,SS: STACK,DS: DATA
TIMEDL  PROC  FAR
        PUSH  DS
        MOV  AX,0
        PUSH  AX
        MOV  AX,DATA
        MOV  DS,AX
        MOV  BX,OFFSET  ENUM
        MOV  DL,[BX]                      ;取外层循环次数
        INC  BX
DELAY:  MOV  CX,[BX]                      ;内层循环次数
WDY:    LOOP  WDY
        DEC  DL
        JNZ  DELAY
        RET
TIMEDL  ENDP
CODE    ENDS
        END  TIMEDL
```

【例 5.18】　设有 4 名学生参加 5 门课程的考试,课程成绩已经存储在内存单元中,求

各门课程的平均成绩。

问题分析：

由于成绩采用百分制，因此成绩的数据类型为字节型。程序结构采用双层循环。外层控制课程门数，内层用于计算每门课程的累加分。程序流程如图5.14所示。

程序如下：

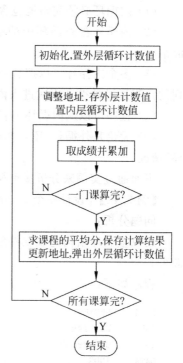

图5.14 例5.18的流程图

```
DATA    SEGMEN
GRADE   DB    85,73,92,81,96      ; 每行对应一个学生的成绩
        DB    100,86,95,77,80
        DB    56,71,69,80,68
        DB    83,78,69,90,84
AVEBUF  DB    5 DUP(?)
DATA    ENDS
CODE    SEGMENT
        ASSUME  CS: CODE,DS: DATA
START:  MOV   AX,DATA
        MOV   DS,AX
        MOV   BX,OFFSET GRADE     ; 取成绩单元的首地址
        MOV   DI,OFFSET AVEBUF    ; 取存结果单元的首地址
        MOV   SI,BX
        MOV   CX,5                ; 以课程门数作为外层循环
                                  ; 控制值
A1:     MOV   BX,SI
        SUB   BX,5
        PUSH  CX                  ; 将外层循环计数值入栈
        MOV   AL,0
        MOV   CX,4                ; 以学生人数作为内层循环控制值
A2:     ADD   BX,5                ; 同一门课程地址更新
        ADD   AL,[BX]
        LOOP  A2
        MOV   AH,0
        MOV   DL,4                ; 人数赋给 DL
        DIV   DL                  ; 求一门课程的平均成绩
        MOV   [DI],AL             ; 存平均分
        INC   SI
        INC   DI
        POP   CX                  ; 弹出外层循环计数值
        LOOP  A1
        MOV   AH,4CH
        INT   21H
CODE    ENDS
        END   START
```

【例5.19】 在数据区中存放着一组数，数据的个数就是数据缓冲区的长度，要求用冒泡法对该数据区中数据按递减关系排序。

问题分析：

　　冒泡排序算法的基本思路为：从第一个数开始依次对相邻两个数进行比较，按递增或递减关系对照，如两数次序对则不做任何操作；如两数次序不对则使这两个数交换位置。表 5.1 给出了 5 个数比较的过程。

表 5.1　冒泡排序算法举例

序号	数	比较遍数 1、2、3		
1	18	18	28	48
2	8	28	48	38
3	28	48	38	28
4	48	38	18	18
5	38	8	8	8

　　如果有 N 个无序数，在做了第一遍的 $N-1$ 次比较后，最小的数已经放到了最后，第二遍比较只需要考虑 $N-1$ 个数，即只需要比较 $N-2$ 次，以此类推，总共最多第 $N-1$ 遍比较后就可以完成排序。程序流程图如图 5.15 所示。

　　程序如下：

```
DATA    SEGMENT
DAT     DW  18,8,28,48,38
DATA    ENDS
STACK   SEGMENT  STACK
        DW  200 DUP(?)
STACK   ENDS
CODE    SEGMENT
        ASSUME  CS: CODE,DS: DATA,SS: STACK
START:  MOV AX,DATA
        MOV DS,AX
        MOV CX,5
        DEC CX              ; 外层循环初值
A1:     MOV DI,CX
        MOV BX,0
A2:     MOV AX,DAT[BX]
        CMP AX,DAT[BX + 2]
        JGE A3
        XCHG AX,DAT[BX + 2] ; 交换两个数
        MOV DAT[BX],AX
A3:     ADD BX,2
        LOOP A2             ; 内层循环
        MOV CX,DI
        LOOP A1             ; 外层循环
        MOV AH,4CH
        INT 21H
CODE    ENDS
        END START
```

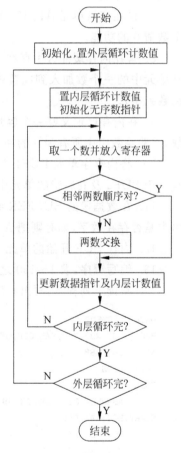

图 5.15　例 5.19 的流程图

思考与练习

1. 开发汇编语言源程序的主要步骤有哪些？

2. 简述衡量一个程序质量的标准。

3. 循环程序由几部分组成？各部分的功能是什么？

4. 常用循环程序的控制方法有哪几种？阐述每种的特点。

5. 在内存 BUFFER 单元中定义有 10 个 16 位数，试寻找其中的最大值及最小值，并放至指定的存储单元 MAX 和 MIN 中。画出程序流程图。

6. 统计字型变量 DATBUF 中的值有多少位为 0，多少位为 1，并分别记入 COUNT0 及 COUNT1 单元中。

7. 设在变量单元 $A1$、$A2$、$A3$、$A4$ 中存放有 4 个数，试编程实现将最大数保留，其余 3 个数清 0 的功能。

8. 若在内存缓冲区中存在一个无序列，列的长度放在缓冲区的第一个字节，试将内存某单元中的一个数加入到此数列中（若此数列中有此数，则不加；若此数列中无此数，则加在数列尾）。

9. 在内存已定义好一个容量为 20 字节的数组，请将数组中为 0 的项找出，统计 0 的个数，并删除数组中所有为 0 的项，将后续项向前压缩。

10. 将内存字单元 BUF1 中的内容拆为 4 个十六进制数，并分别转换为相应的 ASCII 码存于 BUF2 及其后续的单元中。

11. 在数据段的 BUFFER 到 BUFFER＋24 单元中存放着一个字符串，请判断该字符串中是否存在数字，如有则把 X 单元置 1，如无数字则将 X 单元置 0。

12. 内存 BUF 开始的单元中存放 6 个无序数，请用冒泡法将它们按递增顺序排序。

13. 编写程序，求 1～150 之间的能同时被 2 和 3 整除的整数之和。

14. 阅读下列程序，写出程序执行后数据段 BUF 的 10 个内存单元中的内容。

```
DATA    SEGMENT
BUF     DB   23H,76H,8AH,6FH,0E3H,02H,9DH,55H,39H,0ACH
KEY     DB   78H
DATA    ENDS
CODE    SEGMENT
        ASSUME  CS: CODE,DS: DATA,ES: DATA
START:MOV   AX,DATA
        MOV   DS,AX
        MOV   ES,AX
        CLD
        LEA   DI,BUF
        MOV   CL,[DI]
        XOR   CH,CH
        INC   DI
        MOV   AL,KEY
REPNE SCASB
        JNE   DONE
```

```
            DEC   BUF
            MOV   SI,DI
            DEC   DI
REP     MOVSB
DONE:   MOV   AH,4CH
            INT   21H
CODE    ENDS
            END   START
```

15. 分析以下程序段的功能，并指出程序执行后 BUF 单元存储的是什么信息。

```
DATA    SEGMENT
            STRN  DB    'FGGHY4567AAA32…','$'
            BUF   DB    0
DATA    ENDS
CODE    SEGMENT
            ASSUME  CS: CODE,DS: DATA
START:MOV   AX,DATA
            MOV   DS,AX
            MOV   AX,0
            MOV   DX,AX
            LEA   DI,STRN
            MOV   CX,100
            MOV   AL,'$'
LP:     CMP   AL,[DI]
            JE    DONE
            INC   DX
            INC   DI
            LOOP  LP
DONE:   MOV   BUF,DL
            MOV   AH,4CH
            INT   21H
CODE    ENDS
            END   START
```

第 6 章

子程序设计

在程序设计过程中,经常会遇到一些功能结构相同,仅是某些值不同的程序段在程序中多次出现,这样的重复编写既烦琐又费时。为此,在设计程序时,将可以多次调用、能完成特定操作功能的程序段编写成独立的程序模块称为子程序。调用这些子程序的程序称为主程序。一个子程序应具备重复性、通用性、可浮动性、可递归性和可重入性。

主程序调用子程序通过调用指令 CALL 来实现。子程序返回主程序的功能由返回指令 RET 实现。子程序调用时要注意保护现场,子程序返回时要及时恢复现场。

6.1 子程序的定义与调用

在同一个程序中,往往有许多地方都需要执行同样的一项任务(一段程序),而该任务又并非规则情况,不能用循环程序来实现,这时可以对这项任务独立地进行编写,形成一个子程序或过程,采用子程序结构来实现。

子程序结构如图 6.1 所示。每当需要执行子程序或过程时,就用调用指令转到该子程序或过程中去,执行完后再返回原来的程序。

子程序的适应范围如下。

(1) 多次重复使用的程序段。

(2) 具有通用性的程序段。

(3) 模块化程序结构中的子模块。

(4) 具有特殊功能的程序段。

(5) 中断服务程序。

采用子程序结构,具有以下几方面的优点。

(1) 简化了程序设计过程,使程序设计时间大量节省。

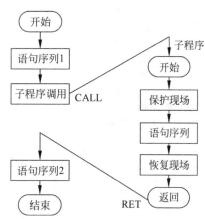

图 6.1 子程序的结构

(2) 缩短了程序的长度,节省了计算机汇编源程序的时间和程序的存储空间。

(3) 增加了程序的可读性,便于对程序的修改和调试。

(4) 方便了程序的模块化、结构化和自顶向下的程序设计。

6.1.1 子程序的定义

子程序是用过程定义伪指令 PROC 和 ENDP 来定义的,还应指出过程的类型属性,因此,子程序也可称为过程。在 PROC 和 ENDP 之间是为完成某一特定功能的一连串指令,其最后一条指令是返回指令 RET。过程通常以一个过程名(标号)后跟 PROC 开始,而以过程名后跟 ENDP 结束。

子程序定义格式如下:

```
过程名    PROC [NEAR 或 FAR]
          ⋮    过程体语句
          RET
过程名    ENDP
```

其中,"过程名"是子程序入口的符号地址,NEAR 或 FAR 是过程的类型属性,它指出对该过程的调用是段内调用还是段间调用。NEAR 用于段内调用,而 FAR 用于段间调用。

过程属性的确定原则如下。

(1) 调用程序和过程若在同一代码段中,则使用 NEAR 属性。

(2) 调用程序和过程若不在同一代码段中,则使用 FAR 属性。

(3) 主程序应定义为 FAR 属性。因为程序的主过程被看作是 DOS 调用的一个子程序,而 DOS 对主过程的调用和返回都是 FAR 属性。

6.1.2 子程序的调用

子程序不能单独运行,通过在主程序中的调用才能实现其功能。子程序执行完后应当返回主程序。

1. 子程序的调用格式

子程序的调用和返回是由 CALL 和 RET 指令完成。子程序的正确调用和正确返回是执行子程序的基本保证。

CALL 指令的格式为:

```
CALL    过程名
```

为了使子程序正确地执行,除了正确选择过程的属性外,正确使用堆栈也是非常重要的。因为在调用程序中执行 CALL 指令时将把下一条指令的地址压入堆栈。这个地址正是由子程序返回到调用程序的地址。当在子程序中执行 RET 指令时,便把这个返回地址由堆栈弹出到指令指针寄存器中,使调用程序自此继续往下执行。若在子程序中不能正确地使用堆栈,而造成执行 RET 前堆栈指针 SP 并未指向进入子程序时的返回地址,则必然会导致运行出错。因此在子程序中使用堆栈要特别小心。

调用程序和子程序可以在同一代码段,也可以不在同一代码段。

【例 6.1】 调用程序与子程序在同一代码段中的程序结构。

```
CODE  SEGMENT
         ⋮
MAIN  PROC  FAR
         ⋮
      CALL  PRO1
         ⋮
      RET
```

```
PRO1    PROC    NEAR
            ⋮
        RET
PRO1    ENDP
MAIN    ENDP
CODE    ENDS
```

在本例中，由于主过程与子过程在同一代码段中，因此主过程使用 FAR 属性，子过程使用 NEAR 属性。

【例 6.2】 调用程序与子程序不在同一代码段中的程序结构。

```
CODE1   SEGMENT
            ⋮
PRO1    PROC    FAR
            ⋮
        RET
PRO1    ENDP
CODE1   ENDS
CODE2   SEGMENT
            ⋮
        CALL    PRO1
            ⋮
CODE2   ENDS
```

在本例中，因为子程序 PRO1 和调用程序不在同一代码段，因此子程序 PRO1 应定义为 FAR 属性，这样调用指令 CALL 和返回指令 RET 都是 FAR 属性的。

在一个过程中可以有一个以上的 RET 指令。这完全是根据需要而设置的。

2．子程序的调用方法说明

一个子程序可以供多个用户编写的主程序调用。在不了解子程序内部算法的前提下能够很好地使用子程序也是子程序应具备的特性，所以一个完整的子程序，应包括子程序调用方法说明。调用方法说明与子程序清单一起形成子程序文件。

子程序调用方法说明主要包括以下几方面的内容。

（1）子程序名：供调用子程序时使用。

（2）子程序功能：供选择子程序时参考。

（3）占用寄存器：说明子程序执行时，要使用哪些寄存器；子程序执行完后，哪些寄存器的内容被改变，哪些寄存器的内容保持不变。

（4）入口参数：说明子程序执行应具备的条件。

（5）出口参数：说明子程序执行后的结果存放在何处。

（6）子程序调用示例：说明子程序的调用格式。

3．寄存器的保护与恢复

在程序设计中，调用程序与子程序通常是独立编写的，因此它们所使用的一些寄存器和存储单元经常会发生冲突。如果调用程序在调用子程序之前的某些寄存器或存储单元的内容，在从子程序返回到调用程序后还要使用，而子程序又恰好使用了这些寄存器或存储单元，则这些寄存器或存储单元的原有内容遭到了破坏，那就会使程序运行出错。为防止这种错误的发生,在执行子程序之前应该把子程序所使用的寄存器或存储单元的内容保存在堆栈中,而退出子程序之前再恢复原有的内容。在主、子程序间传送参数的寄存器不需保护。

寄存器的保护有以下两种方法。

(1) 在每次调用子程序时,将需要保护的寄存器的内容,在调用程序中压入堆栈;从子程序返回后,在调用程序中将栈中相应内容弹出。这种方法可能会使调用程序不易理解。

(2) 进入子程序后,首先把需要保护的寄存器的内容压入堆栈,而在返回调用程序前再恢复这些寄存器的内容。这种方法的好处是:在调用程序中的任何地方都可调用子程序,而不会破坏任何寄存器的原有内容;这种方法只需要写一次入栈和出栈指令即可。相应的子程序结构如下:

```
SUBP   PROC   NEAR
       PUSH   AX
       PUSH   BX
       PUSH   CX
       PUSH   DX
         ⋮
       POP    DX
       POP    CX
       POP    BX
       POP    AX
       RET
SUBP   ENDP
```

【例 6.3】 在 CRT 上循环输出 2～9 字符。

问题分析:

在屏幕上循环显示 2～9 时,为了看得清楚,字符与字符之间要有间隔,即每显示一个字符后要显示一个空格符(ASCII 码为 20H)。为了控制字符显示的速度,在每显示一个字符后调用一个延时子程序。为了保证循环输出 2～9 的数字,对 BL 置初值为 2,每输出一次,使其增量并用 DAA 指令进行十进制调整,输出 9 后,程序应能回到初值 2。

程序如下:

```
CODE      SEGMENT
          ASSUME  CS: CODE
START:    MOV     BL,2              ; 从 2 开始显示
          DEC     BL
          PUSH    BX
PUT1:     MOV     DL,20H            ; 显示空格符
          MOV     AH,2
          INT     21H
          POP     BX
          MOV     AL,BL
          INC     AL                ; 下一个数字
          DAA
          AND     AL,0FH            ; 屏蔽高 4 位
          CMP     AL,00H
          JNZ     NEXT
          MOV     AL,2
```

```
NEXT:     MOV     BL,AL
          PUSH    BX
          OR      AL,30H              ; 转成 ASCII 码
          MOV     DL,AL              ; 在屏幕上显示字符
          MOV     AH,2
          INT     21H
          CALL    DELAY              ; 调延时子程序
          JMP     PUT1
          MOV     AH,4CH
          INT     21H
DELAY     PROC    NEAR               ; 延时子程序
          PUSH    CX
          MOV     CX,0CFFFH
LOP:      DEC     CX
          JNE     LOP
          POP     CX
          RET
DELAY     ENDP
CODE      ENDS
          END     START
```

6.2　子程序的参数传递方法

主程序在调用子程序时，往往要向子程序传递一些参数。同样，子程序运行后也经常要把一些结果传回给主程序。主程序和子程序的这种信息传递称为参数传递。显然，主程序与子程序间具有参数传递能力，是增加子程序通用性的必要条件。

一般将子程序需要从主程序获取的参数称为入口参数，而将子程序返回给主程序的参数称为出口参数。入口参数使子程序可以对不同数据进行相同功能的处理，出口参数使子程序可将不同的结果送至主程序。

有多种参数传递的方法，常用的有寄存器传递法、存储器传递法和堆栈传递法。具体采用何种方法要根据情况事先约定好，有时可能同时采用多种方法。

6.2.1　通过寄存器传递参数

通过寄存器传递参数的思想是：主程序把入口参数送入某些寄存器，然后调用子程序，子程序中直接使用存放入口参数的寄存器进行处理。子程序处理完数据后，将执行结果作为出口参数存入寄存器中。返回主程序后，主程序对存放在寄存器中的出口参数进行相应的处理。用寄存器传递参数方便、直观，是经常使用的方法。但能传递的参数有限，适于参数较少的情况。

【例 6.4】　设在 ADRM 和 ADRN 单元中分别存放两个正整数 M、N。编一程序求 M 和 N 的最大公约数，并将结果存入 RESULT 单元中。要求用子程序实现求最大公约数的功能。

问题分析：

本例通过寄存器在主程序和子程序之间传递参数，子程序调用之前将正整数 M 和 N

分别放入 AX 和 BX 中,子程序返回时将求得的最大公约数放在 CX 中。

求最大公约数算法为:若 M 和 N 相等,则 M 或 N 即为最大公约数。若 M 和 N 不相等,则用大数除以小数,若余数为 0,则除数即为最大公约数;若余数不为 0,将除数作为被除数,余数作为除数继续除,直到余数为 0,则可确定最大公约数。

程序如下:

```
DATA    SEGMENT
M       DW   12
N       DW   8
RESULT  DW   ?
DATA    ENDS
STACK   SEGMENT  STACK
        DW       200 DUP(?)
STACK   ENDS
CODE    SEGMENT
        ASSUME  CS: CODE,SS: STACK,DS: DATA
START:  MOV   AX,DATA
        MOV   DS,AX
        MOV   AX,M              ; 取正整数 M
        MOV   BX,N              ; 取正整数 N
        CALL  FAR PTR SUBP      ; 调用求最大公约数子程序
        MOV   RESULT,CX         ; 存储最大公约数
        MOV   AH,4CH
        INT   21H
CODE    ENDS
        END   START
; 以下为求两个非 0 正整数的最大公约数的子程序
SUBP    PROC FAR
        PUSH AX                 ; 保护现场
        PUSH BX
        PUSH DX
        CMP  AX,BX              ; 比较两数
        JZ   NEXT               ; 若相等,转 NEXT
        JA   GREAT              ; 若 AX 大,转 GREAT
        XCHG AX,BX              ; 大数送 AX
GREAT:  XOR  DX,DX
        DIV  BX                 ; AX/BX 的余数送 DX
        AND  DX,DX              ; 判断余数是否为 0
        JZ   NEXT               ; 余数为 0,则除数即为最大公约数
        MOV  AX,BX              ; 余数不为 0,则将除数作为被除数
        MOV  BX,DX              ; 余数作除数
        JMP  GREAT              ; 继续求最大公约数
NEXT:   MOV  CX,BX              ; 除数为最大公约数
        POP  DX
        POP  BX
        POP  AX
        RET
SUBP    ENDP
```

【例 6.5】 $X1$ 和 $X2$ 是定义在内存的字变量,将每组 $X1$ 和 $X2$ 的值代入公式:

$$Y = (X1 + X2) \times 2 - (X2 + 9)$$

求出对应的 Y 值，并存入内存单元。

问题分析：

将内存变量 $X1$、$X2$ 和 Y 的地址指针分别放入寄存器 BX、SI 及 DI 寄存器中，CX 作为计数器，Y 的计算由子程序完成，子程序所需要的参数通过寄存器传递。程序流程如图 6.2 所示。

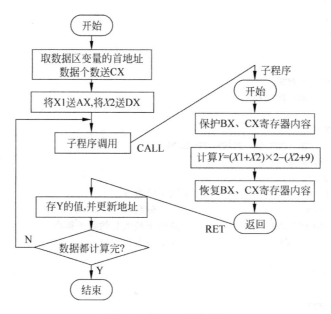

图 6.2　例 6.5 的流程图

```
DATA      SEGMENT
X1        DW    32,45,34,54,23,44,22,44
X2        DW    70,61,26,35,28,67,91,10
Y         DW    8 DUP(?)
DATA      ENDS
STACK     SEGMENT   STACK
          DW        200 DUP(?)
STACK     ENDS
CODE      SEGMENT
          ASSUME    CS: CODE,SS: STACK,DS: DATA
START:    MOV   AX,DATA
          MOV   DS,AX
          LEA   BX,X1              ; 取变量 X1 的首地址
          LEA   SI,X2              ; 取变量 X2 的首地址
          LEA   DI,Y               ; 取变量 Y 的首地址
          MOV   CX,8               ; 循环次数送 CX 中,用以控制循环
AGAIN:    MOV   AX,[BX]            ; 将 X1 送 AX 中
          MOV   DX,[SI]            ; 将 X2 送 DX 中
          CALL SUBPRO              ; 调用子程序
          MOV   [DI],AX            ; 将子程序返回的计算结果 Y 保存
          ADD   BX,2               ; 更新地址
          ADD   SI,2
```

```
            ADD   DI,2
            LOOP  AGAIN
            MOV   AH,4CH
            INT   21H
   SUBPRO   PROC  NEAR
            PUSH  BX
            PUSH  CX
            MOV   BX,DX
            ADD   AX,DX                  ; 计算 AX = (X1+X2)
            SAL   AX,1                    ; 计算 AX = (X1+X2)×2
            ADD   BX,9                    ; 计算 BX = (X2+9)
            SUB   AX,BX                   ; 计算 AX = (X1+X2)×2-(X2+9)
            POP   CX
            POP   BX
            RET
   SUBPRO   ENDP
   CODE     ENDS
            END   START
```

6.2.2　通过堆栈传递参数

通过堆栈传递参数的思想是：主程序把入口参数入栈保存，然后调用子程序，子程序从堆栈中弹出入口参数进行处理。子程序处理完数据后将执行结果作为出口参数入栈保存，返回主程序后，主程序从堆栈中弹出出口参数进行相应处理。

【例 6.6】　在 BUF 单元中有一个两位十进制数的压缩 BCD 码，将其转换成十六进制数，并在屏幕上显示出来。

问题分析：

本例将 BCD 码转换十六进制数的功能定义为子程序，通过堆栈将被转换的 BCD 码传递给子程序，并且通过堆栈区将转换的结果传回主程序。然后主程序将该结果转换为 ASCII 码并显示在屏幕上。

程序如下：

```
   DATA     SEGMENT
   BUF      DB   10000101B               ; 定义数据
   DATA     ENDS
   STACK    SEGMENT STACK
            DW   200 DUP(?)
   TOP      LABEL WORD
   STACK    ENDS
   CODE     SEGMENT
            ASSUME  CS: CODE,SS: STACK,DS: DATA
   START:   MOV   AX,DATA
            MOV   DS,AX
            MOV   AX,STACK
            MOV   SS,AX
            MOV   SP,OFFSET TOP
            MOV   AH,00H
            MOV   AL,BUF
```

```
            PUSH  AX                      ; 参数入栈
            CALL  SUBP                    ; 调用子程序
            POP   AX                      ; 从堆栈弹出返回值
            MOV   BX, AX
            MOV   CH, 2
    LP1:    MOV   CL, 4
            ROL   BL, CL                  ; 高四位和低四位交换
            MOV   AL, BL
            AND   AL, 0FH                 ; 屏蔽高四位
            ADD   AL, 30H                 ; 转换为 ASCII 码
            CMP   AL, 3AH
            JL    LP2
            ADD   AL, 07H
    LP2:    MOV   DL, AL
            MOV   AH, 2                   ; 显示字符
            INT   21H
            DEC   CH
            JNZ   LP1
            MOV   AH, 4CH
            INT   21H
    SUBP    PROC  NEAR
            PUSH  AX
            PUSHF
            PUSH  BX
            PUSH  CX
            PUSH  BP
            MOV   BP, SP
            MOV   AX, [BP + 12]           ; 从堆栈取参数
            MOV   AH, AL
            AND   AH, 0FH                 ; 分离出低四位 BCD 码
            MOV   BL, AH
            AND   AL, 0F0H                ; 分离出高四位 BCD 码
            MOV   CL, 4
            ROR   AL, CL
            MOV   BH, 0AH                 ; 以下三条指令实现转换为十六进制数的运算
            MUL   BH
            ADD   AL, BL
            MOV   [BP + 12], AX           ; 将返回数据保存在堆栈中
            POP   BP
            POP   CX
            POP   BX
            POPF
            POP   AX
            RET
    SUBP    ENDP
    CODE    ENDS
    END     START
```

【例 6.7】 数据段中分别存放着 3 个长度不等的数组 ARY1、ARY2 和 ARY3，要求对这 3 个数组分别求和，并将它们的和存放到 SUM1、SUM2、SUM3 单元中。试编制能实现

以上功能的程序。

问题分析：

求和过程可用子程序结构来编写。主程序 3 次调用求和子程序，主程序和子程序之间通过堆栈来传递参数，传递的参数是数组长度和数组首地址。子程序中对数组求和结束时，直接将和存入指定的内存单元。

程序如下：

```
STACK    SEGMENT  STACK
         DB    256 DUP(0)
STACK    ENDS
DATA     SEGMENT
ARY1     DB 10 DUP(3)              ;定义第一个数组
SUM1     DW    ?                   ;第一个数组的和
ARY2     DB  8 DUP(5)              ;定义第二个数组
SUM2     DW    ?                   ;第二个数组的和
ARY3     DB  6 DUP(8)              ;定义第三个数组
SUM3     DW    ?                   ;第三个数组的和
DATA     ENDS
CODE     SEGMENT
         ASSUMES: CODE,DS: DATA,SS: STACK
START:   MOV   AX,DATA
         MOV   DS,AX
         MOV   AX,SIZE ARY1        ;取第一个数组的长度
         PUSH AX                   ;入栈
         MOV   AX,OFFSET ARY1      ;取第一个数组的首地址
         PUSH AX                   ;入栈
         CALL SUM                  ;调用数组求和子程序
         MOV   AX,SIZE ARY2        ;取第二个数组的长度
         PUSH AX                   ;入栈
         MOV   AX,OFFSET ARY2      ;取第二个数组的首地址
         PUSH AX                   ;入栈
         CALL SUM                  ;调用数组求和子程序
         MOV   AX,SIZE ARY3        ;取第三个数组的长度
         PUSH AX                   ;入栈
         MOV   AX,OFFSET ARY3      ;取第三个数组的首地址
         PUSH AX                   ;入栈
         CALL SUM                  ;调用数组求和子程序
         MOV   AH,4CH
         INT   21H
SUM      PROC NEAR
         PUSH AX
         PUSH BX
         PUSH CX
         PUSH BP
         MOV   BP,SP
         PUSHF
         MOV   CX,[BP + 12]        ;从堆栈中弹出数组的长度
         MOV   BX,[BP + 10]        ;从堆栈中弹出数组的首地址
         MOV   AX,0
```

```
AGAIN:   ADD  AL,[BX]                    ; 做累加
         INC  BX                         ; 地址更新
         ADC  AH,0
         LOOP AGAIN
         MOV  [BX],AX                    ; 将和放入指定内存单元
         POPF
         POP  BP
         POP  CX
         POP  BX
         POP  AX
         RET  4
SUM      ENDP
CODE     ENDS
         END  START
```

6.2.3 通过内存单元传递参数

通过内存缓冲区传递参数的思想是：主程序中将入口参数送入某些存储单元，然后调用子程序，子程序从存储单元中取出入口参数进行处理。子程序处理完数据后，将执行结果作为出口参数存入存储单元中，返回后由主程序进行处理。

用存储器传递参数的最简单方法是定义位置、格式确定的缓冲存储区，凡是需要子程序处理的参数，无论原来存放在什么地方，必须按格式要求先传入缓冲区。子程序从缓冲区取得数据进行规定的处理，产生的结果按格式要求存入这个或另外的缓冲存储区，调用程序再从缓冲区取走结果。

【例 6.8】 设 ARRAY 是 10 个元素的数组，每个元素是 8 位数据。试用子程序计算数组元素的校验和，并将结果存入变量 RESULT 中。

问题分析：

校验和是指不记进位的累加，常用于检查信息的正确性。在本例中，子程序完成元素求和，主程序通过内存单元向子程序传递参数，允许子程序直接使用变量名访问数组元素。子程序需要回送求和结果。

程序如下：

```
DATA     SEGMENT
COUNT    EQU  10                         ; 数组元素个数
ARRAY    DB   36H,8AH,26H,37H,99H,0DH,62H,0FH,50H,43H
RESULT   DB   ?                          ; 存储校验和
DATA     ENDS
STACK    SEGMENT STACK
         DW   100 DUP(?)
STACK    ENDS
CODE     SEGMENT
         ASSUME CS: CODE,SS: STACK,DS: DATA
START:   MOV  AX,DATA
         MOV  DS,AX
         CALL SUBP                       ; 调用子程序
         MOV  AH,4CH
         INT  21H
```

```
SUBP    PROC NEAR
        PUSH AX
        PUSH BX
        PUSH CX
        XOR  AL,AL                      ; AL 清 0
        MOV  BX,OFFSET ARRAY            ; 取数组元素的首地址
        MOV  CX,COUNT                   ; 取数组元素个数
SUMB:   ADD  AL,[BX]                    ; 累加
        INC  BX                         ; 数组元素地址更新
        LOOP SUMB
        MOV  RESULT,AL                  ; 存储校验和
        POP  CX
        POP  BX
        POP  AX
        RET
SUBP    ENDP
CODE    ENDS
        END  START
```

6.3　子程序的嵌套与递归

与高级语言类似,子程序也允许嵌套;满足一定条件的子程序还可以实现递归。

6.3.1　子程序的嵌套调用

子程序内包含有子程序的调用就是子程序的嵌套。嵌套深度(即嵌套的层次数)逻辑上没有限制,但由于子程序的调用需要在堆栈中保存返回地址以及寄存器等数据,因此实际上受限于开设的堆栈空间。嵌套子程序的设计并没有什么特殊要求,除子程序的调用和返回应正确使用 CALL 和 RET 指令外,还要注意寄存器的保存与恢复,以避免各层子程序之间因寄存器使用冲突而出错。

当调用程序去调用子程序时,将产生中断点,而子程序执行完后返回到调用程序的断点处,使调用程序继续往下执行。因此,对于嵌套结构,中断点的个数等于嵌套的深度,图 6.3 给出了嵌套深度为 3 的子程序嵌套调用结构。

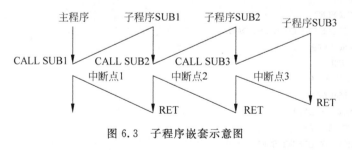

图 6.3　子程序嵌套示意图

【例 6.9】　编写一个程序,从键盘输入一个字符,若为 1,则调用 FIRST 子程序;若为 2,则调用 SECOND 子程序;否则显示 INPUT THE RIGHT CHARACTER,返回 DOS。FIRST 和 SECOND 子程序为近过程。

问题分析：

定义 3 个子程序，分别是 FIRST 子程序、SECOND 子程序及完成光标回车、换行的 ENTER 子程序。主程序调用了 FIRST、SECOND 及 ENTER 子程序，而 FIRST 和 SECOND 子程序中又调用了 ENTER 子程序，因此构成了子程序的嵌套调用结构。程序结构如图 6.4 所示。

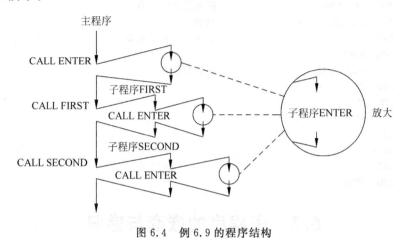

图 6.4　例 6.9 的程序结构

在该程序中使用了 3 个 DOS 系统功能调用，其中第一个调用，实现从键盘输入一个字符，调用后，字符的 ASCII 码在 AL 寄存器中。第二个调用为在屏幕上显示一个字符，调用前，被显示字符的 ASCII 码应送入 DL 寄存器中。第三个调用实现一个字符串的输出显示，调用前，应将 DX 指向存放要显示的字符串的缓冲区的首地址，被显示的字符串应以'$'结尾。

程序如下：

```
DATA      SEGMENT
STR0      DB    "INPUT THE RIGHT CHARACTER",'$'
STR1      DB    'INPUT CHARACTER: $'
STR2      DB    'THE FIRST SUBROUTINE! $'
STR3      DB    'THE SECOND SUBROUTINE! $'
DATA      ENDS
CODE      SEGMENT
          ASSUME CS: CODE,DS: DATA
MAIN      PROC FAR
START:    PUSH DS
          MOV AX,0
          PUSH AX
          MOV AX,DATA
          MOV DS,AX
          MOV DX,OFFSET STR1
          MOV AH,09H
          INT 21H                      ; 提示输入字符
          MOV AH,01H
          INT 21H
          CMP AL,'1'
```

```
                JE    SUBF                    ; 为'1'调用子程序 FIRST
                CMP AL,'2'
                JE    SUBS                    ; 为'2'调用子程序 SECOND
                CALL ENTER
                LEA DX,STR0
                MOV AH,09H
                INT 21H                       ; 提示输入字符形式
                JMP RETN
      SUBF:     CALL FIRST
                JMP RETN
      SUBS:     CALL SECOND
      RETN:     RET
      MAIN      ENDP
      ENTER     PROC
                MOV DL,0DH
                MOV AH,02H
                INT 21H
                MOV DL,0AH
                MOV AH,02H
                INT 21H                       ; 完成回车、换行
                RET
      ENTER     ENDP
      FIRST     PROC
                CALL ENTER
                LEA DX,STR2
                MOV AH,09H
                INT 21H
                RET
      FIRST     ENDP
      SECOND    PROC
                CALL ENTER
                LEA DX,STR3
                MOV AH,09H
                INT 21H
                RET
      SECOND    ENDP
      CODE      ENDS
                END START
```

【**例 6.10**】 AL 中有一个键盘输入字符的 ASCII 码,调用一个子程序,判断是否是十六进制数'0'～'F'的 ASCII 码,若是,AL 返回一位十六进制数,否则 AL 返回 0FFH。

问题分析:

判断一个字符是否是十六进制数的 ASCII 码,可以判断其是否在 30H～39H 以及 41H～46H 之间,若不是,则不是十六进制数的 ASCII 码,AL 返回 FFH。若是,则调用子程序,将其转换为对应的十六进制数。该程序含有两个子程序,主程序调用子程序 SUB1 时,首先判断 AL 中是否是'0'～'F'十六进制数的 ASCII 码,若不是,转 NEXT,返回一个值 FFH,由 AL 寄存器送回。若是,调用 SUB2 子程序,将 ASCII 码转为十六进制数,由 AL 寄存器送回。调用程序与子程序间的输入参数与输出参数,均由 AL 寄存器传送。

程序如下：

```
CODE        SEGMENT
            ASSUME CS: CODE
START:      MOV AH,1                      ; 键盘输入字符子程序
            INT 21H
            CALL SUB1
            MOV AH,4CH
            INT 21H
SUB1        PROC NEAR                     ; 判断是否为十六进制数子程序
            CMP AL,30H
            JB  NEXT
            CMP AL,46H
            JA  NEXT
            CMP AL,40H
            JA  AA                        ; 在 A~F 之间
            CMP AL,39H
            JBE AA                        ; 在 0~9 之间
            JMP NEXT
AA:         CALL SUB2
            JMP DONE
NEXT:       MOV AL,0FFH
DONE:       RET
SUB1        ENDP
SUB2        PROC NRAR                     ; 将 ASCII 码转为十六进制数子程序
            CMP AL,39H
            JBE BB
            SUB AL,07H
BB:         SUB AL,30H
            RET
SUB2        ENDP
CODE        ENDS
            END START
```

6.3.2 子程序的递归调用

当子程序直接或间接地嵌套调用自身时称为递归调用，含有递归调用的子程序称为递归子程序。递归子程序的设计必须保证每次调用都不破坏以前调用时所用的参数和中间结果，因此将调用的输入参数、寄存器内容及中间结果都存放在堆栈中。递归子程序必须采用寄存器或堆栈传递参数，递归深度受堆栈空间的限制。递归子程序对应于数学上对函数的递归定义，它往往能设计出效率较高的程序，可以完成相当复杂的计算。

【例 6.11】 求一位数的阶乘运算。

问题分析：

阶乘的定义如下。

$$n! = \begin{cases} n*(n-1)! & n>0 \\ 1 & n=1 \end{cases}$$

从上式可以看出，阶乘运算包含有递归运算关系，因此定义一个阶乘运算的过程，然后

采用递归调用的方式完成题目所要求的功能。

程序如下：

```
STACK       SEGMENT PARA STACK 'STACK'
            DW  64 DUP(?)
STACK       ENDS
DATA        SEGMENT
N           DB  8                       ; 定义一位数字
FUNCN       DW  ?                       ; 求得的阶乘值放于此
DATA        ENDS
CODE        SEGMENT
            ASSUME CS: CODE,SS: STACK,DS: DATA
MAIN        PROC FAR
START:      PUSH DS
            MOV AX,0
            PUSH AX
            MOV AX,DATA
            MOV DS,AX
            PUSH CX
            MOV AH,0
            MOV AL,N                    ; 将待求阶乘的数放在 AL 中
            CALL FACTOR                 ; 调用求阶乘子程序
            MOV FUNCN,AX                ; 放结果
            POP CX
            RET
MAIN        ENDP
FACTOR      PROC NEAR
            PUSH AX
            SUB AX,1
            JNE AGAIN                   ; 如果 N－1 为 0,则结束递归调用
            POP AX
            JMP FIN
AGAIN:      CALL FACTOR                 ; 递归调用
            POP CX
            MUL CL                      ; 乘法运算
FIN:        RET
FACTOR      ENDP
CODE        ENDS
            END START
```

思考与练习

1. 子程序是如何定义和调用的？

2. 什么是子程序的嵌套和递归？

3. 主程序和子程序之间的参数传递有几种主要方式？每种方式的特点是什么？

4. 试编写能实现如下功能的过程。

（1）十进制数转换为 ASCII 码。

（2）十六进制数转换为 ASCII 码。

（3）数字的 ASCII 码转换为十六进制数。

（4）$f(x)=2x^2+3x-4$。

（5）非压缩 BCD 码转换为压缩 BCD 码。

（6）压缩 BCD 码转换为非压缩 BCD 码。

5. 下面的子程序有错吗？如果存在错误,将其改正。

```
ABC     PROC
        PUSH  DX
        XOR   AX,AX
        XOR   DX,DX
AGAIN:  ADD   AX,[BX]
        ADC   DX,0
        INC   BX
        INC   BX
        LOOP  AGAIN
        RET
        ENDP
```

6. 分析下面程序段,程序运行后,AL 和 BL 寄存器中的内容是什么？

```
        ⋮
        XOR   AL,AL
        CALL  SUBROUT
        MOV   BL,AL
        CALL  SUBROUT
        RCR   AL,1
        HLT
SUBROUT PROC NEAR
        NOT   AL
        JS    NEXT
        STC
NEXT:   RET
SUBROUT ENDP
        ⋮
```

7. 分析下列程序,指出程序完成什么功能？

```
        ⋮
MAIN    PROC FAR
        MOV   SI,OFFSET SOURCE
        PUSH  SI
        MOV   DI,OFFSET  DEST
        PUSH  DI
        MOV   CX,100
        PUSH  CX
        CALL  FAR PTR REMOV
        RET
MAIN    ENDP
        ⋮
REMOV   PROC FAR
        MOV  BP,SP
```

```
            MOV   CX,[BP + 4]
            MOV   DI,[BP + 6]
            MOV   SI,[BP + 8]
            CLD
   REP      MOVSB
            RET
   REMOV    ENDP
```

8. 在内存缓冲区中有两个 64 位数,试编程实现这两个 64 位数相减的运算,要求定义至少一个过程。

9. 设计一个子程序,它能完成在屏幕上输出空行的功能,空行的行数在 CX 寄存器中。试将此子程序功能用于你的程序中。

10. 编程(包含子程序)实现对两个数组求和的功能,设两个数组的类型相同,数组元素个数也相同。

11. 编写一个完整的程序,要求把含有 22H、32H、42H、52H 4 个字符数据的数据区复制 15 次。

第 7 章

输入／输出程序设计

在微型计算机中,主机是由微处理器 CPU 和内部存储器组成的。主机以外的设备统称为外部设备或输入/输出设备,简称 I/O 设备。常用的 I/O 设备包括键盘、显示器、打印机、磁盘机、光盘机以及数模(D/A)和模数(A/D)转换器等。I/O 设备的工作速度与主机速度差异很大,为了使快速工作的主机与慢速工作的 I/O 设备相互配合,以便可靠地完成信息的交换,通常是通过输入/输出接口电路来实现的。

7.1 微机接口技术概述

接口的基本功能就是能够根据 CPU 的要求对外设进行管理和控制实现信息逻辑及工作时序的转换,以保证 CPU 与外设之间能进行可靠有效的信息交换。

1. 微机接口及其分类

计算机可以进行各种运算和处理操作。但是必须通过输入设备将程序和数据输入计算机,同样,计算机运算和处理后的结果又经过输出设备送出去。计算机通过外部设备所进行的信息的输入/输出操作,是实现计算机与外部世界(包括人机间)信息交换的必要手段,所以通过接口所进行的输入/输出操作是微机系统中的一项重要任务。

输入与输出过程分别为:输入设备把数据送入接口,由 CPU 执行输入程序,把接口中的数据读至 CPU,放入存储器中;CPU 执行输出程序,将存储器中的结果送至输出接口中,然后启动输出设备,将接口中的数据由输出设备输出。

接口技术就是把由 CPU 等组成的基本系统与外设连接起来,综合应用软件和硬件以实现计算机与外设通信的一门技术。

按照微机接口的特征进行分类,通常有以下几种情况。

1) 按照数据传送的格式分类

(1) 并行接口:接口与系统总线之间、接口与外设之间,都是以并行方式传送信息,即每次传送一个字节或字的全部代码。

(2) 串行接口:接口与外设之间采用串行方式传送数据,即每个字是逐位依次传送;而接口与系统总线之间总是以并行方式传送数据。因此,一般应在串行接口中设置实现"串-并"和"并-串"转换的移位寄存器和相应的时序控制逻辑。

2) 按照接口的功能分类

(1) 与主机配套的接口:这是一类与主机直接进行交流的接口,包括总线仲裁、存储管理、中断控制和 DMA 控制等。

（2）通用的 I/O 控制接口：这类接口不是针对某种用途或某种 I/O 设备而设计的，它以服务于多种用途和多种设备为目标，包括并行 I/O 接口和串行 I/O 接口等。

（3）与专用 I/O 设备配套的接口：这是为某种专门用途或某种 I/O 设备而设计的接口，包括 CRT 控制、打印控制、键盘控制、硬盘控制和软盘控制等。

3）按照接口硬件的复杂程度分类

（1）I/O 接口芯片：大多是可编程的大规模集成电路，它们可以通过 CPU 输出不同的命令和参数，灵活地控制相连的外设进行相应的操作。如定时/计数器芯片、中断控制器芯片、DMA 控制器芯片、并行接口芯片以及串行接口芯片等。

（2）I/O 接口卡：接口卡是由若干个集成电路按一定的逻辑结构组装成的一个部件。它可以直接集成在系统板上，也可以制成一个插卡插在系统总线槽上。依照所连接的外设控制的难易程度，该控制卡的核心器件或为一般的接口芯片或为微处理器。带有微处理器的接口卡称为智能接口卡，这种卡上必有一片 EPROM 芯片，芯片内固化了控制程序，如 PC 的硬盘驱动器接口控制卡。

2. 接口与外设之间的信息

接口与外设之间可以进行各种信息的交流，将它们概括起来有数据信息、控制信息和状态信息三大类。各种信息在 I/O 接口中存放在不同的寄存器中，数据信息存放在 I/O 接口中的输入数据或输出数据缓冲器中，状态信息寄存在状态寄存器中，而控制信息写入控制寄存器中。下面分别给出各类信息的含义。

（1）CPU 与外设之间传送的数据信息有数字量、模拟量和开关量 3 种形式，根据机器字长可分为 8 位、16 位、32 位和 64 位等。

数字量信息是以若干个二进制位组合的形式表达的数值或字符，这类信息可以直接与 CPU 传输。如由键盘、光电读入机读入的信息以及由 CPU 输出到显示器、打印机等的信息都直接是数字量的信息。

模拟量是指时间上连续变化的量，如温度、压力、流量等各种工程物理量，这些信号一般先转换成模拟的电压或电流信号，再经过 A/D 转换变成数字量，才能被计算机系统接收及进行 CPU 处理，同样，计算机系统处理完的信号如果要送到执行机构，也必须经过 D/A 转化，即由数字量转换为模拟量。

开关量是只有两个状态的量，如开关的合与断、继电器线圈的通电与断电，电机的运转与停止等，可以用一位二进制位的两个取值"0"和"1"来表示两种状态，因此 16 位字长的机器一次可以输入或输出 16 个开关量。

（2）控制信息是 CPU 通过接口向外设发布的各种控制命令信息。这些控制命令主要用于 I/O 设备的工作方式设置等。

（3）状态信息是外部设备向 CPU 提供外设当前工作状态的信息，CPU 接收到这些状态就可以了解外设的情况，适时准确地进行有效的数据传送。

常见的外设状态信息如输入设备准备好信号（READY）、输出设备是否忙（BUSY）等。如果 READY 为 1，则说明输入设备已经准备好输入数据，CPU 可以读取外设的数据信息，否则输入设备没有准备好，CPU 就不能读取有效的数据；如果 BUSY 为 1，说明输出设备正在工作，CPU 不能向它传送数据，直到 BUSY 为 0 时，即输出设备不忙时才能向输出设备写数据。

3. I/O 接口的功能

I/O 接口位于系统总线与外设之间。系统总线是符合特定总线标准的信息通路，它是通用的。各个外设通过系统总线与 CPU 进行信息交换。而由于键盘、显示器、打印机、磁盘机等各种外设各具特殊性，往往不能与 CPU 直接相连，需要一个中间环节进行数据缓冲、数据格式转换、通信控制、电平匹配等工作，这就是 I/O 接口电路。I/O 接口是 CPU 与外设进行信息交换的中转站。

接口的基本功能就是要能够根据 CPU 的要求对外设进行管理与控制，实现信号逻辑及工作时序的转换，保证 CPU 与外设之间能进行可靠有效的信息交换。具体功能如下。

1）数据缓冲功能

设置接口的目的是为 CPU 和外设之间提供数据传输通路，但是 CPU、内存储器以及外设之间在速度上存在很大差异，为了解决这个问题，接口中必须有数据缓冲区，以避免数据丢失，实现数据缓冲和速度匹配。

2）设备选择和寻址功能

微机系统中可以带多台外设，而 CPU 在同一时间里只能与一台外设进行信息交换，这就要求在接口有译码电路，通过译码电路对外设进行寻址。寻址功能就是根据 CPU 送出的地址信号和相应的控制信号选中接口及内部 I/O 端口。通常地址总线上的高位地址用来选择接口，低位地址用于接口内部寄存器或锁存器的选择，只有被选中的外设才能与CPU 进行数据交换或通信。

3）数据格式转换功能

接口必须具备数据格式转换功能，以使采用不同数据格式的外设和 CPU 之间能够进行数据传输。一般接口与系统总线之间采用并行传送，而外设可能采用并行传送，也可能采用串行传送。对于采用串行传送的外设，接口需要设置有"串-并"及"并-串"转换功能；对于采用并行传送的外设，系统数据总线的宽度可能是 16 位、32 位或 64 位，而外设的数据宽度通常是一个字节，因而需要将字节拼接成指定宽度的字。

4）电平信号转换功能

系统总线与外设的电源标准可能是不同的，则它们的信号电平也可能不同。如主机使用＋5V 电源，而某个外设使用＋12V 电源。则利用接口实现电平的转换，使采用不同电源的设备之间能够进行信息传送。

5）控制功能

CPU 是通过 I/O 接口控制外设的，接口应能接收 CPU 的命令、解释命令，并根据命令的含义产生相应的控制信号送往外设。

如果采用中断方式控制信息的传送，则接口中应有相应的发送中断请求信号和接收中断响应信号的中断逻辑。而且还要能发送中断向量码以及进行中断优先级的排队。

如果采用 DMA 方式控制信息的传送，则接口中应有相应的 DMA 逻辑。通常 DMA 控制器用于控制系统总线以实现主存储器与外设交换数据信息，而 DMA 接口中则需要设置DMA 请求的产生逻辑。

6）可编程功能

为了使接口具有较强的通用性、灵活性，接口应有多种工作方式，并且可以在程序中用软件来设置接口的工作方式,以适应不同的用途。

7) 错误检测功能

作为数据通信的接口应能对数据传输过程中出现的错误进行检测。

4. I/O 接口的基本组成

虽然构成 I/O 接口的不同功能的电路各不相同,但是在基本结构上都是由寄存器和控制逻辑两大部分组成的。图 7.1 给出了接口电路的组成框图。

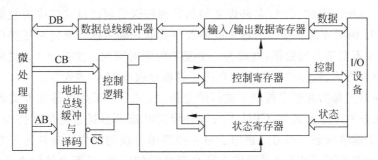

图 7.1　I/O 接口电路基本结构框图

1) 数据缓冲寄存器

数据缓冲寄存器有输入数据缓冲器和输出数据缓冲器两种,前者用来暂时存储外设送往 CPU 的数据,而后者用来暂时存放 CPU 送往外设的数据。有了数据缓冲器,就可以在高速 CPU 与慢速外设之间实现数据的同步传送。

2) 控制寄存器

控制寄存器的作用是存放由 CPU 发来的用以规定接口电路的工作方式和功能的控制命令等信息的部件。由于接口芯片大都具有可编程的特点,因此接口芯片可以通过编程来确定多种不同的工作方式和功能。控制寄存器的内容只能由 CPU 写入,不能读出。

3) 状态寄存器

状态寄存器是用以保存外设各种状态信息的部件。CPU 可以读取状态寄存器的内容,从而了解外设的状态以及数据传输过程中出现的情况。CPU 能根据外设的状态信息进行决策,使接口的数据传输任务顺利完成。当接口的数据传输采用查询方式时,状态寄存器更是必不可少的,它能给 CPU 提供外设的忙/闲、就绪/不就绪以及正确/错误等状态信息。

4) 数据总线和地址总线缓冲器

数据总线缓冲器用于实现接口芯片上的内部数据总线与系统的数据总线相连接,而地址总线缓冲器用于实现接口的端口地址选择线与系统地址总线的相应端连接。

5) 内部控制逻辑

内部控制逻辑用于产生一些接口电路内部的控制信号,实现系统控制总线与内部控制总线信号之间的变换。

6) 端口地址译码器

端口地址译码器用于正确地选择接口电路内部各端口寄存器的地址,保证端口寄存器与端口地址之间的一一对应关系,以使 CPU 与外设之间能够准确无误地进行信息的传递。

7) 联络控制逻辑

联络控制逻辑这部分电路的功能是产生和接收 CPU 与外设之间数据传输过程的联络

信号。这些联络信号包括 CPU 一端的中断请求、中断响应、总线请求和总线响应，以及外设一端的准备就绪和选通等控制与应答信号。

7.2　输入/输出的控制方式

由于各种外设的工作速度相差很大，即使是高速的输入/输出设备，其速度与 CPU 的工作速度也不匹配。因此，CPU 与外设之间的数据传送必须通过接口中的数据缓冲器来进行。这样，CPU 何时才能从接口的输入缓冲器中读取正确数据以及何时往接口的输出缓冲器写入数据，才不至于丢失数据，就成为一个复杂的定时问题。主机与外设之间的数据传送方式有程序查询方式、程序中断方式和直接存储器存取（DMA）方式等。

程序查询方式是指在程序控制下进行信息传送，又分为无条件传送方式和条件传送方式两种。在无条件传送方式下，CPU 不查询外设的状态而直接进行信息传输，即每次传送时，外设都处于就绪状态。该方式适用于对一些简单外设的操作。条件传送方式也称为查询方式，在查询方式下，CPU 通过程序不断查询外设的状态，只有当外设准备好时，才进行数据传输。如果外设没有准备好，就一直查询，直到外设准备就绪为止。但这种方式使 CPU 效率降低。

中断传送方式是指外设准备好时向 CPU 发中断申请，如开中断，则 CPU 在当前指令执行结束后，就保存指令断点和程序状态字等内容，接着转入相应的中断服务程序执行，之后再恢复原来的程序断点继续执行。

DMA 方式是适用于大批量数据传输的直接存储器传输方式。即外设在专用的接口电路 DMA 控制器的控制下直接和存储器进行高速数据传输。采用 DMA 方式时，如外设需要进行数据传输，首先向 DMA 控制器发出 DMA 请求，DMA 控制器再向 CPU 发出总线请求，CPU 响应后把总线控制权交给 DMA 控制器，DMA 控制器接管总线后进行数据传输，数据传输结束后，DMA 控制器向 CPU 归还总线。

7.2.1　程序查询传送方式

程序查询传送方式是指在程序控制下的数据传送，分为无条件传送方式和条件传送方式。

1. 无条件传送方式

计算机与外设数据传送中最早采用的是直接输入/输出方式，也称为无条件传送方式，采用这种传送方式的前提是外部设备必须处于随时能提供数据或接收数据状态。例如，输入时，输入端口的数据一直处于准备好状态，无论何时读入的数据都是有效的数据；输出时，输出端口必须处于可接收状态，随时能接收 CPU 发送出去的数据。

图 7.2 给出了无条件传送方式的工作原理。

简单外设作为输入设备时，输入数据保持时间相对于 CPU 的处理速度要长得多，所以可以直接使用三态缓冲器和数据总线相连。当 CPU 执行输入指令时，读信号 $\overline{\text{IOR}}$、片选信号 $\overline{\text{CS}}$ 有

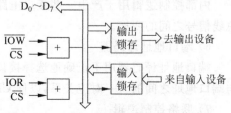

图 7.2　无条件传送方式的工作原理

效,因而三态缓冲器被选通,使其早已准备好的输入数据进入数据总线,再到达 CPU。可见要求 CPU 在执行输入指令时,外设的数据是准备好的,即已经存在三态缓冲器中,否则出错。

当简单外设用作输出设备时,一般都需要锁存器,使 CPU 送出的数据在接口电路的输出端保持一段时间,从而使 CPU 能保持和外设动作相适应。CPU 在执行输出指令时,$\overline{IOW}$ 和 $\overline{CS}$ 有效,于是,接口中的输出锁存器被选中,CPU 输出的信息经过数据总线送到输出锁存器,输出锁存器保持这个数据,直到外设取走。显然,这里要求 CPU 在执行输出指令时,确信所选中的输出锁存器是空的。

在无条件传送方式中,要求外部设备处于随时能提供数据或接收数据的状态,这在大多数的情况下是很难实现的。例如,计算机送出一批数据至打印机打印,若上一批数据还未打印完,计算机又送来一批新的数据去打印,那么由于打印机前一次的打印任务还没有完成,新的打印数据就可能丢失。对于输入也一样,如果输入设备还未准备一个数据,计算机就来取数据,这个取来的数据很可能是无效的数据。由此看来,在大多数情况下,是不能采用无条件传送的方式进行数据的输入和输出操作,而应该在输入/输出前先查询一下外设是否处于准备好的状态,若处于准备好的状态,则 CPU 可以与外设进行数据传送;若处于未准备好的状态,就重新查询,一直等到外设处于准备好的状态为止。

这种先查询外设的状态,后进行输入/输出操作的工作方式,称为查询式输入/输出方式,也称为条件传送方式。

2. 查询式传送方式

CPU 通过执行程序不断读取并测试外设的状态,如果外设处于准备好状态或空闲状态,则 CPU 执行输入或输出指令与外设交换信息,否则 CPU 处于循环查询状态。外设的状态是通过输入指令读外设的状态寄存器获得的。每个状态寄存器都有对应的地址,称为端口地址。通常一个外设可能有多个端口地址,分别对应数据端口、状态端口以及控制端口。

CPU 寻址外设的方式有存储器寻址和端口寻址两种方式。第一种存储器寻址方式是把外设看作一个存储单元,每个外设占有存储器的一个或若干个地址。当要从外设输入一个数据时,就与外设对应的存储单元地址进行读操作,即到外设接口寄存器中读回数据。在向外设输出一个数据时,则以同样的方式对与外设对应的存储单元地址进行一次存储器写操作,即把数据写到外设接口的寄存器中。这种方法的优点是不必另设专用的输入/输出指令,只要使用指令系统中的存储器操作指令即可。缺点是外设要占用一部分存储器的地址空间,给存储器地址分配带来不便。

CPU 寻址外设的另一种方式是端口寻址,这种方式要求使用专门的输入/输出指令,并要求为外设接口分配地址,以便通过接口地址来寻址外设。在 80x86 中专门配有输入/输出指令,它们是以端口作为地址寻址的。由于一个外设可能使用若干个数据端口,因此还要设定状态端口以及控制端口,于是,一个外设可能有多个端口地址。CPU 是通过地址总线来选择端口地址的。这样通过端口传送的数据,一律由数据总线传送。这些被传送的数据包括数据信息、外设状态信息或控制外设工作的控制信息,如图 7.3 所示。

当了解了 CPU 对外设的寻址方式及 CPU 与外设间传送的信息之后,就容易掌握程序查询的数据传送方式。

查询式输入程序流程如图 7.4 所示，CPU 先从状态口输入外设的状态信息，检查一下外设是否已经准备好数据，若未准备好，则 CPU 进入等待状态，直到准备好后才退出循环，输入数据。

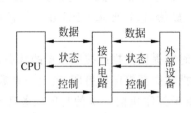

图 7.3　主机与外设间传送的信息

图 7.4　查询式输入程序流程图

设外设的状态寄存器的端口地址为 PORT1，外设的数据寄存器的端口地址为 PORT2，并设状态寄存器的最低位为状态位。若该位为 1，则表示外设处于准备好状态；若该位为 0，则表示外设处于未准备好的状态。实现这种查询式输入的程序段落如下：

```
         ⋮
AGAIN:   IN   AL,PORT1
         AND  AL,01H
         JE   AGAIN
         IN   AL,PORT2
         MOV  [DI],AL
         ⋮
```

查询式输出的程序流程如图 7.5 所示，CPU 必须先查外设的 BUSY 状态，看外设的数据缓冲区是否为空。所谓"空"就是外设已经将数据缓冲区中的数据输出，数据缓冲区可以接收 CPU 输出的新数据。若缓冲区空，即 BUSY 为假，则 CPU 执行输出指令；否则 BUSY 为真，CPU 就等待。

图 7.5　查询式输出程序流程图

同样设外设的状态口地址为 PORT1，外设的数据口地址为 PORT2，并设状态寄存器的最低位为状态位。若该位为 1，则表示外设处于准备好状态；若该位为 0，则表示外设处于未准备好的状态。实现这种查询式输出的程序段如下：

```
         ⋮
AGAIN:   IN   AL,PORT1
         AND  AL,01H
         JE   AGAIN
         MOV  AL,[SI]
         OUT  PORT2,AL
         ⋮
```

若有多个外设需要用查询方式工作时，CPU 是逐个外设进行查询，发现哪个外设准备就绪，就对该外设实施数据传送。然后再对下一个外设查询，依次循环。从而可以发现，在查询过程中，CPU 不能做别的事，这就大大降低了 CPU 的效率。而且，假设某一外设刚好在查询过之后处于就绪状态,那么它必须等到 CPU 查询完所有外设,再次回到查询此外设时,才能发现它处于就绪状态,而后对此外设服务。这样就不能对外设进行即时数据传输,这对许多实时性要求较高的外设来说,就有可能丢失数据。

7.2.2　中断传送方式

查询式输入/输出方式需要对外设的状态查询,用于查询的时间比实际用于输入/输出指令的执行时间要长得多,从而造成 CPU 的极大浪费。中断传送方式的思想是:当 CPU 需要传送数据时,先执行启动外设工作的指令,然后 CPU 继续执行原程序。CPU 在收到中断请求信号后,就暂时停止原来执行的程序(即实现中断),转去执行输入或输出处理程序。在完成外设所要进行的输入或输出的处理操作后,再返回到原来被中断的程序,继续从中断处往下执行。这种中断输入/输出方式,实现了 CPU 与外设并行操作,因此极大地提高了 CPU 的使用效率。

1. 中断的优点

中断功能已经成为计算机不可缺少的组成部分。中断的引入,具有较多的优点。

1) 分时操作

利用中断功能,就可以使 CPU 和外设实现一定程度的并行工作。如 CPU 启动外设工作后,就继续执行主程序,当外设把数据准备好后,发出中断请求信号,CPU 响应后暂时中断它的程序,转去执行相应的输入或输出操作。中断处理完以后,CPU 恢复执行原来被中断的程序,继续往下执行。此时,外设也在继续工作,实现了外设与 CPU 的并行操作。有了中断功能,CPU 可命令多个外设同时进行工作,这样大大提高了 CPU 的利用率,也提高了输入/输出的速度。

2) 实现实时处理

计算机用于实时处理时,中断是一个十分重要的功能。现场的各个参数、信息,如需要的话可在任何时刻发出中断请求信号,要求 CPU 立即响应进行处理,这时 CPU 中断正在执行的程序,转去执行中断服务程序,实现实时处理。这种及时处理的功能在查询工作方式下是做不到的。

3) 故障处理

计算机在运行过程中,往往会出现事先预料不到的硬件故障或软件故障,如电源掉电、存储出错、运行溢出等。这时计算机就可以利用中断系统自行处理,中断原程序而转去执行故障处理程序。

2. 中断系统的功能

1) 实现中断及返回

当某一中断源发出中断请求时,CPU 将根据中断标志位 IF 的状态决定是否响应这一中断请求。若允许中断,CPU 响应中断时,必须有自动保护断点的能力,并自动转到中断服务程序的入口,进行中断处理。在执行完中断处理后,自动恢复断点,使 CPU 返回断点处,继续执行原来的程序。

为了保证程序的正常返回,除了系统自动保护断点地址和标志寄存器外,还应保护中断处的现场(即有关寄存器的内容)。当执行完中断服务程序后,在返回中断点之前,要恢复现场。通常保护现场和恢复现场应在中断处理程序中进行。

2）实现优先级处理

在有多个中断源的系统中，可能会出现两个或多个中断源同时提出中断请求的情况，此时，应该根据任务的轻重缓急，为每一个中断源确定一个中断优先级。级别高的中断请求首先得到响应，在 CPU 为高优先级的中断源服务之后，再响应级别低的中断源。

3）中断嵌套

当 CPU 响应某一中断源的请求，并正在进行中断处理时，如果遇到更高级别的中断源的请求，高优先级中断请求可以中断正在进行的低优先级中断处理，这种中断工作方式称为中断嵌套。在中断嵌套的过程中，同样应当保护低优先级的处理程序的断点，以便在高优先级的中断服务程序结束后，再返回到断点处，继续执行被中断的低优先级的处理程序。

中断嵌套可以有多级，具体级数原则上不限，只取决于堆栈的深度，实际上与要求的中断响应速度也有关。如图 7.6 所示的是三级中断嵌套的示意图。

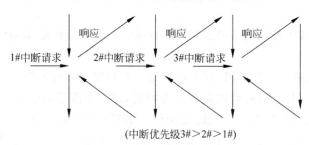

图 7.6　中断嵌套示意图

3. 中断源

引起中断的原因或能发出中断申请的来源，称为中断源。在 80x86 系统中，每个中断源都有一个编码与其对应，称为中断类型码、中断向量码或中断矢量码。通常中断源有以下 4 种。

1）输入/输出设备

键盘、打印机、磁盘、通信接口等输入/输出设备在工作时，可以发出中断申请，以请求新的输入/输出操作。

2）实时时钟

计算机使用中经常会遇到对时间进行控制的问题。通常用外部时钟电路（例如 8253 或 8254 定时计数器电路），定时产生时间基准电路，解决时间控制问题。例如，为了定时，可由时钟电路在 CPU 控制下启动定时，定时结束时，就向 CPU 发出中断请求信号以实现定时控制。

3）为调试程序而设置的中断源

在程序调试时，为了检查中间结果以及寻找错误的原因，常常希望程序运行中能停在某个地方，以便对寄存器及存储器的内容进行检查，或通过单步执行指令以查找出错的原因，这些工作也要用中断方式来实现。

4）故障源

计算机工作过程中，遇到故障时，可以向 CPU 发出中断请求，由 CPU 对故障进行处理。例如，在系统工作中，电源突然掉电，就向 CPU 发出中断请求信号，CPU 响应后保护现场,以便在供电恢复后,恢复断电时的现场,使程序从断点处继续运行。这样就可以避免由于断电而导致计算机的工作前功尽弃。中断还用于运算中的溢出处理,以保证不产生错误的运行结果。

4. 中断系统的分类

80x86 系统的中断源按其所处的位置可以分为内部中断和外部中断两大类。如表 7.1 所示,内部中断包括除法出错中断、溢出中断、单步中断及软中断等;外部中断包括可屏蔽中断和不可屏蔽中断。

表 7.1 80x86 系统中断源分类

外 部 中 断	内 部 中 断
可屏蔽中断请求(请求信号 INTR)	除法出错中断,即 0 号中断
不可屏蔽中断请求(请求信号 NMI)	单步中断,即 1 号中断
	溢出中断,即 4 号中断
	软中断,即中断号可变(INT n)

1) 不可屏蔽中断

CPU 是通过 NMI 引脚响应 NMI 中断请求,该中断请求不受中断标志位 IF 状态的限制,只要有不可屏蔽的中断请求发生,CPU 就在一条指令执行完毕后,立即响应。

在 80x86 中,非屏蔽中断请求 NMI 在 3 种条件下出现:系统板上的 RAM 在读写时产生奇偶校验错;I/O 通道中的扩展选件出现奇偶校验错;协处理器有异常中断请求。系统复位信号 RESET 将屏蔽 NMI 的请求,这是因为在复位过程中,RAM 中的信息是杂乱无章的,奇偶校验的结果必然出错。因此,必须在系统复位和经过自检,已能正常工作之后,才能开放 CPU 对 NMI 的请求。

2) 可屏蔽中断

可屏蔽中断信号是通过 INTR 引脚向 CPU 发出中断请求的。CPU 是否响应 INTR 的中断请求,受标志位 IF 的控制。如果 IF=0,为关中断状态,此时 CPU 不响应外部中断请求 INTR,且屏蔽所有的外部中断,因此,称 INTR 为可屏蔽中断。如果 IF=1,则为开中断状态,CPU 将响应外部中断请求。系统复位时,IF=0,所以,在使用可屏蔽中断前,先用指令 STI 设置 IF=1。当要求 CPU 关中断时,可用指令 CLI 将 IF 清 0。

在 80x86 中,外部设备的中断请求是通过中断控制器 8259 向 CPU 发出可屏蔽中断请求的。8259 将外部中断源分为 8 个中断级,0 级最高,7 级最低。中断源的请求信号分别与 8259 的 8 个中断请求输入端 IRQ0 至 IRQ7 相连。当外设发出请求中断时,8259 按程序设置的中断请求的优先级产生中断请求输出信号 INT,送到 80x86 CPU 的 INTR 引脚,向 CPU 发出中断请求。若 CPU 处在开中断的状态,则 CPU 执行完当前指令就响应中断请求,将 8259 请求中断的最高优先权的中断类型码送至数据总线,接着便进入中断服务。

3) 内部中断

内部中断不需要外部硬件支持,也不受中断标志位 IF 状态的影响。一旦出现内部中断,CPU 将响应这一中断并进行相应处理。

(1) 除法出错中断。当除数为 0 或除法中所得商超过所能表达值时(寄存器不足以存放该商值），此时将自动产生类型为 0 的内部中断。在 8086/8088 中，将根据其中断类型号，找到该类型号的中断入口地址。

（2）单步中断。为了用户调试程序方便，提供了单步中断的功能。当把单步标志位 TF 置 1 时，CPU 便进入单步工作方式，即每执行一条指令就自动产生一个类型号为 1 的单步中断。在中断服务程序的控制下，可以给出有关寄存器的内容或各状态标志位的状态，以便了解程序的执行情况。

（3）溢出中断。溢出中断是通过溢出中断指令 INTO 实现的。在程序执行过程中，由于前面的运算产生了溢出，使溢出标志 OF＝1，这时便产生一个中断类型码为 4 的中断，并转入溢出中断处理。

（4）软中断。软中断是系统中以软中断指令 INT n 方式实现的。其中 INT 为助记符；n 为一个字节的中断类型号。从理论上讲，它允许产生 256 个软中断，但在系统设计时，已把 00H～07H 号中断类型作为内部中断（除软中断外）或不可屏蔽的中断类型号；08H～0FH 作为外部硬中断的类型号。因此，剩余的可作为用户的软中断。

当有多个中断源同时发出中断请求时，在 80x86 系统中规定了它们的中断优先级，优先级次序为：除法错→INTO→INT n→NMI→INTR→单步中断，系统按优先级依次处理中断请求。

5. 中断向量表

在 80x86 系统中，为了方便中断服务程序的管理，把所有中断服务程序的入口地址都集中在一起，构成一个中断向量表。每个中断处理程序的入口地址都为一个表项，共占 4 个字节，高地址的两个字节存放中断处理程序的段地址，低地址的两个字节存放中断处理程序的段内偏移量，如图 7.7 所示。

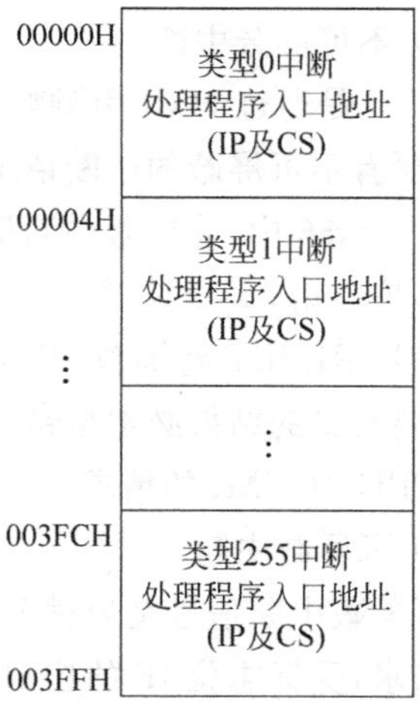

这个表被安排在绝对地址 00000H～003FFH 共 1KB 的范围内，可容纳 256 个中断向量（或 256 个中断类型）。如对每一个中断源都进行统一编号，那么不同的中断源有自己特定的中断类型码，将中断类型码乘 4 便得到中断向量的地址。在 IBM-PC 中，常用中断类型及其名称如表 7.2 所示。

图 7.7 中断向量表（中断矢量表）

表 7.2 80x86 系统中断向量及其功能

	中断向量码	在中断向量表中的地址	功　能
80x86 中断向量	0	0～3	除以 0
	1	4～7	单步（用于 DEBUG）
	2	8～B	非屏蔽中断
	3	C～F	断点指令（用于 DEBUG）
	4	10～13	溢出
	5	14～17	打印屏幕
	6、7	18～1F	保留

中断向量码		在中断向量表中的地址	功　能
8259 中断向量	8	20～23	定时器
	9	24～27	键盘
	A	28～2B	彩色/图形
	B	2C～2F	异步通信（secondary）
	C	30～33	异步通信（primary）
	D	34～37	硬磁盘
	E	38～3B	软磁盘
	F	3C～3F	并行打印机
BIOS 中断	10	40～43	屏幕显示
	11	44～47	设备检测
	12	48～4B	测定存储器容量
	13	4C～4F	磁盘 I/O
	14	50～53	串行通信口 I/O
	15	54～57	盒式磁带 I/O
	16	58～5B	键盘输入
	17	5C～5F	打印机输出
	18	60～63	BASIC 入口代码
	19	64～67	引导装入程序
	1A	68～6B	日时钟
提供给 用户的中断	1B	6C～6F	Ctrl+Break 组合键控制的软中断
	1C	70～73	定时器控制的软中断
数据表 指针	1D	74～77	显示器参量表
	1E	78～7B	软盘参量表
	1F	7C～7F	图形表
DOS 中断	20	80～83	程序结束
	21	84～87	系统功能调用
	22	88～8B	结束退出
	23	8C～8F	Ctrl+Break 组合键退出
	24	90～93	严重错误处理
	25	94～97	绝对磁盘读功能
	26	98～9B	绝对磁盘写功能
	27	9C～9F	驻留退出
	28～2E	A0～BB	DOS 保留
	2F	BC～BF	打印机
	30～3F	C0～FF	DOS 保留
BASIC 中断	40～5F	100～17F	保留
	60～67	180～19F	用户软中断
	68～7F	1A0～1FF	保留
	80～85	200～217	由 BASIC 保留
	86～F0	218～3C3	BASIC 中断
	F1～FF	3C4～3FF	保留

1）中断类型号的获取

凡与 0~5 号中断类型号对应的中断请求，一旦被响应，系统将自动提供中断类型号，并自动地转到中断处理程序中。

对于可屏蔽的外部中断 INTR，则是经过中断控制器 8259，在 CPU 中断响应的第二个周期，通过中断响应信号，将对应的中断类型号送至数据总线。

内部中断是通过 INT n 指令将中断类型号直接告诉 CPU 的。

2）用户软中断的设置

通常增加一个新的软中断，应完成下面一些操作。

(1) 选择一个可用的中断类型号。

(2) 编写新的软中断处理程序。

(3) 将新的软中断处理程序的入口地址写入到中断向量表的 4×n 起的 4 个字节中。

为了将一个中断处理程序的入口地址，送至对应的中断向量表中，例如 6 号中断的中断处理程序的入口地址为 INTSP，则可通过以下程序段来实现。

【例 7.1】 置中断向量表程序。

```
CODE      SEGMENT
MAIN      :
          MOV   AX,0
          MOV   DS,AX              ; DS 指向向量表的段
          MOV   SI,6 * 4
          MOV   AX,OFFSET INTSP
          MOV   [SI],AX
          MOV   AX,SEG INTSP
          MOV   [SI + 2],AX
          :
INTSP     PROC FAR
          :
          STI                      ; 开中断
          IRET                     ; 中断返回
INTSP     ENDP
CODE      ENDS
```

本例中置中断向量表也可用下面程序实现：

```
          :
          MOV   AX,0
          MOV   ES,AX
          MOV   DI,6 * 4
          MOV   AX,OFFSET INTSP
          STOSW
          MOV   AX,CS
          STOSW
          :
```

6. 中断处理过程

不同计算机对中断的处理各具特色，但大多数系统的中断处理过程如图 7.8 所示。

(1) 关中断。进入不可再次响应中断的状态，由硬件自动实现。因为接下去要保存断

点,保存现场。在保存现场过程中,即使有更高级的中断源申请中断,CPU 也不应该响应;否则,如果现场保存不完整,在中断服务程序结束之后,也就不能正确地恢复现场并继续执行现行程序。

（2）保存断点和现场。为了在中断处理结束后能正确地返回中断点,在响应中断时,必须把当前的程序计数器中的内容(即断点)保存起来。现场信息一般指的是程序状态字,中断屏蔽寄存器和 CPU 中某些寄存器的内容。对现场信息的处理有两种方式：一种是由硬件对现场信息进行保存和恢复;另一种是由软件即中断服务程序对现场信息保存和恢复。

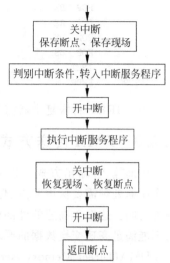

图 7.8 中断处理过程

（3）判别中断源。在多个中断源同时请求中断的情况下,本次响应的只能是优先权最高的那个中断源。所以,需要进一步判别中断源,根据中断源的中断向量码寻址中断向量表,找到相应的中断服务程序的入口地址,并转入相应中断服务程序的入口。

（4）开中断。当 CPU 响应一个中断时,总是先关中断,即自动把 IF 和 TF 置 0,禁止新的中断请求。所以为了实现多级中断处理,应在中断处理程序的适当位置(例如已保护好现场)上使用开中断指令 STI,使 CPU 的 IF 标志置 1,以允许响应高级的中断源的中断请求,实现中断源的嵌套使用。

（5）执行中断服务程序。不同中断源的中断服务程序是不同的,实际的中断处理工作是在此程序段中实现的。

（6）发中断结束命令。对于外部中断,根据 8259 中断控制器的使用要求,在中断处理指令序列执行完后,应该发一条中断结束命令给 8259(IBM-PC 中端口地址为 20H),撤销中断标志位,以便接收新的中断请求。中断结束命令 EOI(用 20H 表示)送给 8259 的中断命令寄存器。

（7）中断返回。在退出时,又应进入关中断状态,恢复现场、恢复断点,然后开中断,返回原程序继续执行。中断处理程序返回时,应使用 IRET 指令,而不是过程返回指令 RET。这是因为在中断响应时,中断逻辑将进行标志寄存器及断点的自动保护,所以在中断返回时,只有 IRET 指令才能自动恢复断点和标志寄存器的内容,而 RET 指令并不能恢复标志寄存器的内容。

【例 7.2】 中断处理程序的一般结构如下：

```
INTPRG     PROC FAR
           STI
           PUSH DS
           PUSH DX
           PUSH AX
           PUSH BX
           PUSH DI
           STI                    ; 开中断
           ⋮
           CLI                    ; 关中断
```

```
        MOV   AL,20H                    ; 发中断结束命令 EOI
        OUT   20H,AL
        POP   DI                        ; 恢复现场
        POP   BX
        POP   AX
        POP   DX
        POP   DS
        IRET
INTPRG  ENDP                            ; 中断返回
```

由于 IRET 将恢复中断前的标志，故 IF 也被恢复。

7.2.3　DMA 传送方式

中断输入/输出方式可以大大提高 CPU 的效率，但仍需要 CPU 通过程序进行传送。每次中断处理需要保护断点、保护现场及恢复现场、恢复断点，这些操作都要占用 CPU 的额外时间。这对于高速的外部设备在成批地交换数据时，这种中断传送方式就显得太慢，因而不能满足高速交换数据的要求。

DMA(Direct Memory Access)方式即直接存储器存取方式，它主要用于需要大批量高速度数据传输的场合。在 DMA 方式下，所传输的数据不通过 CPU，而是在存储器和高速外设之间直接进行交换，不需要 CPU 的干涉。并且，采用 DMA 方式传送数据，数据源和目的地址的修改，传送结束信号以及控制信号的发送等都由 DMA 控制器硬件完成。节省了大量 CPU 的时间，因此大大提高了传输速度。

DMA 传送控制方式具有以下特点：

(1) DMA 方式可以响应随机 DMA 请求。

对于采用 DMA 传送方式的 I/O 接口来说，何时具备数据传送的条件是随机的。一旦传送数据条件满足时，接口就提出 DMA 请求，获得批准后，占用系统总线实现主存与 I/O 设备间的数据传送。

(2) DMA 传送的插入不影响 CPU 的程序执行状态，从而可以满足高速数据传送的速度要求。

与中断方式相比，DMA 方式仅需要占用系统总线，由硬件控制数据传送，不切换程序，因此不存在保存断点、保护现场、恢复现场、恢复断点等操作。因而 CPU 在接到 DMA 随机请求后，可以快速插入传送，在传送结束后可以快速恢复原程序的执行。从原理上讲，只要不发生访问主存储器冲突，CPU 可与 DMA 传送并行工作，从而提高了系统的效率。

(3) DMA 方式本身只能处理简单的数据传送，它无法识别与处理复杂事态。

像判断 DMA 传送是否正确以及出错处理等这些操作，DMA 控制器本身不能独立识别和处理。因此，在某些场合往往需要综合应用 DMA 方式与程序中断方式，两者互为补充。

DMA 方式一般应用于主存与 I/O 设备之间的简单高速数据传送，需高速传送的 I/O 设备通常有磁盘、磁带、光盘等外存储器；多处理机和多任务数据块传送、扫描操作、快速数据采集、DRAM 的刷新以及快速通信设备等。

图 7.9 给出了 DMA 方式下数据传送的路径和程序控制下数据传送的路径。

在 DMA 传输时，要由 DMA 控制器接管总线，而在结束 DMA 传输后，DMA 控制器应立即把总线交还给 CPU。因此一个完整的 DMA 传输过程必须经过以下 4 个阶段。

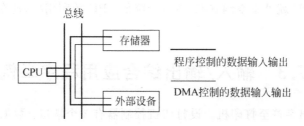

图 7.9　DMA 方式下和程序控制下数据传送路径

(1) DMA 请求。CPU 对 DMA 控制器设置传送的字节数、所访问内存单元的首地址以及 DMA 传送方式等初始化信息，并向 I/O 接口发操作控制命令。进而控制 I/O 设备做好准备工作。然后当 I/O 设备准备好，就可以向 DMA 控制器提出 DMA 请求。

(2) DMA 响应。DMA 请求经过判优屏蔽后，DMA 控制器向总线裁决逻辑电路提出总线请求，在当前 CPU 总线周期执行完后，即发出总线请求的响应信号，并释放总线控制权给 DMA 控制器。DMA 控制器取得总线控制权后，向 I/O 接口输出 DMA 的应答信号，通知 I/O 接口开始 DMA 传送。

(3) DMA 传输。DMA 获得总线控制权后，发出相应的读写控制命令及对内存储器的寻址操作，直接控制存储器和 I/O 设备之间的数据传输。

(4) DMA 结束。在完成数据传输任务后，DMA 控制器立即释放总线，即将总线归还给 CPU。

由此可见，DMA 方式不需要 CPU 直接控制数据的传输，也没有中断处理方式那样保留现场和恢复现场的过程，它是由硬件直接控制数据传输的一种方式，使 CPU 的效率大大提高。

DMA 控制权接管总线的方式通常有以下 3 种。

(1) 周期挪用方式。在这种方式下，DMA 控制器一次只传送一个字节，传送完就释放总线，并由 CPU 接管。即由 DMA 控制器和 CPU 轮流掌管总线控制权，直到一批数据传输完毕。因为这种方式的 DMA 传输是挪用总线周期完成的，如果此时 CPU 不访问存储器，则 CPU 可以正常工作，否则，就使 CPU 延缓一个总线周期后继续工作。这样既实现了数据的 I/O 传输，又保证了 CPU 执行程序，因而应用较广。

(2) 交替访问方式。如果系统采用高速缓存，使 CPU 的工作周期比主存长得多，则可采用 CPU 与 DMA 控制器交替访问的方式。在这种方式下，CPU 与 DMA 各有自己的主存地址寄存器、数据缓冲器和读写信号控制器。此时，DMA 传输对 CPU 的工作没有任何影响，是最高效的方式。

(3) CPU 停机方式。这是最常用也是最简单的一种 DMA 传输方式。在这种方式下，当 DMA 控制器要进行 DMA 传送时，向 CPU 发出 DMA 请求信号，迫使 CPU 在当前总线周期结束后，让出总线的控制权，并给出一个 DMA 响应信号，使 DMA 控制器可以控制总线进行数据传输。直到 DMA 控制器完成传输数据的操作并使 DMA 请求信号无效后，CPU 再恢复对系统总线的控制，继续进行原来的操作。

在这种方式下，CPU 让出总线控制权的时间，取决于 DMA 控制器保持 DMA 请求信号的时间。所以，可以进行单字节传送，也可以进行数据块的传送。但是，在这种方式下进行

DMA 传送期间，CPU 就处于空闲状态，所以会降低 CPU 的利用率，这在使用时是要加以考虑的。

7.3 输入/输出综合应用程序举例

【**例 7.3**】 输出字符至打印机。设打印机控制器有 3 个端口：数据端口地址为 378H、状态端口地址为 379H、控制端口地址为 37AH。在 PC 中，打印机通过打印控制器与 CPU 连接。

问题分析：

发送给打印机的字符，暂存于控制器中的数据锁存器。打印机的状态存放在控制器的缓冲器中，使用查询方式控制打印过程时，在每送一个字符到控制器后，都要先查询打印机的状态信息是否为忙（BUSY=0）。如不忙，则发出选通信号，启动打印机取走字符并打印。若为忙，则重新查询，直到不忙时为止。

程序如下：

```
        ⋮
        MOV   BX,OFFSET BUFFER
        MOV   CX,COUNT
BG:     MOV   AL,[BX]                  ; 取字符
        MOV   DX,378H
        OUT   DX,AL                    ; 输出字符到控制器
        MOV   DX,379H
WT:     IN    AL,DX                    ; 读入打印机状态
        TEST  AL,80H                   ; 判忙否
        JZ    WT
        MOV   DX,37AH
        MOV   AL,0DH                   ; 令打印机打印字符
        OUT   DX,AL
        MOV   AL,0CH
        OUT   DX,AL
        INC   BX                       ; 指向下一个输出字符
        LOOP  BG
        ⋮
```

【**例 7.4**】 采用程序查询的数据采集程序。

问题分析：

为了采集具有 8 个模拟量输入的数据，通过端口 4 的低 3 位的值选通模拟量 IN_0、IN_1 至 IN_7 中的一个，使其通过多路开关送一个被选择的模拟量至 A/D 转换器。A/D 转换器的启停则由端口 4 的 D_4 位加以控制，若 $D_4=1$，启动 A/D 转换器进行转换；若 $D_4=0$，使 A/D 转换器停止转换。A/D 转换器的状态信号 EOC 是由端口 2 的 D_0 位输入 CPU 的，A/D 转换后的数字量由端口 3 送入 CPU。因此，端口 4 为控制端口，端口 2 为状态端口，端口 3 为数据端口。

程序如下：

```
DATA        SEGMENT
BUFF        DB    8 DUP(?)
DATA        ENDS
CODE        SEGMENT
            ASSUME CS: CODE,DS: DATA
START:      MOV   AX,DATA
            MOV   DS,AX
            MOV   DL,10H              ; 设置 A/D 启动转换
            MOV   DI,OFFSET BUFF      ; DI 指向输入缓冲区
            MOV   CX,8
AGAIN:      MOV   AL,DL
            AND   AL,0EFH             ; 使端口 4 的 D₄ 为 0
            OUT   4,AL                ; 停止 A/D 转换
            CALL  DELAY               ; 延时等待 A/D 停止操作
            MOV   AL,DL
            OUT   4,AL
A1:         IN    AL,2                ; 读入状态
            TEST  AL,01H              ; 将 EOC 送 CF
            JZ    A1                  ; 为 0,则未准备好
            IN    AL,3                ; 读入一个 A/D 转换值
            MOV   [DI],AL
            INC   DI
            INC   DL                  ; 选择下一个模拟量
            LOOP  AGAIN
            MOV   AH,4CH
            INT   21H
CODE        ENDS
            END   START
```

D_4 其低 3 位为 000，选择 A_0 模拟量，等到 A_0 转换值由端口 3 读入并存至输入缓冲区后，DI 指向缓冲区的下一个单元，准备存放新的模拟量的转换值。(DL)+1→(DL)，指向下一个模拟量，只要 $A_0 \sim A_7$ 未转换完，CX 值不会变为 0。所以将转至 AGAIN 继续进行数据采集。当 CX 值变为 0，则结束一轮对 8 个模拟量的采集。

【例 7.5】 利用系统功能调用修改中断向量 1CH。

问题分析：

取原中断向量号用 DOS 系统功能调用的 35H 号调用实现，保存原入口地址后，用 25H 号调用将新入口地址写入 1CH 号中断对应的单元。

程序如下：

```
BUF1        DW    ?
BUF2        DW    ?
            ⋮
            MOV   AX,351CH            ; 取原 1CH 中断向量
            INT   21H
            MOV   BUF1,BX             ; 保存入口地址
            MOV   BUF2,ES
            PUSH  DS
```

```
            MOV   DX,OFFSET   INTICH        ; 取新的入口地址
            MOV   AX,SEG   INT1CH
            MOV   DS,AX
            MOV   AX,251CH                  ; 置中断向量
            INT   21H
            POP   DS
INT1CH      PROC FAR                        ; 中断服务子程序
              ⋮
            IRET
INT1CH      ENDP
```

【例 7.6】 利用空闲中断类型号 4AH 实现软中断设置。

问题分析：

在本例中，定义了一个用户软中断，取中断类型号 4AH，其中断服务程序定义在一个独立的代码段中。在主程序中设置该中断服务程序的入口地址，并进行中断调用及信息处理。

程序如下：

```
DATA      SEGMENT
MESS      DB    'This is an example about soft interrupt. $ '
ERR       DB    0AH,0DH,'ERROR! $ '
DATA      ENDS
          EXTRN INT4AH: FAR
CODE      SEGMENT
          ASSUME CS: CODE,DS: DATA
BG:       MOV   AX,SEG INT4AH              ; 添中断向量表
          MOV   DS,AX
          MOV   DX,OFFSET INT4AH
          MOV   AX,254AH                   ; AH = 25H,AL = 4AH
          INT   21H
          MOV   AX,DATA
          MOV   DS,AX
          MOV   AX,OFFSET   MESS
          INT   4AH
          CMP   AH,0FFH                    ; 判超过 256 个字符否
          JE    ER                         ; 超过转 ER
          MOV   AH,4CH
          INT   21H
ER:       LEA   DX,ERR                     ; 显示错误信息
          MOV   AH,9
          INT   21H
          MOV   AH,4CH
          INT   21H
CODE      ENDS
          END   BG
```

INT4AH 处理程序如下：

```
CSEG      SEGMENT
          ASSUME CS: CSEG
          PUBLIC INT4AH
```

```
INT4AH    PROC FAR
          PUSH DX                          ; 保护现场
          PUSH CX
          PUSH SI
          MOV  CX,0                        ; CX 为字符数计数器
          MOV  SI,AX                       ; SI 为字符串首地址
LP:       MOV  AL,[SI]
          CMP  AL,'$'                      ; 判是否是字符串尾
          JZ   OVER
          MOV  DL,AL                       ; 显示字符
          MOV  AH,2
          INT  21H
          INC  SI
          INC  CX                          ; 字符计数
          JMP  LP
OVER:     MOV  AX,CX
          CMP  AH,0
          JE   DONE                        ; 未超过 256 字符
          MOV  AH,0FFH                     ; 超过 256 字符
DONE:     POP  SI                          ; 恢复现场
          POP  CX
          POP  DX
          IRET                             ; 中断返回
INT4AH    ENDP
CSEG      ENDS
          END
```

【例 7.7】　设打印机的数据端口地址为 378H,状态端口地址为 379H,状态为 $D_7 = 0$ 时忙,控制端口地址为 37AH。当打印机不工作在中断方式时,控制字为 0CH,表示可对打印机进行读取和输出,启动打印机,未向打印机送数据。当控制字为 0DH,给打印机送数据,选通位置 1。

问题分析:

本例利用中断方式编写中断处理程序,类型为 70H,实现打印机输出功能。由于编写的是 70H 类型的软中断,因而应在主程序中将处理程序的入口地址写入中断向量表中,然后利用 INT 70H 便进入软中断,执行中断处理程序。

程序如下:

```
SSEG      SEGMENT  STACK
          DW   100 DUP(?)
SSEG      ENDS
CSEG      SEGMENT
          ASSUME CS: CSEG,SS: SSEG
PRINTO    PROC FAR
          STI
          PUSH ES
          PUSH DI
          PUSH DS
          PUSH CX
          PUSH DX
```

```
              PUSH BX
              PUSH AX
              MOV  DX,378H          ; 指向数据口
              OUT  DX,AL            ; 送打印数据
              MOV  DX,379H          ; 指向状态口
              SUB  BX,BX
WAIT:         IN   AL,DX            ; 读状态
              TEST AL,80H           ; 判忙否
              JNZ  ALL              ; 闲,转 ALL
              JMP  WAIT             ; 忙,等待
ALL:          MOV  AL,0DH
              MOV  DX,37AH          ; 指向控制端口
              OUT  DX,AL
              MOV  AL,0CH
              OUT  DX,AL            ; 清选通位,形成窄的选通脉冲,
                                    ; 使打印机从数据线读数据
              POP  AX
              POP  BX
              POP  DX
              POP  CX
              POP  DS
              POP  DI
              POP  ES
              IRET
PRINTO        ENDP
MAIN:         MOV  AX,SSEG          ; 主程序开始
              MOV  SS,AX
              CLD
              MOV  AX,0
              MOV  ES,AX
              MOV  DI,4 * 70H
              MOV  AX,OFFSET PRINTO
              STOSW
              MOV  AX,SEG PRINTO
              STOSW
              MOV  AL,'A'
              INT  70H
              MOV  AH,4CH
              INT  21H
CSEG          ENDS
              END  MAIN
```

【例 7.8】 编程实现按 Q 键返回操作系统,按其他键开始顺序显示 26 个大写字母。显示方式是每按一次键在屏幕左上右下的斜线上显示一串相同字符,下一次换下一个相邻字符。并且要求每隔 5 秒屏幕右上角显示一个字符 V。

问题分析:

本例有两个任务并行工作,在 DOS 环境下可以借助于中断处理子程序实现此功能。当 5 秒计时不到时,主程序通过按任意键在斜线上显示字母,而计时到时,通过中断处理子程序显示一个字符 V。这样周而复始地工作,直至按下 Q 键返回操作系统。借助于 DOS 提

供的 INT 1CH 中断可以实现定时功能,系统定时器中断大约每隔 55ms 发生一次,即约每秒发生 18.2 次。

程序如下:

```
STACK    SEGMENT STACK
         DW   100 DUP(0)
STACK    ENDS
DATA     SEGMENT
         COUNTDW  91          ; 5 秒的时间计数值
DATA     ENDS
CODE     SEGMENT
         ASSUME  CS: CODE, DS: DATA, SS: STACK
MAIN     PROC FAR             ; 主程序开始
         MOV   AX, DATA
         MOV   DS, AX
         MOV   AH, 35H        ; 取原 1CH 中断向量
         MOV   AL, 1CH
         INT   21H
         PUSH ES              ; 保存原 1CH 中断向量
         PUSH BX
         PUSH DS
         MOV   DX, SEG INT1CH
         MOV   DS, DX
         LEA   DX, INT1CH
         MOV   AH, 25H        ; 设置新 1CH 中断向量
         MOV   AL, 1CH
         INT   21H
         POP   DS
         IN    AL, 21H
         AND   AL, 0FCH       ; 允许键盘和定时器中断
         OUT   21H, AL
         STI                  ; 开中断
         MOV   AH, 6          ; 清屏
         MOV   AL, 0
         MOV   BH, 1FH
         MOV   CX, 0
         MOV   DX, 184FH
         INT   10H
         MOV   AL, 40H        ; 比字符'A'的 ASCII 码小 1 的值, 作为初值
PRINT0:  PUSH AX              ; 保存显示的字符
         MOV   AH, 1          ; 等待输入
         INT   21H
         OR    AL, 20H        ; 大写字母转为小写字母
         CMP   AL, 'q'        ; 是退出吗?
         POP   AX             ; 弹出显示的字符
         JE    EXIT0          ; 若退出则转移, 否则继续
         INC   AL             ; 显示的字符按顺序更新
         CMP   AL, 'Z'
         JNA   GONEXT
         MOV   AL, 41H
```

```
GONEXT:  MOV  DX,0002H      ; 初始化行、列号
         MOV  BH,0          ; 页号
PRINT10: INC  DH            ; 行号加 1
         CMP  DH,24
         JA   PRINT0        ; 行号大于 24 则转移
         ADD  DL,3          ; 列号增 3
         MOV  AH,2          ; 设置光标位置
         INT  10H
         MOV  AH,9          ; 显示字符和属性
         MOV  BL,1FH        ; 蓝底白字
         MOV  CX,1
         INT  10H
         JMP  PRINT10       ; 继续显示
EXIT0:   POP  DX            ; 恢复 1CH 中断向量
         POP  DS
         MOV  AH,25H
         MOV  AL,1CH
         INT  21H
         MOV  AH,4CH
         INT  21H
MAIN     ENDP
INT1CH   PROC FAR           ; 定义新的 1CH 中断处理子程序
         PUSH AX            ; 保存寄存器的内容
         PUSH BX
         PUSH CX
         PUSH DX
         PUSH SI
         PUSH DI
         PUSH BP
         PUSH DS
         PUSH ES
         STI                ; 开中断
         MOV  AX,DATA
         MOV  DS,AX
         DEC  COUNT
         JNZ  EXIT
         MOV  AH,2
         MOV  BH,0
         MOV  DL,79
         INT  10H
         MOV  AH,0EH
         MOV  BH,0
         MOV  AL,'V'        ; 显示字符 'V'
         INT  10H
         MOV  COUNT,91      ; 5 秒计数值重新初始化
EXIT:    CLI                ; 关中断
         POP  ES            ; 将入栈保护的寄存器内容恢复
         POP  DS
         POP  BP
         POP  DI
         POP  SI
```

```
            POP     DX
            POP     CX
            POP     BX
            POP     AX
            IRET                    ; 中断返回
INT1CH      ENDP
CODE        ENDS
            END     MAIN
```

【例 7.9】 发声程序设计。

问题分析：

ROM BIOS 中的 BEEP 子程序能根据 BL 中给出的时间计数值控制 8254 定时器，产生持续时间为 1 个或几个 0.5 秒、频率为 896Hz 的声音。通过对 BEEP 的修改，可以使其产生任一频率的声音。

本程序实现的是"太湖船"的演奏，编程使 PC 发出指定频率和指定延迟时间的声音。定义了两个子程序 MPALY 和 SOUNDPLAY。组成乐曲的每个音符的频率值和持续时间是乐曲发声程序所必需的两组数据，知道了音调及频率的关系后，就可以按照乐曲的乐谱将每个音符的频率和持续时间定义成两个数据表，然后依次取出表中的频率值和时间值即可。

程序如下：

```
DATA        SEGMENT
STRING      DB    0DH,0AH,'THIS IS A MUSIC PROGRAM! $ '
MDATA1      DW    330,392,330,294,330,392,330,294,330    ; 定义频率表
            DW    330,292,330,294,262,294,330,392,294
            DW    262,262,220,196,196,220,262,294,332,262, - 1
MDATA2      DW    50,50,50,25,25,50,25,25,100             ; 定义延迟时间表
            DW    50,50,25,25,50,50,25,25,100
            DW    50,25,25,50,25,25,50,25,25,100
DATA        ENDS
STACK       SEGMENT   STACK
            DW    100   DUP(?)
STACK       ENDS
CODE        SEGMENT
            ASSUME    DS: DATA,SS: STACK,CS: CODE
MAIN        PROC      FAR
            MOV       AX,DATA
            MOV       DS,AX
            LEA       DX,STRING        ; 显示字符串,然后开始演奏
            MOV       AH,9
            INT       21H
            CALL      MPLAY            ; 调用演奏子程序
            MOV       AH,4CH
            INT       21H
MAIN        ENDP
MPLAY       PROC      NEAR
            LEA       SI,MDATA1        ; 取频率表
            LEA       BP,DS: MDATA2    ; 取延迟时间表
LOP:        MOV       DI,[SI]
```

```
            CMP     DI,-1           ; 判断是否是最后一个音符
            JE      ENDPLAY
            MOV     BX,DS:[BP]      ; 音符持续时间
            CALL    SOUNDPLAY       ; 调用发音子程序
            ADD     SI,2            ; 频率表地址更新
            ADD     BP,2            ; 延迟时间表地址更新
            JMP     LOP
ENDPLAY:    RET
MPLAY       ENDP
SOUNDPLAY   PROC    NEAR
            PUSH    AX
            PUSH    BX
            PUSH    CX
            PUSH    DX
            PUSH    DI
            MOV     AL,0B6H         ; 写 8254 定时器芯片控制字
            OUT     43H,AL          ; 40H~43H 为 8254 的端口地址
            MOV     DX,12H
            MOV     AX,533H*896
            DIV     DI              ; 计算送到 8254 的计数初值
            OUT     42H,AL
            MOV     AL,AH
            OUT     42H,AL
            IN      AL,61H          ; 61H 为设备寄存器端口地址
            MOV     AH,AL           ; 将原值保留在 AH 中
            OR      AL,3
            OUT     61H,AL          ; 将新值送出
WAIT1:      MOV     CX,8FF0H
DELAY1:     LOOP    DELAY1
            DEC     BX
            JNZ     WAIT1
            MOV     AL,AH           ; 恢复原值
            OUT     61H,AL
            POP     DI
            POP     DX
            POP     CX
            POP     BX
            POP     AX
            RET
SOUNDPLAY   ENDP
CODE        ENDS
            END     MAIN
```

思考与练习

1. CPU 与外设间的数据传送方式有哪几种？它们各有什么特点？

2. 接口和外设之间的信息有哪几类？说明每类的特点。

3. 简述 I/O 接口的基本组成与基本功能。

4. 解释以下术语：

（1）中断；　　（2）中断源；　　（3）中断响应；　　　　（4）中断请求；

（5）中断向量；　　（6）中断向量表；　　（7）中断服务程序。

5. 当多个外设都采用程序查询方式时，试述工作过程，并画出程序流程图。

6. 中断处理程序的典型结构包括哪几部分？

7. 增加一个新的软中断，应完成哪些操作？

8. 类型号 1DH 的中断向量在存储器的哪些单元里？

9. 用指令实现：

（1）将一个字节输出到端口 66H。

（2）将一个字节从 88H 端口输入。

（3）将一个在 VALUE 单元的字节输出到端口 3FCH。

（4）将一个字节从端口 2AH 输入，存到内存 BUF 单元。

（5）将一个字从 0A0FH 单元输出。

（6）将一个字从 78H 端口输入。

10. 根据本章讲述的内容，试分析下面一段程序实现的功能。

```
MOV   AX,0
MOV   ES,AX
MOV   DI,36H * 4
MOV   AX,OFFSET INTBUF
STOSW
MOV   AX,CS
STOSW
```

11. 有两个设备，状态寄存器的端口地址分别是 42H 和 54H，与其相对应的输入寄存器的端口地址分别是 44H 和 56H。要求轮流测试两个设备的状态寄存器，只要状态寄存器的第 7 位为 1，则对应的设备就输入一个字符，状态寄存器的第 7 位不为 1 的设备不做任何操作。试编制能实现该功能的程序。两个输入字符分别存入首地址为 CHAR1 和 CHAR2 的存储区中。如果输入字符为 E，则程序结束。

12. 编写程序实现将类型 2CH 的中断向量指向中断处理程序 INT2CH。

13. 编写程序实现在循环输出"A～Z"26 个大写字母后，使计算机每隔 10 秒响铃一次。

14. 编程实现从 COM1 口输入一串字符到内存缓冲区的功能。

第 8 章

高级汇编技术

高级汇编技术包括宏的定义与调用、重复汇编与条件汇编、结构和记录的定义与应用、汇编语言的模块化设计技术等知识。

8.1 宏 汇 编

在编写一个大程序时,可能在程序中的许多地方使用某一段指令序列,将使程序十分烦琐,通常采用一条特殊的语句代替这一段需要多次重复的指令序列,这就是宏指令语句的功能。宏指令是源程序中一段有独立功能的程序代码。但必须先将这一段程序定义为一条宏指令,并具有一条相应的宏指令名,在程序中就可以多次调用它,调用时只需要引用一个宏指令名来代替这一段程序就可以了。因为是在汇编过程中实现宏的展开,所以常称为宏汇编。

8.1.1 宏定义与宏调用

宏是具有宏名的一段汇编语句序列。宏的定义相当于 C 语言中的预定义语句 DEFINE,定义一个标识符来代表一组指令序列。在汇编时,汇编程序用对应的代码序列替代宏指令。

1. 宏定义

宏定义是用一组伪指令来实现的。其格式是:

```
宏名      MACRO      [形式参数表]
           ⋮       (宏体)
          ENDM
```

从上面的格式中可以看到,MACRO 和 ENDM 是一对伪指令。这对伪指令之间是宏体,宏体是一组有独立功能的指令序列。调用时使用宏指令名来调用对应的宏定义。宏指令名是符合语法的标识符,同一源程序中该名字定义唯一。宏定义中所用到的参数在形式参数表中给出,每个形式参数之间必须用逗号隔开,形式参数也称为形参或哑元。宏定义中的注释如果用双分号分隔,则在后面的宏展开中将不出现该注释。

【例 8.1】 源程序开始通常要初始化 DS,可以定义成一个宏。

```
MAINBEGIN  MACRO
           MOV   AX,DATA
           MOV   DS,AX
           ENDM
```

【例 8.2】 为返回 DOS,源程序最后要用 4CH 号调用,也可以把它定义为宏。

```
MAINEND   MACRO
          MOV   AH,4CH
          INT   21H
          ENDM
```

【例 8.3】 将输出字符串信息的功能定义为宏。

```
DISPLAY   MACRO   BUFFER
          MOV   DX,OFFSET BUFFER
          MOV   AH,9
          INT   21H
          ENDM
```

2. 宏调用

经以上定义后的宏指令就可以在源程序中调用。这种对宏指令的调用称为宏调用,宏调用的格式是:

宏名　　　[实体参数表]

可见,宏调用的格式同一般指令一样,在使用宏指令的位置写下宏名,后跟实体参数表。其中的每一项为实体参数,相互之间用逗号隔开,实体参数也称为实参或实元。当调用时,实参的个数若多于一个,则应按形参的顺序填入实参表。注意宏调用一定要遵循先定义后调用的原则。

在汇编时,由汇编程序对宏调用进行扩展。所谓宏扩展,是指用对应的代码序列替代宏指令名,并用相应位置的实参替换形参。实参和形参的个数可以不等,若调用时的实参个数多于形参个数,则多余的部分被忽略;若实参个数小于形参个数,则多余的形参假定为空(NULL)。另外,汇编程序不对实参和形参进行类型检查。可见,宏调用不需要控制转移与返回,而是将相应的程序段复制到宏指令的位置,嵌入源程序中,即宏调用的程序体实际上并未减少,故宏指令的执行速度比子程序快。汇编后的列表文件中带"+"或"1"等数字的语句为相应的宏定义体。

【例 8.4】 控制寄存器移位的宏定义。

宏定义:

```
SHIFT     MACRO   X,Y
          MOV   CL,X
          SAL   Y,CL
          ENDM
```

形式参数 X 代表移位次数,形式参数 Y 代表需移位的寄存器。调用时,用给定的移位次数和指定的一个寄存器来替换形式参数 X 和 Y。

宏调用:

```
          ⋮
SHIFT   2,AL
SHIFT   4,BL
SHIFT   6,SI
          ⋮
```

这些宏指令在宏展开时分别为：

```
     ⋮
+    MOV    CL,2
+    SAL    AL,CL
+    MOV    CL,4
+    SAL    BL,CL
+    MOV    CL,6
+    SAL    SI,CL
     ⋮
```

上述程序段落中的"＋"号表示该指令是宏展开指令。本例的宏指令带有两个形参，调用时可以用两个实参依次取代，这就避免了子程序因变量传送带来的麻烦，使宏汇编的使用增加了灵活性。

3. 宏与子程序

宏和子程序都可以把一段程序用一个名字定义，简化了源程序的结构和设计。一般来说，子程序能实现的功能，用宏也可以实现；但是宏与子程序在调用方式、传递参数和使用细节上有很多不同。

宏指令与子程序的相同点如下。

（1）简化源程序的书写。

（2）节省编程工作量。

宏指令与子程序的区别如下。

（1）宏指令由宏汇编程序 MASM 在汇编过程中进行处理，在每个宏调用处，将相应的宏定义体插入；而调用指令 CALL 和返回指令 RET 则是 CPU 指令，执行 CALL 指令时，CPU 使程序的控制转移到子程序的入口地址。

（2）宏调用在汇编时进行语句展开，仅是源程序级的简化，并不减小目标程序。子程序调用在执行时由 CALL 指令转向子程序体，是在目标程序级的简化。宏调用的参数通过形参、实参结合实现传递，简洁直观、灵活多变。子程序需要利用寄存器、存储单元或堆栈区等传递参数，要占用一定的时空开销。

（3）从执行时间来看，子程序调用和返回需要保护断点、恢复断点等，都将额外占用CPU 的时间，而宏指令则不需要，因此相对来说，执行速度较快。

此外，宏指令更加接近高级语言，而且传送参数更加方便。宏汇编中的参数传递错误通常是语法错误，会由汇编程序发现；子程序中的参数传递错误则通常反映为逻辑错误或运行错误。

4. 与宏有关的伪指令

汇编语言中设置了 3 个与宏配合使用的伪指令，旨在增强宏的功能。

1）局部标号伪指令 LOCAL

宏定义中允许使用标号和变量，但是由于一条宏指令每展开一次，将插入一组相同的指令或伪指令。多次宏调用经宏展开后就会出现同名标号或变量的多重定义，汇编时就会出错。解决此问题的方法是采用伪指令 LOCAL 将宏定义中出现的各个标号或变量设为局部符号，并安排在该伪指令的局部符号表中。各个标号或变量用逗号分隔。汇编程序遇到LOCAL 伪指令时，将以符号??0000、??0001、…、??FFFF 替代局部符号表中的各个标号或变量,从而避免标号或变量的重名。

　　LOCAL 伪指令的格式:

```
LOCAL   <局部符号表>
```

　　如果使用 LOCAL 伪指令,该伪指令必须是宏定义中的第一条指令。

　　【例 8.5】　用连续相加的办法实现无符号数乘法运算,完成宏定义、宏调用和宏展开的分析。

　　宏定义:

```
MULTIP  MACRO   BUF1,BUF2,BUF3
        LOCAL   LOP,EXIT0
        MOV     DX,BUF1             ; 乘数 1
        MOV     CX,BUF2             ; 乘数 2
        XOR     BX,BX
        XOR     AX,AX
        JCXZ    EXIT0
LOP:    ADD     BX,DX
        ADC     AX,0
        LOOP    LOP
EXIT0:  MOV     BUF3,BX
        MOV     BUF3 + 2,AX
        ENDM
```

　　设某数据段有如下定义的变量:

```
        ⋮
DAT1    DW  1120H,3340H
DAT2    DW  004CH,009AH
DAT3    DW  4 DUP(?)
        ⋮
```

　　在代码段中,有两次宏调用,如下所示:

```
        ⋮
MULTIP  DAT1,DAT2,DAT3
        ⋮
MULTIP  DAT1 + 2,DAT2 + 2,DAT3 + 4
        ⋮
```

　　两次的宏展开如下:

```
        ⋮
+           MOV   DX,DAT1
+           MOV   CX,DAT2
+           XOR   BX,BX
+           XOR   AX,AX
+           JCXZ  ??0001
+ ??0000:   ADD   BX,DX
+           ADC   AX,0
+           LOOP  ??0000
+ ??0001:   MOV   DAT3,BX
```

```
+          MOV   DAT3 + 2,AX
                 ⋮
+          MOV   DX,DAT1 + 2
+          MOV   CX,DAT2 + 2
+          XOR   BX,BX
+          XOR   AX,AX
+          JCXZ  ??0003
+ ??0002:  ADD   BX,DX
+          ADC   AX,0
+          LOOP  ??0002
+ ??0003:  MOV   DAT3 + 4,BX
+          MOV   DAT3 + 6,AX
                 ⋮
```

2）宏定义删除伪指令 PURGE

宏名可以和指令名或伪指令名同名，而且宏名的优先级别高，此时被同名的指令和伪指令将失去作用。为了恢复指令助记符和伪指令助记符的功能，就要用 PURGE 伪指令将宏取消。另外，当不需要一个宏定义时，可以用 PURGE 来删除它，然后就能够重新定义。

PURGE 伪指令的格式：

```
PURGE   宏名 [,…]
```

PURGE 可以取消多个宏。

【例 8.6】 取消例 8.1 和例 8.2 所定义的宏。

```
PURGE   MAINBEGIN,MAINEND
```

3）宏定义退出伪指令 EXITM

EXITM 伪指令的格式：

```
EXITM
```

当宏汇编程序遇到伪指令 EXITM 时，便立即终止以下宏定义中各语句的宏展开，并退出宏定义。在宏定义嵌套中，如果在内层宏定义中遇到 EXITM，便退出内层宏定义，而转向处理外层宏定义。EXITM 还可以用于重复汇编的重复块以及条件汇编的分支代码序列中。

5. 与宏有关的操作符

宏汇编程序还支持以下几个常用的宏操作符。

1）连接操作符（&）

在宏定义中，可以用连接操作符 & 作为形参的前缀或后缀。在宏展开时，& 符前后的两个符号连接在一起构成一个新的符号。这个连接的功能对修改某些符号是很有用的。

【例 8.7】 定义宏指令，实现将寄存器或存储器操作数进行指定类型、指定次数的移位。

宏定义：

```
YIWEI   MACRO   DAT,LR,COUNT
        MOV     CL,COUNT
        S&LR    DAT,CL
        ENDM
```

宏调用：

```
        ⋮
YIWEI   DX,AL,4
        ⋮
YIWEI   BX,HR,2
        ⋮
```

宏展开：

```
        ⋮
+       MOV  CL,4
+       SAL  DX,CL
        ⋮
+       MOV  CL,2
+       SHR  BX,CL
        ⋮
```

在本例中,寄存器或存储器操作数由形参 DAT 给出,移位类型由形参 LR 表示,移位次数由形参 COUNT 表示。移位类型有算术左移 SAL、算术右移 SAR、逻辑左移 SHL 和逻辑右移 SHR,这四条指令的助记符首字符都是"S",因此移位类型由形参 LR 给出。宏定义体中用 S&LR 表示相应的移位指令,调用时只需用 AL、AR、HL 或 HR 作实参即可。

2) 字符串传递操作符(〈 〉)

在宏调用时,若某个实参中包含逗号或空格等间隔符,则必须用字符串传递操作符将该实参括起来,以保证其完整性。这样就可以将该实参作为一个单一的参数而不是多个参数了。

【例 8.8】　用宏定义实现内存两个字变量相加的操作。

宏定义：

```
ADD2M   MACRO  M1,M2,R
        MOV  R,M1
        ADD  R,M2
        MOV  M1,R
        ENDM
```

宏调用：

```
        ⋮
ADD2M   < WORD PTR DAT1 >,< WORD PTR DAT2 >,AX
        ⋮
```

宏展开：

```
        ⋮
+       MOV  AX,WORD PTR DAT1
+       ADD  AX,WORD PTR DAT2
+       MOV  WORD PTR DAT1,AX
        ⋮
```

3) 表达式操作符(%)

表达式操作符的格式：

% 表达式

在宏调用时，表达式操作符%强迫后面的表达式立即求值，并把表达式的结果作为实参替换，而不是表达式本身。

【例 8.9】 将表达式操作符应用在与移位操作相关的宏定义中。

宏定义：

```
SHIFO    MACRO    CNT
         MOV      CL,CNT
         ENDM
YIWEI    MACRO    REG,LR,NUM
         COUNT = NUM
         SHIFO    %COUNT
         S&LR     REG,CL
         ENDM
```

宏调用：

```
         ⋮
YIWEI    AX,HL,2
         ⋮
YIWEI    BX,AR,3
         ⋮
```

宏展开：

```
         ⋮
+        MOV    CL,2
+        SHL    AX,CL
         ⋮
+        MOV    CL,3
+        SAR    BX,CL
         ⋮
```

在本例的宏定义 YIWEI 中，SHIFO %COUNT 是一个宏调用，且实参用 COUNT 的值来替代形参。如果宏调用时，COUNT 的值为 2，则宏展开得到的是指令 MOV CL,2，如果去掉表达式操作符%，则宏展开得到的结果是指令 MOV CL,COUNT。

4) 转义操作符(!)

转义操作符的格式为：

! 字符

转义操作符指示汇编程序，把后面的字符当成普通的字符对待，而不使用它的特殊含义。宏调用的实参中若包含一些特殊字符（如宏操作符），就可以使用转义操作符。例如，"!&"表示"&"不作为连接操作符使用，只作为符号"&"使用；"!%"表示"%"不作为表达式操作符使用，只作为百分号使用。

5) 宏注释符(;;)

宏注释符的格式为：

;; 文本

宏注释符仅出现在宏定义中,说明后面的文本是注释。用宏汇编程序产生的列表文件,宏注释的文本仅在宏定义的指令行中,而宏展开的指令中不出现宏注释文本。如果想在宏展开后的指令中也出现注释文本,则在宏定义中应使用单个分号";"作为注释的开始。

6. 宏程序库

对于程序编制人员来说,常希望设计得较好的宏能被更多的程序采用,且希望减少重复编写时的错误。这时可以将若干个宏定义以文件的形式组成一个宏库,供其他源程序使用。当需要宏库文件中的宏定义时,可以在新编制的源程序中使用 INCLUDE 伪指令。宏汇编程序在汇编源程序时,如果遇到 INCLUDE 伪指令,就把这条伪指令的宏库文件扫描一遍,如同在这个程序中自己定义的宏一样,在后面的程序中就可对宏库中的宏定义直接进行宏调用。

用任何一个文本编辑软件将所定义的宏组织到一个扩展名为 LIB 的文件中,如 PROG1. LIB,该文件就构成一个宏库。

宏库是公用文件,所以在定义宏库中的宏时应注意以下原则。

(1) 宏尽量具有通用性。

(2) 宏定义中的标号必须用 LOCAL 伪指令说明。

(3) 要对宏中使用的每一个寄存器进行保护。

(4) 附有必要的使用说明。

(5) 宏库文件是文本文件,其扩展名无严格限制,可由用户定义。

8.1.2 宏汇编实例分析

宏的参数功能强大,既可以无参数,又可以带一个或多个参数。而且参数的形式非常灵活,可以是常数、寄存器、存储变量名以及用寻址方式能找到的地址或表达式,实参还可以是指令的操作码或操作码的一部分等。宏汇编的这一特性是子程序所不及的。

【例 8.10】 用宏指令定义两个字操作数相加,得到一个 16 位的和。

宏定义:

```
ADD12      MACRO  A1,A2,A3
           PUSH   DX
           PUSH   AX
           MOV    AX,A1
           ADD    AX,A2
           MOV    A3,AX
           POP    AX
           POP    DX
           ENDM
```

宏调用:

```
           ⋮
ADD12  CX,DAT,X[SI]
           ⋮
ADD12  100,BX,RESULT
           ⋮
```

宏展开：

```
             ⋮
+            PUSH    DX
+            PUSH    AX
+            MOV     AX,CX
+            ADD     AX,DAT
+            MOV     X[SI],AX
+            POP     AX
+            POP     DX
             ⋮
+            PUSH    DX
+            PUSH    AX
+            MOV     AX,100
+            ADD     AX,BX
+            MOV     RESULT,AX
+            POP     AX
+            POP     DX
             ⋮
```

【例 8.11】 用宏定义实现从堆栈区依次弹出寄存器内容的功能。

宏定义：

```
POPREG      MACRO
            POP  DX
            POP  CX
            POP  BX
            POP  AX
            ENDM
```

本例的宏定义不带形式参数。

宏调用：

```
   ⋮
POPREG
   ⋮
```

宏展开：

```
        ⋮
+    POP  DX
+    POP  CX
+    POP  BX
+    POP  AX
        ⋮
```

【例 8.12】 形式参数是操作码的示例。

宏定义：

```
EXAM    MACRO   A1,A2,A3
        MOV     AX,A1
        A2      A3
        ENDM
```

宏调用：

```
          ⋮
EXAM    DAT,DEC,AX
          ⋮
```

宏展开：

```
          ⋮
+    MOV  AX,DAT
+    DEC  AX
          ⋮
```

【例 8.13】　用宏定义实现将组合 BCD 码转换为 ASCII 码的功能。

宏定义：

```
BTOA  MACRO  N,REG,C
      MOV    CL,N
      S&C    REG,CL
      ENDM
DISP  MACRO
      MOV    AH,02H
      INT    21H
      ENDM
```

含宏调用的程序段为：

```
          ⋮
MOV    AL,BCDBUF
MOV    DL,AL
BTOA   4,DL,AR
ADD    DL,30H
DISP
AND    AL,0FH
ADD    AL,30H
MOV    DL,AL
DISP
          ⋮
```

宏展开后的程序段为：

```
          ⋮
     MOV   AL,BCDBUF
     MOV   DL,AL
+    MOV   CL,4
+    SAR   DL,CL
     ADD   DL,30H
+    MOV   AH,02H
+    INT   21H
     AND   AL,0FH
     ADD   AL,30H
     MOV   DL,AL
+    MOV   AH,02H
```

```
+      INT    21H
              ⋮
```

8.1.3　宏嵌套

宏定义允许嵌套，即宏定义体内可以有宏定义，宏定义内也允许有宏调用，对这样的宏进行调用时需要多次分层展开。宏定义内也允许有递归调用，这种情况需要用到后面将介绍的条件汇编指令给出递归出口条件。

1. 宏定义嵌套

在一个宏定义中包含另一个宏定义称为宏定义嵌套。常用这种宏定义嵌套来产生一些新的宏定义。例如，条件转移指令在程序转移上有一个距离限制。当转移条件成立时，每条条件转移指令仅能在 $-128 \sim +127$ 个字节范围内转移。如果转移距离大于这个范围，则必须在程序中采取"搭跳板"的方法"跳"过去。因为无条件转移指令 JMP 转移的范围较大，"搭跳板"就是借助于 JMP 指令实现较大距离的转移。

【例 8.14】　使用宏定义嵌套的办法定义一个宏，由编程人员对外层宏定义的调用产生不同的大范围的条件转移宏定义。使得在大范围内条件转移时，就可以使用这些内层宏调用。为了构造不同转移条件内层宏定义，先多次用不同条件进行外层宏调用。

宏定义如下：

```
JUMP    MACRO  COND              ; 外层宏定义
J&COND&S  MACRO  DEST            ; 内层宏定义
        LOCAL  NEXT,EXIT
        J&COND NEXT
        JMP    EXIT
NEXT:   JMP    DEST
EXIT:
        ENDM
    ENDM
```

外层宏调用的实参可选用 E、NE、C、NC、A、AE、B、BE、G、GE、L、LE 等。

例如，外层宏调用为：

```
JUMP  E
JUMP  NE
JUMP  G
JUMP  GE
```

分别形成内层宏定义的宏名 JES、JNES、JGS、JGES。内层宏定义的形参 DEST 是用条件转移的目的地址作为实参来替代的。例如，有两个条件转移的目的地址分别是 SUB1 和 SUB2，这时内层宏调用为：

```
        ⋮
JES  SUB1                        ; 等于 0 转移
        ⋮
JGES SUB2                        ; 大于或等于 0 转移
        ⋮
```

当宏汇编程序对内层宏展开后,可得到如下结果:

```
            ⋮
        JE   ??0000
        JMP  ??0001
??0000: JMP  SUB1
??0001:
            ⋮
        JGE  ??0002
        JMP  ??0003
??0002: JMP  SUB2
??0003:
            ⋮
```

2. 宏定义内嵌套宏调用

另一种宏的嵌套是在一个宏定义的宏体内有宏调用,且被调用的宏指令必须为已定义的。这种情况的嵌套,可以简化宏定义,使每一个宏定义的功能单一。组合几个单一的宏定义就可以完成一个较复杂功能的宏定义。

【**例 8.15**】 用宏嵌套结构定义输出字符串的功能。

宏定义:

```
DOSINT   MACRO  FUNCTION            ;; 定义宏 DOSINT
         MOV    AH,FUNCTION
         INT    21H
         ENDM
DISPMSG  MACRO  MESSAGE             ;; 定义宏 DISPMSG
         LEA    DX,MESSAGE
         DOSINT 9                   ;; 宏定义中含有宏调用
         ENDM
```

宏调用:

```
            ⋮
DISPMSG  MSG
            ⋮
```

宏展开:

```
            ⋮
1   LEA  DX,MSG                     ; 宏展开(第一层)
1   DOSINT  9
2   MOV  AH,9                       ; 宏展开(第二层)
2   INT  21H
            ⋮
```

本例定义了 DOSINT 和 DISPMSG 两个宏,其中 DOSINT 实现 21H 号中断调用,DISPMSG 实现输出字符串功能。在 DISPMSG 中调用了已经定义过的宏 DOSINT。

8.2 重复汇编与条件汇编

程序中有时需要连续地重复编写一段相同或者基本相同的语句,这时可以用重复汇编伪指令来完成,以避免重复书写。

　　汇编的编译程序在对汇程序源代码进行编译时，能够根据条件把一段源程序包括在汇编源程序内，或把它排除在外，这就是条件汇编伪指令起的作用，它可以增加用户编程的灵活性。条件汇编的主要作用是可以有选择地对程序段汇编。根据条件是否满足，可以对某段程序进行汇编或不进行汇编，因而可以根据实际情况和需要，得到合适的目标代码。

8.2.1　重复汇编

　　重复汇编定义的程序段也是在汇编时展开，经常与宏定义配合使用，重复汇编结构更为简洁。重复汇编结构有 3 种，一种是定重复汇编结构，另两种是不定重复汇编结构。分别使用 REPT、IRP 和 IRPC 实现。重复汇编的程序段没有名字，不能被调用，但可以有参数。

　　重复汇编结构与宏汇编结构的区别在于重复汇编适用于连续重复的场合，而宏汇编适用于非连续重复的场合，但是这两种方法都可以达到简化源程序的目的。重复汇编结构既可以在宏定义体外，也可以在宏定义体内使用。

1. 定重复汇编伪指令 REPT

REPT 的格式为：

```
REPT    整数表达式
         ⋮      （重复体）
ENDM
```

　　REPT 的功能是使汇编程序对重复体作重复汇编，以整数表达式的值作为重复次数。REPT 和 ENDM 必须成对出现，期间的重复体部分是由指令、伪指令及宏指令组成的指令序列。重复汇编的次数由整数表达式的值确定，该值必须预先定义。

　　【例 8.16】　设有定义数字字符的重复汇编结构如下，给出汇编后重复汇编结构对应的代码。

```
NUMCHAR = 30H
REPT 10
    DB   NUMCHAR
    NUMCHAR = NUMCHAR + 1
ENDM
```

　　汇编程序在汇编时将对重复体重复汇编 10 次，汇编后的代码为：

```
NUMCHAR = 30H
DB   NUMCHAR
NUMCHAR = NUMCHAR + 1
DB   NUMCHAR
NUMCHAR = NUMCHAR + 1
    ⋮
DB   NUMCHAR
NUMCHAR = NUMCHAR + 1
```

　　其结果等价于：

```
DB   30H,31H,32H,33H,34H,35H,36H,37H,38H,39H
```

　　【例 8.17】　使用重复汇编结构定义将九九乘法表的数值放入连续的 81 个字节单

元中。

```
NUM1 = 0
REPT 9
    NUM1 = NUM1 + 1
    NUM2 = 0
    REPT 9
        NUM2 = NUM2 + 1
        DB   NUM2 × NUM1
    ENDM
ENDM
```

这是一个重复汇编结构的嵌套模式,内外两层的重复体的重复次数都是 9 次,汇编后的代码等价于:

```
DB   1,2,3,…,9
DB   2,4,6,…,18
        ⋮
DB   9,18,27,…,81
```

2. 不定重复汇编伪指令 IRP

IRP 的格式:

```
IRP   形参,<参数表>
           ⋮     (重复体)
      ENDM
```

IRP 的功能是使汇编程序对重复体作重复汇编,汇编时,依次将参数表中的参数取出代替形参,重复汇编的次数等于参数表中参数的个数。IRP 和 ENDM 必须成对出现,重复体部分的语句序列的重复次数由参数表中的参数个数决定,参数之间应用逗号分隔,用参数表中的参数取代形参后得到的应该是有效的指令序列。

【例 8.18】　在内存定义字节型变量,并赋予初值。

```
IRP   BUF,<3,17,20,46,87,100>
      DB   BUF
ENDM
```

汇编后生成的代码等价于:

```
DB   3,17,20,46,87,100
```

【例 8.19】　使用重复汇编结构,在内存建立起 0～9 的平方值表。

```
IRP   NUM,<0,1,2,3,4,5,6,7,8,9>
      DB   NUM × NUM
ENDM
```

汇编后的代码等价于:

```
DB   0,1,4,9,16,25,36,49,64,81
```

3. 不定重复汇编伪指令 IRPC

IRPC 的格式为:

```
IRPC    形参,字符串
        ⋮        (重复体)
        ENDM
```

IRPC 的功能是使汇编程序对重复体作重复汇编,汇编时,依次将字符串中的一个字符取出代替形参,重复汇编的次数等于字符串中字符的个数。IRPC 和 ENDM 必须成对出现,当重复体中的形参代表指令助记符、操作数或标号等内容的一部分时,要使用"&"将其与其余部分连接起来,以免用字符取代形参时该字符与其余部分相分离。

【例 8.20】 在内存定义字节型变量,并赋予初值。

```
IRPC    BUF,12345
        DB    BUF
ENDM
```

汇编后的代码等价于:

```
DB   1,2,3,4,5
```

【例 8.21】 用重复汇编结构实现对通用寄存器完成出栈操作的功能。

```
IRPC    REG,DCBA
        POP    REG&X
ENDM
```

此伪指令汇编后的代码等价于:

```
POP  DX
POP  CX
POP  BX
POP  AX
```

8.2.2 条件汇编

条件汇编是指汇编程序根据条件的不同汇编不同的程序段。在汇编语言源程序中有条件汇编语句的位置上,宏汇编程序首先测试语句指定的条件,如果条件成立,便汇编它指定的程序段,产生目标代码;如果条件不成立,便舍去它指定的程序段。通常,在宏汇编语言源程序的任何位置上都可使用条件汇编语句,但是在宏定义中使用条件汇编语句更好些,能够更充分地发挥条件汇编的优点。

同重复汇编一样,条件汇编语句仅在源程序汇编期间判断条件是否成立,并确定汇编与不汇编,而不是在程序的运行期间进行。

条件汇编伪指令的格式为:

```
IF XX   条件
        语句块 1
[ELSE
        语句块 2]
ENDIF
```

其中,IF 后面的"XX"是指定的条件。如果指定条件成立,宏汇编程序将"语句块 1"汇编出相应的目标代码,否则就汇编"语句块 2"的目标代码。ELSE 为可选项,如果没有 ELSE,那么指定的条件成立就进行汇编,否则就跳过 IF 和 ENDIF 之间的语句序列。IF 和 ENDIF 必须成对出现。

条件汇编伪指令可以出现在源程序的任何位置上,但主要用于宏指令中,并允许任意次嵌套。根据条件的不同,有多种条件汇编伪指令。表 8.1 给出了 10 种条件汇编伪指令的格式及功能。

表 8.1 条件汇编伪指令

伪 指 令	功 能
IF 表达式	如果汇编程序求出的表达式非 0,则条件为真
IFE 表达式	如果汇编程序求出的表达式等于 0,则条件为真
IFDEF 符号	如果符号在程序中有定义或被说明为 EXTRN,则条件为真
IFNDEF 符号	如果符号在程序中无定义或未被说明为 EXTRN,则条件为真
IFB <参数>	如果参数为空,则条件为真
IFNB <参数>	如果参数不为空,则条件为真
IFIDN <字符串 1>,<字符串 2>	如果字符串 1 和字符串 2 相同,则条件为真
IFDIF <字符串 1>,<字符串 2>	如果字符串 1 和字符串 2 不相同,则条件为真
IF1	如果是第一遍扫描,则条件为真
IF2	如果是第二遍扫描,则条件为真

下面介绍几种主要的条件汇编伪指令。

1. IF 和 IFE 伪指令

IF 伪指令的表达式值不为 0,即为真时,认为汇编条件成立,否则认为不成立。而 IFE 伪指令,则是在表达式值为 0,即为假时,执行汇编。

【例 8.22】 如果 VALUE 的值大于 10,则对语句块 1 进行汇编,否则对语句块 2 进行汇编。

```
IF   VALUE GT 10
CALL DEBUG1
ELSE
CALL DEBUG2
ENDIF
```

【例 8.23】 定义一个宏,根据源操作数由 DB、DW、DD 定义数据的情况,分别对它进行加 1、加 2 或加 4 操作,然后把相加后的结果再传送给目的操作数。

问题分析:

本例中判断数据类型的方法为:如果用 DB 定义数据,则 1-TYPE SOUR=0;如果用 DW 定义数据,则 2-TYPE SOUR=0;如果用 DD 定义数据,则 4-TYPE SOUR=0。

宏定义如下:

```
INCRE   MACRO   SOUR,DEST
        IFE     1-TYPE SOUR         ;源操作数为 DB 类型的情况
            INC     SOUR
            MOV     AL,SOUR
            MOV     DEST,AL
```

```
            ENDIF
            IFE     2-TYPE SOUR              ; 源操作数为 DW 类型的情况
                    ADD     SOUR,2
                    MOV     AX,SOUR
                    MOV     DEST,AX
            ENDIF
            IFE     4-TYPE SOUR              ; 源操作数为 DW 类型的情况
                    ADD     WORD PTR SOUR,4
                    ADC     WORD PTR SOUR + 2,0
                    MOV     AX,WORD PTR SOUR
                    MOV     DEST,AX
                    MOV     AX,WORD PTR SOUR + 2
                    MOV     DEST + 2,AX
            ENDIF
            ENDM
```

2. IFDEF 和 IFNDEF 伪指令

IFDEF 伪指令中给定的符号已经在本模块中定义或已经在本模块中用 EXTRN 伪指令说明为外部符号，则认为汇编条件成立，否则认为不成立。IFNDEF 伪指令则与之相反。

【例 8.24】 根据 SUBSYM 是否被定义或说明来确定将过程 SUBA 定义为远过程还是近过程。即当 SUBSYM 已被定义或已用 EXTRN 伪指令说明为外部符号，则将 SUBA 定义为远过程；否则将 SUBA 定义为近过程。

```
IFDEF   SUBSYM
    SUBA  PROC FAR
ELSE
    SUBA  PROC NEAR
ENDIF
        ⋮                                  ; SUBA 过程体
SUBA   ENDP
```

3. IFB 和 IFNB 伪指令

这两条伪指令是通过测试宏定义中的参数值来决定汇编条件的。若参数值为空，则 IFB 满足汇编条件；如果参数值不为空，则 IFNB 满足汇编条件。

【例 8.25】 此例中定义了一个宏 WRITE，在汇编时，测试 HANDLE 参数项是否为空，以决定宏扩展时汇编的语句。

```
WRITE  MACRO  BUF,COUNT,HANDLE
        IFNB   <HANDLE>
            MOV  BX,HANDLE         ; 写文件代号
        ELSE
            MOVE BX,1              ; 写文件代号
        ENDIF
        MOV  DX,OFFSET BUF         ; 取数据缓冲区地址
        MOV  CX,COUNT              ; 写入的字节数
        MOV  AH,40H                ; 写文件功能
        INT  21H
        ENDM
```

4. IFIDN 和 IFDIF 伪指令

这两条伪指令一般用在宏定义的宏体中,伪指令给定的参数之一为宏定义的形参,给定的另一个参数作为与此形参的对比者。两者的比较实际上是在形参由实参取代后进行的,并且是逐字符比较。当比较结果完全相同时,IFIDN 的汇编条件成立,否则,IFDIF 的汇编条件成立。

【例 8.26】　定义一个宏指令以实现键盘输入一个字符,并将该字符送宏调用指定的 8 位寄存器或存储单元。

宏定义如下:

```
INPUT   MACRO   CHAR
        MOV   AH,01H
        INT   21H
IFDIF   <CHAR>,<AL>
        MOV   CHAR,AL
ENDIF
ENDM
```

宏调用:

```
       ⋮
INPUT  BUF              ;键盘输入字符放入内存单元 BUF
       ⋮
INPUT  AL               ;键盘输入字符放入 AL
       ⋮
```

5. IF1 和 IF2 伪指令

宏汇编程序在对源程序作汇编时采用两遍扫描。第一遍是宏处理,包括建立一个包含符号名、段名、类型和偏移地址的符号表。第二遍则利用符号表及宏汇编程序的内部表格生成机器代码。IF1 和 IF2 伪指令分别规定给定的语句块被包括在第一、第二遍扫描中。若不使用这两条伪指令,则源程序在汇编时被两次扫描。

【例 8.27】　将宏定义仅作第一遍扫描。

```
IF1
    SUM  MACRO
         ⋮
    ENDM
ENDIF
```

8.3　复杂数据结构

当变量的数据类型是单一的字节、两字节、四字节时,可以用 DB、DW、DD 这样的伪指令来定义,称为简单数据结构。类似于高级语言中的用户自定义复合类型数据,MASM 中也允许将若干个相关的单个变量作为一个组来进行整体数据定义,然后通过相应的结构预置语句为变量分配空间。在 80x86 汇编语言中,这样的数据类型包括结构和记录。

8.3.1 结构

结构是将逻辑上互相关联的一组数据，以某种形式组合在一起，使之成为一个整体，并可单独访问其中的某个数据元素，以便进行数据处理。

用户在编程时可能会遇到不同数据类型构造的组合数据，如学生信息，包括学号、姓名、身高、体重、年龄等，每个学生都具有这样的信息。如能将这些数据集成在一个数据结构里，将优化程序结构。8086/8088 汇编语言给用户提供了 STRUC 伪指令。

为了像高级语言那样对多字段的结构进行处理，在汇编语言中，包括定义结构名、定义结构实体、结构变量及其字段的引用几个环节。

1. 结构类型的说明

定义结构名，把结构的有关信息明确，以便汇编语言在汇编时对结构分配存储单元及存放初值。

定义结构的格式为：

```
结构名        STRUC
[字段名]            (数据类型定义语句)
                ⋮
结构名        ENDS
```

其中，数据类型定义语句包括 DB、DW、DD 等伪指令，用变量名来表示所定义字段的起始地址。

【例 8.28】 定义包含学生基本信息的结构。

```
STUDENT       STRUC
NUMBER        DB   'XX'
NAME          DB   6 DUP(?)
HEIGHT        DB   ?
WEIGHT        DW   ?
AGE           DB   ?
STUDENT       ENDS
```

此处的结构类似于一个数据库文件(＊.DBF)的结构，首先要定义一个结构名，指出该结构中包含哪些字段，这些字段的名字、类型及长度。在上面这个结构数据中，每个字段给出不同类型的数据格式，组合而形成表示个人特征的有关信息。汇编程序在汇编时，遇到结构名的定义，就会在汇编后生成的符号表中，列出本程序中所有的结构名的有关信息。

2. 结构变量的定义

定义了结构名后，在具体的段中并没有为结构名分配单元，因此还不能在程序中引用结构数据。可以多次利用这一结构名定义若干个结构实体，即定义具有具体数值和实际存储区的结构变量名，实现结构实体的初始化。

结构变量的定义格式为：

```
结构变量名      结构名   <字段值表>
```

例如：

```
PERSON1  STUDENT  <'01',,,,32>
```

```
PERSON2    STUDENT    < >
PERSONS    STUDENT    70 DUP(< >)
```

其中，PERSON1、PERSON2 和 PERSONS 为结构变量名，它们使用 STUDENT 结构名所定义的结构。而且对相应的字段定义了初值。字段值表的内容应用尖括号括起来，每个字段间用逗号隔开。如果某个字段没有具体的数值，则汇编程序会从结构名定义中取出初值作为该结构变量名中的字段初值；如果全部采用定义中的赋值，则字段值表可以用〈 〉来表示。PERSONS 使用了 DUP 操作符，把 STUDENT 的结构定义顺序复制 70 次。

3. 结构变量及其字段的引用

对结构变量名进行引用，即对某一结构变量名的整体或部分字段进行处理和存取。因为结构变量名也是存储器变量的一种，它有具体的段基址和段内偏移量，因此在编程时，可以通过结构变量名及其字段名来访问结构类型的数据。

引用结构变量的一般格式为：

结构变量名

引用结构变量的字段的一般格式为：

结构变量名.字段名

例如：

```
MOV  AL,PERSON1.NAME[SI]
```

如果(SI)＝2，则该指令把 PERSON1 结构中的 NAME 字段的第 3 项送到 AL 寄存器中。

又例如：

```
MOV  BX,OFFSET PERSON2
MOV  [BX.NAME],'TOM'
MOV  [BX.AGE],20
```

此处的 BX 中装入了 PERSON2 结构变量段内偏移的首地址，而[BX.NAME]即可实现对 PERSON2 结构变量的 NAME 字段进行间接访问，将'TOM'送至 PERSON2.NAME。

【例 8.29】 将两个复数 CNUM1 和 CNUM2 相加，和存入一个复数变量 CNUM3 中，复数定义为结构类型。

问题分析：

定义一个名字为 COMP 的结构，它有两个字段，分别表示复数的实部和虚部。而将CNUM1、CNUM2 和 CNUM3 都定义为具有 COMP 结构的结构变量。运算时将实部和虚部分别相加。

```
DATA    SEGMENT
        COMP   STRUC                    ;定义结构
               RE  DW  0
               IM  DW  0
        COMP   ENDS
        CNUM1  COMP <10,30>             ;定义结构变量
        CNUM2  COMP <20,40>
```

```
            CNUM3   COMP < 0,0 >
     DATA  ENDS
     CODE  SEGMENT
            ASSUME   CS: CODE,DS: DATA
     START: PUSH   DS
            MOV  AX,0
            PUSH   AX
            MOV  AX,DATA
            MOV  DS,AX
            MOV  BX,OFFSET CNUM3          ; 取和的地址
            MOV  AX,CNUM1.RE
            ADD  AX,CNUM2.RE              ; 两个复数的实部相加
            MOV  [BX].RE,AX
            MOV  AX,CNUM1.IM
            ADD  AX,CNUM2.IM              ; 两个复数的虚部相加
            MOV  [BX].IM,AX
            RET
     CODE  ENDS
            END   START
```

8.3.2　记录

记录的功能和用法与结构类似,两者的主要区别是记录以二进制位为单位组成字段,定义每个字段时都要指出位宽,这样能更好地利用内存空间。

记录是将一个字节或一个字划分成若干个"字段",并给每个字段起一个名字,使得程序中可以使用名字访问"字段"。使用记录类型可将若干二进制位信息紧凑地存放在一个字节或字中,并可对这些信息按位处理。记录类型能有效地节省存储空间。

1. 记录的定义

格式为:

```
<记录名> RECORD   <字段名>: <宽度>[ = <表达式>]
                 [,<字段名>: <宽度>[ = <表达式>]…]
```

说明:记录定义时,记录名和字段名不能省略。字段的宽度是指相应字段占的二进制位数,且所有的字段宽度之和不能大于16。如宽度之和大于8位,则该记录按字处理,否则按字节处理。表达式是给字段赋的初值。

如将学生基本情况定义为一个记录,其中学号 NUM 占4位,性别 SEX 占一位(0 表示男,1 表示女),年龄 AGE 占6位,生源地 HOME 占5位(省份编码,设直辖市排在前)。

则该记录的定义格式为:

```
STUD  RECORD   NUM: 4,SEX: 1,AGE: 6,HOME: 5
```

2. 记录变量的定义

与定义结构类型相似,定义一个记录也只是通知汇编程序构造一种新的数据类型,并不分配存储单元,只有定义了记录变量,才能分配实际的存储单元并赋值。

格式为:

```
<记录变量名>  <记录名>  <<字段值表>>
```

说明：记录变量名是记录变量的符号地址，该记录变量具有记录名指定的记录类型。各字段的初值在字段值表中，其排列顺序与记录的定义一致，彼此间用逗号间隔。对于不需赋值的字段，数值可不写，但逗号不能省略。

【例 8.30】 用学生基本情况记录 STUD 定义两名学生情况变量 STU1 和 STU2。

```
STU1   STUD   <0001B,1B,010011B,00001B>
STU2   STUD   <0010B,0B,010101B,00000B>
```

STU1 变量所对应的学生情况为：学号为 1 号，女生，19 岁，生源地是上海市。
STU2 变量所对应的学生情况为：学号为 2 号，男生，21 岁，生源地是北京市。

3. 记录变量的引用和记录操作符

（1）记录变量通过它的变量名直接引用，表示它所对应的字节或字值。

记录的引用格式为：

```
<记录名>  [<初值表>]
```

说明：记录名是已经定义过的记录名，初值表是可选项。

（2）对于记录字段值的访问可以使用记录运算符 WIDTH 和 MASK。

记录宽度运算符 WIDTH 的格式为：

```
WIDTH  <记录名>|<记录字段名>
```

功能：WIDTH 运算符返回记录长度或记录字段在记录中所占的二进制位数。

记录屏蔽运算符 MASK 的格式为：

```
MASK  <记录字段名>
```

功能：MASK 运算符返回一个 8 位或 16 位的二进制数，在这个数中，记录字段名所指定的字段的对应位为 1，其他位为 0。

【例 8.31】 定义 30 名学生的记录变量，通过输入数据得到学生的基本信息，然后统计年龄满 20 岁的女生的人数。

问题分析：

学生记录采用前面定义过的记录 STUD，它包括学号、性别、年龄和生源地 4 个字段。若要统计年龄满 20 岁的女生的人数，则主要涉及两个字段，即性别字段和年龄字段，用屏蔽运算符 MASK 将这两个字段分别取出进行判断和处理。

程序如下：

```
DATA  SEGMENT
      STUD  RECORD   NUM:4,SEX:1,AGE:6,HOME:5
      ARRAY STUD   30 DUP(< >)          ;定义 30 名学生的记录变量
      COUNT DB  0
DATA  ENDS
CODE  SEGMENT
      ASSUME CS:CODE,DS:DATA
START:PUSH   DS
      MOV    AX,0
```

```
           PUSH    AX
           MOV     AX,DATA
           MOV     DS,AX
           MOV     CH,30
           MOV     BX,OFFSET ARRAY
NEXT:      MOV     AX,[BX]
           TEST    AX,MASK SEX
           JZ      NEXT1            ; 是男生转移
           MOV     CL,WIDTH HOME    ; 求年龄字段移到记录最右边的移位位数
           MOV     DX,MASK AGE      ; DX←0000011111100000
           AND     AX,DX            ; AX←取出年龄字段
           SHR     AX,CL            ; AX 右移 5 位
           CMP     AL,20            ; 年龄≥20 吗?
           JL      NXET1
           INC     COUNT            ; 年龄≥20,存放统计数加 1
NEXT1:     ADD     BX,2
           DEC     CH               ; 学生人数减 1
           JNE     NEXT
           RET
CODE       ENDS
           END     START
```

8.4　模块化程序设计

　　良好的程序结构应该是模块化的。除了前面讲述过的程序分段、子程序设计、宏汇编等使程序模块化的技术外,还有源程序文件的包含、目标代码文件的连接等方法。

8.4.1　宏库的使用

　　使用宏库,只需在源程序中用 INCLUDE 伪指令将宏库打开(包含)即可,宏库文件的扩展名可以是 MAC 或 LIB。INCLUDE 伪指令的使用格式为:

```
INCLUDE   <宏库文件名>
```

　　宏库必须先打开,后调用。INCLUDE 伪指令应放在调用宏库中的宏指令之前,在源程序中使用一次 INCLUDE 伪指令就可以任意调用宏库中的宏。

　　【例 8.32】　将清屏和在屏幕上显示字符的功能模块定义成宏,并形成一个宏库文件SCRE. LIB,然后在汇编源程序中调用宏库中的宏。

　　问题分析:

　　用文本编辑软件建立宏库并命名为 SCRE. LIB,其中有 CLS 和 PRINT 两个宏。

　　宏库文件 SCRE. LIB 中的宏 CLS:

```
CLS     MACRO
        MOV     AX,0600H
        MOV     CX,0
        MOV     DX,184H
        MOV     BH,7
        INT     10H
```

```
        ENDM
```

宏库文件 SCRE. LIB 中的宏 PRINT：

```
PRINT   MACRO   X,Y
        MOV   AH,0AH
        MOV   AL,X
        MOV   CX,Y
        MOV   BH,0
        MOV   BL,0FH
        INT   10H
        ENDM
```

以下程序实现在屏幕上显示 5 个 6 及 7 个 8 的功能。

```
INCLUDE   SCRE.LIB
CODE  SEGMENT
        ASSUME   CS: CODE
START:CLS                        ; 宏调用
        PRINT   36H,5             ; 宏调用
        PRINT   38H,7             ; 宏调用
        MOV   AH,4CH
        INT   21H
CODE  ENDS
        END   START
```

8.4.2　源程序的包含文件

　　为了方便编辑大型源程序，MASM 汇编程序允许把源程序分别放在几个文本文件中，在汇编时通过包含伪指令 INCLUDE 结合成一体，其格式为：

```
INCLUDE   <文件名>
```

其中，文件名的给定要符合 DOS 规范。扩展名任意，但汇编源程序一般采用 ASM 作为扩展名，宏库文件采用 MAC 或 LIB 作为扩展名，包含文件采用 INC 作扩展名。文件名可以含有路径，指明文件的存储位置，如果没有路径名，MASM 则先在汇编命令行参数/I 指定的目录下寻找，然后再在当前目录下寻找，最后还会在环境参数 INCLUDE 指定的目录下寻找。汇编程序在对 INCLUDE 伪指令进行汇编时，将它指定的文本文件内容插入到该伪指令所在的位置，与其他部分同时汇编。

　　程序员可以将常用的子程序形成 ∗.ASM 汇编语言源文件；也可以将一些常用的或有价值的宏定义存放在一起，形成一个 ∗.MAC 宏库文件；还可以将各种常量定义、声明语句等组织在 ∗.INC 包含文件中。有了这些文件以后，只要在源程序中使用包含伪指令，便能方便地调用它们。

　　【例 8.33】　从键盘输入最多 80 个无序的无符号字节数据，以十六进制数形式输入。将这些数据按升序排序后输出。

　　问题分析：

　　本例是利用包含文件的方法实现将输入数据按升序输出。定义宏文件 DISP. MAC，其

中包括显示单个字符及显示字符串功能的两个宏。定义子程序文件 SUB. ASM，其中包括数据输入、数据排序、数据转换及数据输出子程序。主程序为 MAIN. ASM，主要提供参数定义、组织程序流程、调用宏、调用子程序及处理入口参数和出口参数等功能。

（1）建立宏文件 DISP. MAC 如下：

```
DISPCHAR    MACRO    CHAR                ; 显示单个字符
            MOV      DL,CHAR
            MOV      AH,2
            INT      21H
            ENDM
DISPMSG     MACRO    MESSAGE             ; 显示字符串
            MOV      DX,OFFSET MESSAGE
            MOV      AH,9
            INT      21H
            ENDM
```

（2）建立子程序文件 SUB. ASM 如下：

```
CONVERT     MACRO                        ; 将 ASCII 码转换为十六进制数
LOCAL       INP1,INP2,INP3,INP4          ; 定义局部标号
            CMP      DL,0                ; 没有要转换的数据,则退出
            JE       INP4
            CMP      DL,'9'              ; 比较低位数是否大于 9
            JBE      INP1
            SUB      DL,7                ; 是 A~F 的数,则减 7
INP1:       AND      DL,0FH              ; 转换低位
            CMP      DH,0                ; 是否有高位数据
            JE       INP3
            CMP      DH,'9'
            JBE      INP2
            SUB      DH,7
INP2:       PUSH     CX
            MOV      CL,4
            SHL      DH,CL               ; 转换高位
            POP      CX
            OR       DL,DH               ; 合并高低位
INP3:       MOV      [BX],DL             ; 存入数据缓冲区
            INC      BX                  ; 更新数据缓冲区地址
            INC      CX
INP4:
            ENDM
INPUT       PROC                         ; 键盘输入子程序
            PUSH     AX
            PUSH     DX
            XOR      CX,CX
A1:         XOR      DX,DX
A2:         MOV      AH,1                ; 输入字符
            INT      21H
A3:         CMP      AL,0DH              ; 是否是回车符
            JE       A9
```

```
            CMP   AL,' '                    ; 是否是空格和逗号,确认输入了一个合法数据
            JE    A8
            CMP   AL,','
            JE    A8
            CMP   AL,08H                     ; 是退格符,则出错
            JE    A7
            CMP   AL,'0'                      ; 不是有效数字,则出错
            JB    A7
            CMP   AL,'f'                      ; 大于'f'或者小于'a',则出错
            JA    A7
            CMP   AL,'a'
            JB    A4
            SUB   AL,20H                     ; 是 a~ f,转换为大写
            JMP   A5
A4:         CMP   AL,'F'                      ; 小于'a',大于'F',则出错
            JA    A7
            CMP   AL,'A'                      ; 是 A~F 有效数字吗
            JAE   A5
            CMP   AL,'9'                      ; 是 0~9 有效数字吗
            JA    A7
A5:         CMP   DL,0                       ; 是否已经有数据位了
            JNE   A6
            MOV   DL,AL                      ; 输入了一个数据的低位
            JMP   A2                          ; 再输入一个字符
A6:         CMP   DH,0                       ; 输入了三位数据,出错
            JNE   A7
            MOV   DH,DL                      ; 将数据高位放入 DH,数据低位放入 DL
            MOV   DL,AL
            JMP   A2
A7:         MOV   DL,7                       ; 输入错误,响铃和提示问号
            MOV   AH,2
            INT   21H
            MOV   DL,'?'
            INT   21H
            JMP   A1                          ; 再输入一个数据
A8:         CONVERT                          ; 转换数据
            JMP   A1                          ; 再输入一个数据
A9:         CONVERT                          ; 转换数据
            POP   DX
            POP   AX
            RET
INPUT       ENDP
ALDISP      PROC                             ; 将 AL 中的两位数显示在屏幕上
            PUSH AX
            PUSH DX
            PUSH AX
            MOV   DL,AL
            SHR   DL,1                       ; 处理高位数据
            SHR   DL,1
            SHR   DL,1
            SHR   DL,1
```

```
            OR    DL,30H              ; 转换为 ASCII 码
            CMP   DL,39H              ; 判断是 0~9,还是 A~F
            JBE   D1
            ADD   DL,7
D1:         MOV   AH,2
            INT   21H
            POP   DX
            AND   DL,0FH              ; 处理低位数据
            OR    DL,30H
            CMP   DL,39H
            JBE   D2
            ADD   DL,7
D2:         MOV   AH,2
            INT   21H
            POP   DX
            POP   AX
            RET
ALDISP      ENDP
SORTING     PROC                      ; 排序子程序
            CMP   CX,0                ; 数据个数是 0 或 1,不用排序
            JE    R4
            CMP   CX,1
            JE    R4
            PUSH  AX
            PUSH  DX
            PUSH  SI
            MOV   SI,BX               ; 数据缓冲区地址在 BX 中
            DEC   CX
R1:         MOV   DX,CX               ; 数据个数在 CX 中
            MOV   BX,SI
R2:         MOV   AL,[BX]
            CMP   AL,[BX+1]           ; 两个数比较
            JNA   R3
            XCHG  AL,[BX+1]           ; 顺序不对,则交换两数
            MOV   [BX],AL
R3:         INC   BX
            DEC   DX
            JNZ   R2
            LOOP  R1
            POP   SI
            POP   DX
            POP   AX
R4:         RET
SORTING     ENDP
```

（3）建立主程序文件 MAIN. ASM 如下：

```
INCLUDE   DISP.MAC        ; 将宏文件包含进来
INCLUDE   SUB.ASM         ; 将子程序文件包含进来
STACK  SEGMENT  STACK
       DW        256 DUP(?)
```

```
        STACK   ENDS
        DATA    SEGMENT
        MSG1    DB          'ENTER NUMBER(XX): '0DH,0AH,'$'
        MSG2    DB          'THE NUMBERS ENTERED ARE: '0DH,0AH,'$'
        MSG3    DB          'THE SORTING RESULT: '0DH,0AH,'$'
        CRLF    DB          0DH,0AH,'$'
        MAXCOUNT = 80                       ; 最多输入数据的数量
        COUNT   DB  ?                       ; 存放实际输入的数据个数
        BUF     DB  MAXCOUNT DUP(?)         ; 输入数据缓冲区
        DATA    ENDS
        CODE    SEGMENT
                ASSUME CS: CODE,SS: STACK,DS: DATA
        START:  MOV AX,DATA
                MOV DS,AX
                DISPMSG MSG1                ; 显示提示信息
                MOV BX,OFFSET BUF
                CALL  INPUT                 ; 输入数据
                CMP CX,0                    ; 没有输入数据则退出
                JE S4
                MOV COUNT,CX                ; 保存数据的数量
                DISPMSG MSG2                ; 显示输入的数据
                MOV BX,OFFSET BUF
                MOV CX,COUNT
        S2:     MOV AL,[BX]
                CALL  ALDISP
                DISPCHAR ','
                INC BX
                LOOP  S2
                DISPMSG CRLF
                MOV BX,OFFSET BUF
                MOV CX,COUNT
                CALL  SORTING               ; 数据排序
                DISPMSG MSG3                ; 显示排序后的数据
                MOV BX,OFFSET BUF
                MOV CX,COUNT
        S3:     MOV AL,[BX]
                CALL  ALDISP
                DISPCHAR  ','
                INC BX
                LOOP  S3
                DISPMSG CRLF
        S4:     MOV AH,4CH
                INT 21H
        CODE    ENDS
                END START
```

8.4.3 目标代码文件的连接

汇编程序还提供目标代码级的结合方法。把常用子程序改写成一个或多个相对独立的
源程序文件,单独汇编它们,形成若干常用子程序的目标文件 * . OBJ。主程序也经过独立

汇编之后形成目标文件，然后利用连接程序将多个目标文件连接起来，最终产生可执行文件。常将独立的文件称为模块，所以这种方法也称为模块的连接。

利用目标文件的连接开发源程序，需要注意以下几个问题。

（1）各个模块间共用的变量、过程等要用 PUBLIC/EXTERN 伪指令说明。

在整个程序开发过程中，一个文件可能要用到另一个文件定义的变量或过程。由于各个源程序文件独立汇编，因此 MASM 提供 PUBLIC 伪指令用于说明某个变量或过程等可以被别的模块使用；同时提供 EXTERN 伪指令用于说明某个变量或过程是在别的模块中定义的。在一个源程序中，PUBLIC/EXTERN 语句可以有多条。各模块间的 PUBLIC/EXTERN 伪指令要互相配对，并且指明的类型互相一致。

（2）要设置好段属性，进行正确的段组合。

由于各个文件独立汇编，因此子程序文件必须定义在代码段中，也可以具有局部的数据变量。

采用简化段定义格式时，组合类型都是 PUBLIC，所以只要采用相同的存储模式，容易实现正确的近程调用或远程调用。

完整段定义格式中，为了实现模块间的段内近程调用（NEAR 类型），各自定义的段名、类别必须相同，组合类型都是 PUBLIC，因为这是多个段能够组合成一个物理段的条件。在实际的程序开发中，各个模块往往由不同的程序员完成，不易实现段同名或类别相同，所以索性定义成远程调用（FAR 类型）。此时，EXTERN 语句中要与之配合，声明正确。

定义数据段时，同样也要注意这个问题。当各个模块的数据段不同时，要正确设置数据段段寄存器 DS 的段基地址。

（3）要处理好各个模块间的参数传递问题。

子程序间的参数传递方法，同样是模块间传递参数的基本方法，在这里仍然适用。少量参数可以用寄存器或堆栈直接传送数据本身；大量数据可以安排在缓冲区，然后用寄存器或堆栈传送数据的存储地址；还可以利用变量传递参数，但是要采用 PUBLIC/EXTERN 声明为公共变量；采用段覆盖传递参数时，数据段的段名、类别要相同，组合类型是 COMMON。

（4）各个模块独立汇编，用连接程序将各个模块结合在一起。

在需要连接起来形成一个可执行文件的若干个模块中，必须有一个且只能有一个模块中含有主程序，其他模块为子程序形式。

思考与练习

1. 何谓宏指令？宏指令在程序中如何被调用？
2. 宏定义和子程序有什么区别？
3. 宏汇编、重复汇编和条件汇编有什么异同？
4. 什么是宏库？它有什么作用？
5. 简述记录运算符 WIDTH 和 MASK 的功能。
6. 用条件汇编实现：如果 AL 寄存器的值小于 20，则对语句块 1 进行汇编，否则对语句块 2 进行汇编。

7. 使用重复汇编结构,在内存建立 0～9 的立方值表。

8. 下面是用 STRUC 伪指令定义的参数表 SUBLIST,请定义结构变量以实现此结构的存储区的分配。

```
SUBLIST    STRUC
MXLEN      DB  60
ACLEN      DB  ?
SUBIN      DB  60 DUP('')
SUBLIST    ENDS
```

9. 编写宏定义 DISPLAY,使其能在当前光标位置显示字符串,字符串的首地址由 BX 寄存器指出。

10. 编写宏定义 SUM,其功能是将一组数据累加。数据存放的首地址在 SI 寄存器中,数据的个数在 CL 寄存器中。

11. 定义 20 名教师的记录变量,通过输入数据得到教师的基本信息,然后统计年龄满 40 岁的男教师的人数。

12. 定义一个能实现多个字节数据连减功能的宏,即(a−b−c−d−⋯)→RESULT,减数的个数存放在某内存单元中,最后结果 RESULT 存入另一内存单元中。

13. 给出宏定义如下。

```
DIF     MACRO  X,Y
        MOV    AX,X
        SUB    AX,Y
        ENDM
ADIF    MACRO  V1,V2,V3
        LOCAL  CONT
        PUSH   AX
        DIF    V1,V2
        CMP    AX,0
        JGE    CONT
        NEG    AX
CONT:   MOV    V3,AX
        POP    AX
        ENDM
```

试展开以下宏调用。
(1) ADIF   P1,P2,BUF
(2) ADIF   [BX],[SI],[DI]

第9章

DOS/BIOS 功能调用

    80x86 系列机的系统功能调用包括 DOS 功能调用和 BIOS 功能调用两种。DOS 提供给用户的系统功能调用是 INT 21H。它提供近百个功能供用户选择使用,是一个功能齐全、使用方便的中断服务程序集合。它主要包括设备管理、内存管理、目录管理和文件管理等几个方面的功能。ROM-BIOS 也以中断服务程序的形式,向程序员提供系统的基本输入/输出程序。程序员应该充分利用操作系统提供的资源,对汇编语言程序设计来说就是直接调用系统的各种功能子程序。这是程序设计的一个重要方面。

9.1 概　　述

    为了方便程序员使用,DOS 和 BIOS 把一些例行子程序编写成相对独立的程序模块,并且赋予编号。访问或调用这些子程序时,用户不必过问其内部结构和细节,也不必关心硬件 I/O 接口的特性,只需要在累加器 AH 中给出子程序的功能号,然后直接用一条软中断指令 (INT n)调用即可。

    所有系统功能的调用格式(包括 ROM-BIOS 调用)都是一样的,一般按如下步骤进行。

    (1) 在 AH 寄存器中设置系统功能调用号。

    (2) 在指定寄存器中设置入口参数。

    (3) 用 INT 21H(或 ROM-BIOS 的中断向量号)指令执行功能调用。

    (4) 根据出口参数分析功能调用执行情况。

    DOS 的各种命令可以看作是操作员与 DOS 的接口,而 DOS 功能调用则是程序员与 DOS 的接口。DOS 操作系统建立在 BIOS 的基础上,通过 BIOS 操纵控制硬件。例如,DOS 调用 BIOS 显示 I/O 程序完成显示输出,调用打印 I/O 程序完成打印输出,调用键盘 I/O 程序完成键盘输入。尽管 DOS 和 BIOS 都提供某些相同的功能,但它们之间的层次关系是明显的。图 9.1 给出了应用程序、DOS、BIOS 和外设接口之间的关系。

    通常应用程序应该调用 DOS 提供的系统功能完成输入/输出或其他操纵。这样做不仅容易实现,而且对硬件的依赖性最少。但有时 DOS 不提供某种服务,例如,取打印机状态信息,或者出于某种原因需要绕过 DOS,那么就不能用 DOS 实现了。这时,应用程序可以通过 BIOS 进行输入/输出或完成其他功能。

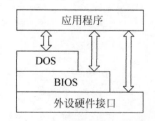

图 9.1　应用程序、DOS、BIOS 和外设接口之间的关系

    当然,应用程序也可以直接操纵外设接口来控制外设,从而获得尽可能高的运行速度和工作效率,但这样

的应用程序不仅复杂而且与硬件关系十分密切,因此,需要程序员对硬件特性有较深入的了解。

在 MS-DOS 下,使用硬件的基本方法一般有如下 3 种。

(1) 直接访问硬件。通过编写使用 IN 和 OUT 指令的程序来实现。编写出的程序运行速度快,但是要求编程者对所使用硬件的控制非常熟悉,用 IN 和 OUT 指令编写出的程序相当繁杂,使调试程序增加了困难,甚至可能会影响整个系统的运行,而且程序的可移植性相当差。

(2) 使用 BIOS 功能调用。BIOS 系统功能调用的优点有以下几个方面:提高了编制程序的可移植性;完成设备一级的控制;避免和外设直接打交道;降低编程者对硬件了解程度;简化使用 PC 硬件资源的程序;以及 BIOS 直接和外设通信等。

(3) 使用 DOS 功能调用。DOS 调用需要的入口/出口参数较 BIOS 简单,不需要编程者对硬件有更多的了解,可以充分利用操作系统提供的所有功能,编制的程序可移植性也较高,但 DOS 调用完成的功能没有 BIOS 调用的丰富,DOS 调用的执行效率也比 BIOS 低。

一般情况下尽可能使用 DOS 中断,必要时再使用 BIOS 中断,BIOS 更接近硬件。80x86 系统中的 INT n 指令是实现软中断的专用指令。每执行一条软中断指令,就调用一个相应的中断服务程序。当 $n=5H\sim1FH$ 时,则调用 BIOS 中的服务程序;当 $n=20H\sim3FH$ 时,则调用 DOS 中的服务程序。

9.2 DOS 功能调用

尽管 DOS 操作系统目前已经很少使用,但 80x86 汇编语言程序的调试、实验仍主要在 DOS 环境下进行,因而在汇编语言程序设计中,了解基本的 DOS 功能调用是必要的。同时,DOS 操作系统对设备、文件等的管理知识,对进一步学习计算机操作系统等内容也是有益的。

9.2.1 DOS 功能调用概述

DOS 系统内包含了许多涉及设备驱动和文件管理等方面的子程序,DOS 的各种命令就是通过适当地调用这些子程序实现的。为了方便程序员使用,把这些子程序编写成相对独立的程序模块并编上号。这样既可以精简应用程序的编写,又可以使程序有良好的通用性。这些编了号的、可由程序员调用的子程序就称为 DOS 的功能调用。

1. DOS 功能调用的类型

DOS 功能调用按使用功能可分为以下 6 组。

(1) 字符设备 I/O:主要用于键盘、显示器、打印机及异步通信控制器的 I/O 管理。

(2) 文件管理:分为传统文件管理和扩充文件管理。传统文件管理是通过文件控制块(FCB)访问文件。主要功能有复位磁盘、选择磁盘、打开文件、关闭文件、删除文件、建立文件、重新命名文件、顺序读写文件、随机读写文件及查找目录项等。扩充文件管理是通过文件名或文件代号进行文件访问的,只需用字符串表示盘符和路径即可访问文件。它的功能基本与传统文件管理相同。

(3) 非设备系统调用:用于为程序设置中断向量和建立程序段前缀,以及读取和设置系统日期、时间等。

（4）目录管理：包括建立子目录、取当前目录、修改当前目录及删除目录项等。

（5）扩充内存管理：包括内存分配、释放及分配内存块、装入或执行程序等。

（6）扩充系统管理：包括读取 DOS 版本号、终止进程、读取中断矢量、查找第一个相匹配的文件及读取校验代码等。

表 9.1 列出了 IBM PC 系统主要的 DOS 中断类型。

表 9.1　DOS 中断类型

INT	功 能 描 述	INT	功 能 描 述
20H	程序中止	2AH	网络功能
21H	DOS 功能调用	2BH～2DH	IRET
22H	程序结束地址	2EH	执行命令
23H	Ctrl 出口地址	2FH	多路复用中断功能
24H	严重错误出口地址	30H	FAR JMP 指令
25H	绝对磁盘读	31H	DOS 保护模式接口
26H	绝对磁盘写	32H	保留
27H	中止并驻留	33H	鼠标
28H	磁盘忙碌循环	34H～3EH	浮点运算模拟
29H	快速输出字符	3FH	覆盖/动态连接

2. 常用 DOS 功能调用

INT 21H 是一个具有调用多种功能的服务程序的软中断指令，它提供了众多的非常强大的子功能供用户调用，故称其为 DOS 系统功能调用。INT 21H 是 DOS 功能调用的主体，功能号由寄存器 AH 提供。下面列出常用的 DOS 系统功能调用。

1）带回显键盘输入（1 号功能调用）

```
MOV  AH,01H              ;系统功能调用号送 AH
INT  21H                 ;执行系统调用
```

等待从键盘上输入一个字符，并将该字符显示在屏幕上。本调用无入口参数，出口参数为输入字符的 ASCII 码，将其存入 AL 寄存器中。当按 Ctrl＋C 组合键或 Ctrl＋Break 组合键时，就退出执行。如果键盘无字符可读，则一直等待到有字符可读（即按键）。

2）不带回显键盘输入（8 号功能调用）

```
MOV  AH,08H              ;系统功能调用号送 AH
INT  21H                 ;执行系统调用
```

除读到的输入字符不在屏幕上显示之外，其他情况和 1 号功能调用相同。

3）直接键盘输入（7 号功能调用）

```
MOV  AH,07H              ;系统功能调用号送 AH
INT  21H                 ;执行系统调用
```

此功能与 1 号调用的区别是：不检查读到的字符是否是 Ctrl＋C 组合键或 Ctrl＋Break 组合键，同时该功能调用也不回显读到的字符。

4）显示器输出（2 号功能调用）

```
MOV  AH,02H              ; 系统功能调用号送 AH
MOV  DL,'A'             ; 置要显示字符的 ASCII 码
INT  21H                ; 执行系统调用
```

将 DL 中的 ASCII 码所对应的字符显示在屏幕上。当 DL 中为 Ctrl＋C 组合键或 Ctrl＋Break 组合键的代码时,则退出执行。

5）显示字符串（9 号功能调用）

```
MOV  DX,OFFSET STRING   ; 置入口参数,STRING 是在内存定义的字符串
MOV  AH,9               ; 系统功能调用号送 AH
INT  21H                ; 执行系统调用
```

9 号功能调用的执行结果是在显示器上显示一个字符串。入口参数(DS:DX)指向字符串首地址。字符串是在内存定义且以'＄'为结束标志的。在显示输出时,检查是否按下 Ctrl＋C 组合键或 Ctrl＋Break 组合键,如果是,则结束程序。

6）直接控制台输入/输出（6 号功能调用）

```
MOV  DL,0FFH            ; 置输入标志
MOV  AH,06H             ; 系统功能调用号送 AH
INT  21H                ; 执行系统调用
```

在通常情况下,控制台输入就是键盘输入,控制台输出就是屏幕输出。入口参数为 DL 中的数据。若 DL＝0FFH,表示输入,标志位 ZF＝1 时,表示无字符可读,ZF＝0 时,表示 AL 中为输入的字符值;否则表示输出,DL＝输出字符的 ASCII 码。

在输入时,如无字符可读,并不等待。不检查是否按下 Ctrl＋C 组合键或 Ctrl＋Break 组合键,在读到字符时也不回显。

7）打印输出（5 号功能调用）

```
MOV  AH,05H             ; 系统功能调用号送 AH
MOV  DL,'A'            ; 置要打印字符的 ASCII 码
INT  21H                ; 执行系统调用
```

将存于 DL 中的字符输出到连接在第一个并行口的打印机上。入口参数为 DL 中要打印字符的 ASCII 码。出口参数无。

8）输入字符串（0AH 号功能调用）

```
MOV  DX,OFFSET BUFFER   ; 置入口参数
MOV  AH,10              ; 系统功能调用号送 AH
INT  21H                ; 执行系统调用
```

从键盘接收字符串到内存输入缓冲区。要求事先定义一个输入缓冲区,缓冲区内第一个字节指出缓冲区能容纳的字符个数,不能为 0。第二个字节保留以用于填写输入字符的实际个数。从第三个字节开始存放从键盘上接收的字符。若实际输入的字符数少于定义的字节数,缓冲区内其余字节填 0,若多于定义的字节数,则后来输入的字符丢掉,且响铃。入口参数(DS:DX)指向输入缓冲区。

9）取键盘输入状态（0BH 号功能调用）

```
MOV  AH,0BH              ; 系统功能调用号送 AH
INT  21H                 ; 执行系统调用
```

判别在键盘上是否有字符可读。入口参数无。出口参数在 AL 中，若 AL＝0，表示无字符可读；AL＝0FFH，表示有字符可读。检查是否按下 Ctrl＋C 组合键或 Ctrl＋Break 组合键，如果是，则结束程序。

10）清除输入缓冲区后再输入（0CH 号功能调用）

```
MOV  AH,0CH              ; 系统功能调用号送 AH
MOV  AL,01H              ; 置将要执行的功能号
INT  21H                 ; 执行系统调用
```

清除输入缓冲区，然后再执行某个输入功能。入口参数为清除缓冲区后要执行的功能号，该数据放入 AL 中，该功能号可以是 01H、06H、07H、08H 或 0AH。如果 AL 中不是与输入功能相关的功能号，则在清除输入缓冲区后，没有进一步的处理。出口参数决定于清除输入缓冲区后执行的功能。

11）设置日期（2BH 号功能调用）

```
MOV  CX,2008            ; 设置年
MOV  DH,8               ; 设置月
MOV  DL,8               ; 设置日
MOV  AH,2BH             ; 系统功能调用号送 AH
INT  21H                ; 执行系统调用
```

2BH 的功能是设置有效日期。入口参数为：CX＝年，DH＝月，DL＝日。出口参数存放在 AL 寄存器中，AL＝0 表示设置成功，日期有效；若 AL＝0FFH，则表示设置无效。

12）取得日期（2AH 号功能调用）

```
MOV  AH,2AH             ; 系统功能调用号送 AH
INT  21H                ; 执行系统调用
```

2AH 的功能是将当前有效日期取到 CX 和 DX 寄存器中。其出口参数是年号、月份和日期，年号置入 CX 寄存器中，月份和日期置入 DX 寄存器中。

13）设置时间（2DH 号功能调用）

```
MOV  CH,12             ; 设置时
MOV  CL,20             ; 设置分
MOV  DH,38             ; 设置秒
MOV  DL,18             ; 设置 10 毫秒
MOV  AH,2DH            ; 系统功能调用号送 AH
INT  21H               ; 执行系统调用
```

2BH 的功能是设置有效时间。入口参数为：CH＝时，CL＝分，DH＝秒，DL＝10 毫秒。出口参数存放在 AL 寄存器中，AL＝0 表示设置时间有效；若 AL＝0FFH，则表示设置无效。

14）取得时间（2CH 号功能调用）

```
MOV  AH,2CH              ; 系统功能调用号送 AH
INT  21H                 ; 执行系统调用
```

2CH 的功能是将当前有效时间取到 CX 和 DX 寄存器中；无入口参数，其出口参数存放在 CX 和 DX 寄存器中，时间存放格式与 2DH 号系统功能调用相同。

15）返回操作系统（4CH 号功能调用）

```
MOV  AH,4CH              ; 系统功能调用号送 AH
INT  21H                 ; 执行系统调用
```

4CH 的功能是结束当前正在执行的程序，并返回操作系统，屏幕显示操作系统提示符。

3. INT 21H 中有关文件操作的系统调用

1）打开文件

对一个文件进行操作，首先要用 3DH 号功能调用打开文件，其入口参数是 DS:DX 指向文件名的存储地址，AL 指定访问和文件共享方式。（AL）=00H 为读访问；（AL）=01H 为写访问；（AL）=02H 为读/写访问。若 AL 的最高位为 0，则文件打开以后，子程序也可访问该文件；若最高位为 1，则文件打开以后，为它的程序所独用。

2）读文件

3FH 号功能调用用于已打开的文件代码（应送至 BX 中）为依据，从文件中读规定的字节数（在 CX 中）至指定的缓冲区。至于从文件的何处开始读，由文件指针规定。

3）移动文件指针

移动文件指针的功能由 42H 号功能调用实现，把文件指针移动所规定的字节数。移动指针的基准可为以下几个：

（1）从文件的开始位置开始（入口时，（AL）=00H）；

（2）从文件指针的当前位置开始（入口时，（AL）=01H）；

（3）从文件的结尾处开始（入口时，（AL）=02H）。

4）建立文件

建立文件的功能调用为 3CH，此调用以一个文件的路径名的 ASCII 码字符串为依据（以空字符 0 结尾）搜索目录文件，若找到与之匹配的目录项，则把此文件的长度置为 0；若没有与之匹配的目录项，则在适当的目录中，建立此文件。文件建立后，在 AX 中返回一个与此文件相联系的文件代码，以后就依据文件代码对文件进行操作。由 DS:DX 指向文件路径名的首地址，并由 CX 指定文件属性。00H 属性为普通文件；02H 属性为隐含文件；04H 属性为系统文件；06H 属性为隐含文件且为系统文件。

5）关闭文件

关闭文件的系统调用为 3EH，输入参数是文件代码（句柄）送 BX 寄存器。

4. 其他 DOS 中断的功能

1）中断调用 20H（INT 20H）

INT 20H 是两字节指令，它的作用是终止正在运行的程序，返回操作系统。这种终止程序的方法只适用于 COM 文件，而不适用于 EXE 文件。

程序段前缀区（PSP）是 DOS 操作系统装入用户可执行文件后在程序段内偏移地址为 0

处建立的存储区。程序段前缀区占有 100H 字节单元,存放与装入文件有关的信息。用户程序放在其后的地址单元中。程序段前缀区的前两个单元存有 INT 20H 指令。EXE 文件装入内存后,DOS 将寄存器 DS、ES 指向 PSP 的起始地址,即指向 INT 20H 指令。为了利用这条指令使程序返回操作系统,必须在用户程序开始部分写入以下指令序列。

```
PUSH  DS              ;将 PSP 区的段地址入栈
MOV   AX,0            ;设置 PSP 区 INT 20H 指令的偏移地址
PUSH  AX              ;偏移地址入栈
  ⋮
RET
```

前三条指令在堆栈中保存了 PSP 的入口地址,用户程序在执行最后一条 RET 指令时,将把这个入口地址弹入 CS：IP 中,使程序转向执行 INT 20H 指令,返回 DOS 操作系统。

2）中断调用 25H（INT 25H）

INT 25H 是绝对读磁盘,这条软中断的调用需要用户熟知磁盘结构,准确指出读操作的扇区号、扇区数和磁盘驱动器号,还需要知道与磁盘交换信息的内存缓冲区的首地址。这种读磁盘的方式比较落后,除非特殊用途,基本上不采用。

入口参数为：AL 中是驱动器号,CX 中存入要读出的扇区数,DX 中是开始的逻辑扇区号,DS：BX 是缓冲区的段地址和偏移地址。指令执行后,若传送成功,进位为 0；若传送不成功,则进位为 1,出口参数在 AL 寄存器中,各种错误的定义如下。

（1）AL＝80H,连接设备没有反应。

（2）AL＝40H,SEEK 操作失败。

（3）AL＝20H,控制器有问题。

（4）AL＝10H,磁盘 CRC 错误。

（5）AL＝08H,直接内存访问（DMA）错误。

（6）AL＝06H,不能用。

（7）AL＝04H,需要的扇区没有找到。

（8）AL＝03H,企图向保护磁盘写入。

（9）AL＝02H,找不到地址标记。

3）中断调用 26H（INT 26H）

INT 26H 是绝对写磁盘,这条软中断指令同样要求用户熟练掌握磁盘结构等信息。

入口参数为：AL 中是驱动器号,CX 中为要写入的扇区数,DX 中是开始的逻辑扇区号,DS：BX 是缓冲区的段地址和偏移地址。指令执行后,若传送成功,进位为 0；若传送不成功,则进位为 1,出口参数在 AL 寄存器中,各种错误的定义与 INT 25H 相同。

4）中断调用 27H（INT 27H）

INT 27H 的功能是终止并驻留程序在内存中。被终止的程序驻留在内存中作为 DOS 的一部分,它不会被其他程序覆盖。在其他用户程序中,可以利用软中断来调用这个驻留的程序。其入口参数为：CS 中是驻留在内存中程序最后地址的段地址,DX 是驻留在内存中程序最后地址的偏移地址。无出口参数。

9.2.2 DOS 功能调用程序实例

【例 9.1】 输入一组字符串信息,直到遇回车符结束。

问题分析：

本例用 DOS 功能调用中的 0AH 号功能，即在内存预先定义输入缓冲区，将其中第一个字节规定为缓冲区所能容纳的字符的个数；第二个字节为实际所接收的字符个数；从第三个字节开始存放输入的字符，输入以回车符（Enter 键即 0DH 代码）结束。调用时，要求 DS:DX 指向缓冲区首地址。

程序如下：

```
DATA        SEGMENT
BUFFER      DB   80,?,80 DUP(?)              ;定义缓冲区
DATA        ENDS
CODE        SEGMENT
            ASSUME  CS: CODE,DS: DATA
START:      MOV AX,DATA
            MOV DS,AX
            MOV DX,OFFSET  BUFFER            ;DX 指向 BUFFER
            MOV AH,0AH                       ;接收输入字符串
            INT 21H
            MOV AH,4CH
            INT 21H
CODE        ENDS
            END START
```

【例 9.2】 编写一个创建子目录的程序，若目录创建成功，则显示成功信息；否则，显示创建失败信息，用键盘输入一个目录路径名，若输入的字符串为空，则程序运行结束。

问题分析：

本例用 0AH 号系统功能调用从键盘输入一个字符串作为子目录名，利用 39H 号系统功能调用实现创建子目录的功能，最后用 9 号系统功能调用实现在屏幕上显示字符串的功能。

程序如下：

```
DATA  SEGMENT
DIR   DB   30,?,30 DUP(?),0
;定义内存缓冲区,用于存放目录路径名
VIC   DB   'VICTORY',0DH,0AH,'$'        ;成功信息
FAI   DB   'FAILURE',0DH,0AH,'$'        ;失败信息
DATA  ENDS
STACK SEGMENT  STACK
      DW   100 DUP(?)
STACK ENDS
CODE  SEGMENT
      ASSUME  CS: CODE,SS: STACK,DS: DATA
START:MOV  AX,DATA
      MOV  DS,AX
      MOV  AH,0AH                       ;输入目录名
      LEA  DX,DIR
      INT  21H
      MOV  BL,DIR+1
      CMP  BL,0
```

```
        JZ      STOP                            ; 判断输入字符串是否为空
        XOR     BH,BH
        MOV     DIR[BX+2],0                     ; 使字符串以 0 为结尾标志
        MOV     DX,OFFSET DIR+2
        MOV     AH,39H                          ; 创建子目录
        INT     21H
        JC      DD                              ; 根据 CF 的值判断是否成功
        LEA     DX,VIC
        JMP     DDD
DD:     LEA     DX,FAI
DDD:    MOV     AH,9                            ; 现实成功或失败信息
        INT     21H
STOP:   MOV     AH,4CH
        INT     21H
CODE    ENDS
        END     START
```

【例 9.3】 编写程序，从键盘接收一个小写字母，变为大写字母后，找出它的前导字母和后续字母，并按顺序输出这 3 个字母。

问题分析：

大写字母 A 的 ASCII 码为 41H，小写字母 a 的 ASCII 码为 61H，其他大小写字母按顺序可以推出。大小写字母的差即为 61H～41H。任何一个字母的 ASCII 码值减 1 即可得到其前导字母；任何一个字母的 ASCII 码值加 1 则是其后续字母；编程时应考虑边界字母 a 和 z。

程序如下：

```
STACK SEGMENT  STACK
        DW      100 DUP(?)
STACK ENDS
CODE  SEGMENT
        ASSUME  CS: CODE,SS: STACK
START:MOV   AH,1                                ; 输入字母
        INT     21H
        SUB     AL,20H                          ; 小写字母转换为大写字母
        CMP     AL,'A'
        JB      STOP                            ; 非字母,则结束
        JZ      ZAB                             ; 是字母 A
        CMP     AL,'Z'
        JA      STOP                            ; 非字母,则结束
        JZ      YZA                             ; 是字母 Z
        DEC     AL                              ; B～Y 之间的字母
        MOV     DL,AL
        MOV     CX,3
AGAIN:CALL  DISCH
        INC     DL
        LOOP    AGAIN
        JMP     STOP
ZAB:  MOV   BL,AL                               ; 处理字母 A
        ADD     AL,25                           ; A 的前导字母为 Z
```

```
        MOV   DL,AL
        CALL  DISCH
        MOV   DL,BL
        CALL  DISCH
        INC   DL
        CALL  DISCH
        JMP   STOP
YZA:    MOV   BL,AL                         ; 处理字母 Z
        DEC   AL
        MOV   DL,AL
        CALL  DISCH
        INC   DL
        CALL  DISCH
        SUB   DL,25                         ; Z 的后续字母为 A
        CALL  DISCH
STOP:   MOV   AH,4CH
        INT   21H
DISCH PROC NEAR                             ; 显示字母子程序
        MOV   AH,2
        INT   21H
        RET
DISCH ENDP
CODE  ENDS
        END   START
```

【例 9.4】 在屏幕上显示 a～z 26 个小写英文字母。

问题分析：

本例采用 DOS 功能调用中的 INT 21H 来实现将字母显示在屏幕上，入口参数为：AH＝02H,DL＝字母的 ASCII 码。DL 中的初值为 61H。

程序如下：

```
STACK SEGMENT  STACK
      DW    64 DUP(?)
STACK ENDS
CODE  SEGMENT
      ASSUME  CS: CODE,SS: STACK
START:MOV   CX,001AH                        ; 显示字母个数送入 CX
      MOV   BL,61H                          ; 字母 a 的 ASCII 码
      MOV   AH,02H                          ; 显示一个字母
A1:   MOV   DL,BL
      INT   21H
      INC   BL
      PUSH  CX
      MOV   CX,0FFFFH                       ; 实现延时功能
A2:   LOOP  A2
      POP   CX
      DEC   CX
      JNZ   A1
      MOV   AH,4CH
      INT   21H
```

```
CODE    ENDS
        END    START
```

【例 9.5】 编写具有简单的人机对话功能的程序。

问题分析：

在屏幕上先输出一个字符串作为提示信息，因此用 9 号功能调用来实现。然后再用 0AH 号功能实现输入字符串的功能。在按下 Enter 键后，显示输入的信息。为了实现此功能，需要在输入字符串的结尾处加入 $ 字符，然后再用 9 号功能调用。

程序如下：

```
DATA    SEGMENT
BUFF    DB     60                          ; 开始定义缓冲区
NUM     DB     ?
CHARS   DB     60 DUP(?)
MESG    DB     0DH,0AH
        DB     'What is your name?: $ '
DATA    ENDS
CODE    SEGMENT
        ASSUME  CS: CODE,DS: DATA
START:MOV     AX,DATA
        MOV     DS,AX
        MOV     DX,OFFSET MESG              ; 显示提示信息
        MOV     AH,9
        INT     21H
        MOV     DX,OFFSET BUFF             ; 输入回答字符串
        MOV     AH,0AH
        INT     21H
        XOR     BX,BX
        MOV     BL,NUM                      ; 取输入字符的个数
        MOV     CHARS[BX],'$'              ; 在输入字符串的结尾加 $
        MOV     DX,OFFSET CHARS            ; 显示输入的信息
        MOV     AH,9
        INT     21H
        MOV     AH,4CH                      ; 返回 DOS
        INT     21H
CODE    ENDS
        END    START
```

9.3 BIOS 功能调用

在 IBM PC 中，BIOS 例行程序装在从地址 0FE000H 开始的 8KB ROM 中。BIOS 例行程序提供了系统加电自检，引导装入，主要 I/O 设备的处理程序以及接口控制等功能模块来处理所有的系统中断。

9.3.1 BIOS 功能调用概述

程序员在使用 BIOS 功能调用时，不必了解硬件 I/O 接口的特性就可以直接用指令设置参数，然后通过中断调用 BIOS 中断程序，所以利用 BIOS 功能编写的程序可读性好，易于

移植。

BIOS 中主要包含以下几部分内容。

(1) 硬件系统的检测和初始化程序。

(2) 外部中断和内部中断的中断例程。

(3) 用于对硬件设备进行 I/O 操作的中断例程。

(4) 其他和硬件系统相关的中断例程。

BIOS 系统功能调用为用户程序和系统程序提供主要外设的控制功能,即系统加电自检、引导装入及对键盘、磁盘、磁带、显示器、打印机、异步串行通信口等控制。计算机系统软件就是利用这些基本的设备驱动程序,完成各种功能操作。

表 9.2 列出了 IBM PC 系统主要的 BIOS 中断类型。

表 9.2 BIOS 中断类型

INT	功 能 描 述	INT	功 能 描 述
10H	显示器 I/O 调用	18H	磁带 BASIC 接口
11H	设备检验调用	19H	自检程序接口
12H	存储器检验调用	1AH	时间调用
13H	软盘 I/O 调用	1BH	Ctrl+Break 组合键
14H	异步通信口调用	1CH	定时处理
15H	磁带 I/O 调用	1DH	显示器参数表
16H	磁盘 I/O 调用	1EH	软盘参数表
17H	打印机 I/O 调用	1FH	字符点阵结构参数表

BIOS 中断调用的方法是:若调用 BIOS 程序模块,先设置入口参数,然后通过有关的软中断指令调用。BIOS 调用会遇到多个功能的问题,此时,要了解系统为各功能所设置的功能编号。当调用某种类型中的一个功能时,应该把功能号装入 AH 中,其操作跟 DOS 系统功能调用过程类似。

下面介绍常用的 BIOS 功能调用。

1. 键盘 I/O 中断调用 INT 16H

当应用程序需要读取键盘按键时,可使用 INT 16H 的软中断。它以先进先出的方式读取键盘缓冲区中最先存入的按键。INT 16H 有 3 个子功能,可以等待读取一个按键、判断有无按键或者获取当前的特殊功能键信息(如 Shift、Ctrl 键的信息)。各子功能由 AH 寄存器区分,用户在调用前需要预先设置。

中断调用 16H 的功能号为 0~2。

1) AH=0

```
MOV  AH,0              ;功能号送 AH
INT  16H              ;执行 BIOS 功能调用
```

该调用的功能为从键盘读字符到 AL 寄存器中,当无键按下时,处于等待状态。出口参数在 AX 寄存器中,其中 AL 为输入字符的 ASCII 码,AH 为输入字符的扫描码。

2) AH=1

```
MOV  AH,1              ;功能号送 AH
```

```
INT  16H                 ; 执行 BIOS 功能调用
```

　　该调用的功能为从键盘缓冲区读字符到 AL 寄存器中。并置 ZF 标志位，当有键按下时，ZF＝0；否则 ZF＝1。出口参数：当 ZF＝0 时，AL 中为输入字符的 ASCII 码；当 ZF＝1 时，则缓冲区空。由于该功能是从键盘缓冲区读数据，当没有任何键按下时，不等待而立即返回。一般通过检测 ZF 标志来控制某一程序的执行。

　　3）AH＝2

```
MOV  AH,2                ; 功能号送 AH
INT  16H                 ; 执行 BIOS 功能调用
```

　　该调用的功能为读取键盘上特殊功能键的状态。出口参数在 AL 寄存器中，为各特殊功能键的状态。AL 寄存器 $D_7 \sim D_0$ 位的定义如表 9.3 所示。

表 9.3　特殊功能键的各位含义

位	含　义	位	含　义
D_7	Insert 状态改变	D_3	按 Alt 键
D_6	CapsLock 状态改变	D_2	按 Ctrl 键
D_5	NumLock 状态改变	D_1	按左 Shift 键
D_4	ScrollLock 状态改变	D_0	按右 Shift 键

2. 键盘输入中断调用 INT 09H

　　中断 09H 是硬件中断处理程序，用于扫描码到扩展码的转换和按键缓存，用户一般不直接使用。当有键盘按键时，键盘接口电路把来自键盘的扫描码送入接口寄存器，并向 CPU 发出中断请求。当 CPU 响应中断请求后，执行类型为 09H 的中断服务程序。

　　INT 09H 的具体处理过程如下。

　　(1) 从键盘接口的输出缓冲寄存器(60H)读取系统扫描码。

　　(2) 判断该键是单独按下或是与组合键(Shift、Ctrl 或 Alt)一起按下。若字符键单独按下，将扫描码转换为相应的 ASCII 码或扩展码写入键盘缓冲区。

　　(3) 如果是换档键(如 CapsLock、Insert 等)，将其状态存入 BIOS 数据区中的键盘标志单元。

　　(4) 如果是组合键(如 Ctrl＋Alt＋Del)，则直接执行，完成其相应的功能。

　　(5) 对于终止组合键(如 Ctrl＋C 或 Ctrl＋Break)，强行中止应用程序的执行，返回 DOS。

　　(6) 将转换的 ASCII 码作为低字节，以原来的系统扫描码作为高字节存入键盘缓冲区，供系统调用。

　　(7) 在完成上述任务后，结束中断调用并返回。至此，一次按键输入的信息才真正送入计算机中。

3. 打印机 I/O 中断调用 INT 17H

　　17H 中断调用有 3 个功能，功能号为 0、1 和 2。

　　1）AH＝0

```
MOV  AH,0                ; 功能号送 AH
```

```
        INT   17H              ; 执行 BIOS 功能调用
```

该调用的功能为将 AL 中指定的字符在打印机上打印出来。入口参数：DX 中为打印机号，AL 中为要打印的字符。

2）AH＝1

```
        MOV   AH,1             ; 功能号送 AH
        INT   17H              ; 执行 BIOS 功能调用
```

该调用的功能为对指定的打印机初始化。入口参数在 DX 中，为打印机号；出口参数在 AH 中，为状态信息。

3）AH＝2

```
        MOV   AH,2             ; 功能号送 AH
        INT   17H              ; 执行 BIOS 功能调用
```

该调用的功能为读取打印机的状态信息。入口参数在 DX 中，为打印机号；出口参数在 AH 中，为状态信息。

4. 时钟中断调用 INT 1AH

1AH 中断调用有两个功能，功能号为 0 和 1。

1）AH＝0

```
        MOV   AH,0             ; 功能号送 AH
        INT   1AH             ; 执行 BIOS 功能调用
```

该调用的功能为读取当前时钟计数器的值。无入口参数，其出口参数在 CX 和 DX 寄存器中，CX：DX 为时钟计数器的当前值。

2）AH＝1

```
        MOV   AH,1             ; 功能号送 AH
        INT   1AH             ; 执行 BIOS 功能调用
```

该调用的功能为设置时钟计数器的当前值。其入口参数为 CX、DX 寄存器中的时钟设置值。

9.3.2　BIOS 功能调用程序实例

【例 9.6】　读取键盘状态字节的内容，如果要显示出各位的状态，可调用 BINHEX 子程序来显示键盘状态字节的十六进制内容。

问题分析：

在本例中，用 INT 16H 的 2 号功能调用实现读取键盘状态的功能，BINHEX 是已经定义好的子程序，这里直接用 CALL 指令调用即可。这里只给出了实现题目要求功能的相应程序段。

程序如下：

```
            ⋮
AGAIN: MOV   AH,02H
       INT   16H
```

```
            MOV   BX,AX
            CALL  BINHEX
            MOV   DL,0DH
            MOV   AH,02H
            INT   21H
            JMP   AGAIN
              ⋮
```

【例 9.7】　试编制出能打印 AL 中以 ASCII 编码的字符的子程序。

问题分析：

为了实现打印字符的功能,本程序用了 BIOS 系统功能调用 INT 17H,并且应用了两次。第一次是测试打印机是否空闲并等待空闲,然后第二次才是打印字符。这是 CPU 的快速运行和打印机慢速操作之间实现时间协调的方法之一。这里只给出了实现题目要求功能的相应程序段。

程序如下：

```
              ⋮
PRINT    PROC  FAR
         PUSH  AX
WAITT:   MOV   AH,2
         INT   17H
         TEST  AH,80H
         JZ    WAITT
         MOV   AH,0
         INT   17H
         POP   AX
         RET
PRINT    ENDP
              ⋮
```

【例 9.8】　编程实现：当输入一个 2～8 之间的数字时,在屏幕上输出一个用"＊"组成的三角形的功能。

问题分析：

本例中,键盘输入功能用 BIOS 功能调用实现,而屏幕显示功能用 DOS 功能调用实现。采用双层循环结构实现用"＊"组成三角形的显示功能,内层循环实现每行"＊"的显示,外层循环控制显示的行数。

如果通过键盘输入的数字是 5,则输出的三角形如下所示。

```
*
**
***
****
*****
```

程序如下：

```
CODE     SEGMENT
         ASSUME CS: CODE
START:   MOV   AH,0
```

```
            INT    16H                    ; 从键盘输入数字
            CMP    AL,32H                 ; 数字小于 2 则回到开始处
            JC     START
            CMP    AL,39H                 ; 数字大于 8 则回到开始处
            JNC    START
            AND    AL,0FH
            MOV    CL,AL                  ; 置外层循环控制数
            MOV    CH,0
    A1:     MOV    DL,0DH
            MOV    AH,2
            INT    21H
            MOV    DL,0AH
            MOV    AH,2
            INT    21H
            INC    CH                     ; 设置内层循环控制数
            CMP    CL,CH                  ; 判断外层循环是否结束
            JNC    A2
            MOV    AH,4CH
            INT    21H
    A2:     XOR    CL,CL                  ; 设置内层循环控制数初值为 0
    A3:     MOV    DL,'*'                 ; 显示"*"号
            MOV    AH,2
            INT    21H
            INC    CL
            CMP    CL,CH                  ; 判断内层循环是否结束
            JNZ    A3
            JMP    A1                     ; 返回外层循环
    CODE    ENDS
            END    START
```

9.3.3　显示器 BIOS 中断服务

　　显示器通过显示适配卡与系统相连,在 IBM PC 上配置彩色图形显示器及其显示适配卡后,就可以进行信息显示了。早期的显示适配卡是 CGA 和 EGA 等,目前常用的显示适配卡是 VGA 和 TVGA 等。它们都支持两类显示方式:文本显示方式和图形显示方式,每一类显示方式都含有多种显示模式。在 DOS 操作系统环境下,其默认的显示方式为文本显示方式,而在 Windows 操作系统环境下,其显示方式是图形显示方式。

1. 文本显示方式

　　文本显示方式是指以字符为单位的显示方式。文本方式是图形适配器的默认方式,主要用于字符文本处理。字符通常是指字母、数字、普通符号(如运算符)和一些特殊符号(如菱形块和矩形块)。在文本方式下,彩色/图形适配卡能产生 80 列 25 行字符的高分辨率显示或 40 列 25 行字符的低分辨率显示。每个字符的点阵直接由硬件实现,程序只需指定 ASCII 码和颜色属性。

　　为了在屏幕上显示字符,需要两个存储器字节对应屏幕上的一个字符,这两个字节是 ASCII 码字节和属性字节。在单色显示时,显示属性定义了闪烁、反相和高亮度等显示特性。在彩色显示时,属性还定义了前景色和背景色。图 9.2 给出了彩色显示时属性字节各

位的定义。

RGB 分别表示红、绿、蓝 3 种颜色，最高位的 BL 表示是否闪烁；I 为亮度。闪烁和亮度只应用于前景色的设定。$D_3D_2D_1D_0$ 位的组合可以设置前景的 16 种颜色，$D_6D_5D_4$ 位的组合可以表示背景的 8 种颜色。表 9.4 为彩色文本方式下颜色的组合。显示屏幕的背景颜色只能是表中 I 为 0 的 8 种颜色。当前景和背景是同一种颜色

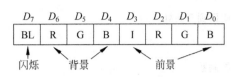

图 9.2　显示属性字节各位的定义

时，显示的字符是看不见的，但若设置属性字节中的最高位 BL＝1 可以使字符闪烁。

表 9.4　IRGB 组合

IRGB	颜色	IRGB	颜色	IRGB	颜色	IRGB	颜色
0000	黑	0100	红	1000	浅灰	1100	浅红
0001	蓝	0101	品红	1001	浅蓝	1101	浅品红
0010	绿	0110	棕	1010	浅绿	1110	黄
0011	青	0111	白	1011	浅青	1111	亮白

表 9.5 给出属性字节的几种典型组合。

表 9.5　属性字节组合示例

显示颜色	$D_7 \sim D_0$	十六进制数值	显示颜色	$D_7 \sim D_0$	十六进制数值
黑底白字	00001111	0FH	黑底蓝字	00000001	01H
白底黑字	01110000	70H	黑底红字	00000100	04H
白底蓝字	01110001	71H	白底红字	01110100	74H
蓝底白字	00010111	17H	红底绿字	01000010	42H

显示适配卡带有显示存储器，用于存放显示屏幕上显示文本的代码及属性或图形信息。显示存储器作为系统存储器的一部分，可用访问普通内存的方法访问显示存储器。通常为显示存储器安排的存储地址空间的段值是 B800H 或 B000H，对应的内存区域就称为显示缓冲区。假设段值是 B800H，文本显示模式下，屏幕的每一个显示位置依次对应显示存储区中的两个字节单元，这种对应关系如图 9.3 所示。

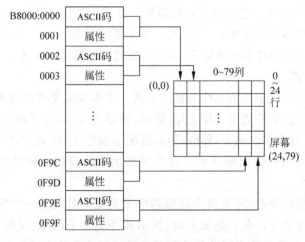

图 9.3　显示位置与存储区的对应关系

2. 图形显示方式

图形显示是目前最常用的一种显示方式,也是 Windows 操作系统的默认显示方式。在该显示方式下,可以看到优美的图像、视频、浏览丰富多彩的网页等。

图形显示方式的最小显示单位是像素,屏幕被分成 $m \times n$ 的点阵,对每个像素可用不同的颜色来显示。所以,在显示缓冲区内记录的信息是屏幕各像素的显示颜色。各种图形显示模式所能显示的颜色和像素是不同的,它决定了显示缓冲区的存储方式也是不同的。

1) 4 色 320×200 显示模式

由于每个像素只能是四色之一,而 4 种情况用两位二进制就可以表示,因此一个字节可以表示 4 个像素的显示颜色,存储一行上的所有像素信息就需要 80 个字节。在具体存储过程中,它又把偶数行像素和奇数行像素分开来存储。偶数行和奇数行的像素总数各有 32 000 个,也都需要 8000 个字节来存储,并规定:偶数行像素从 0B800:0000H 开始存储,奇数行像素从 0B800:2000H 开始存储。

2) 16 色 640×480 显示模式

640×480 显示模式共有 307 200 个像素,每个像素可以选用 16 种颜色,它需要用 4 位二进制来表示。该显示模式在存储显示信息时,把该 4 位分在 4 个位平面 P1、P2、P3 和 P4 上,所以位平面 $Pi(i=1,2,3,4)$ 共有 307 200 个二进制位,即有 38 400 个字节。

3) 256 色 320×200 显示模式

由于 $256 = 2^8$,因此表达 256 种不同颜色需要 8 位二进制,即一个字节。在该模式下,其显示缓冲区的存储方式是非常简单的,第一个字节存储第一个像素的颜色,第二个字节存储第二个像素的颜色,以此类推,所以存储满屏像素所需要的字节数为 64 000 个。

各种显示模式在显示缓冲区存储方式上的明显差异,使得操作像素方法的难易程度相差也很大。所以,在编程时不要用直接操作显示缓冲区的办法来达到改变显示像素的目的,最好是通过 BIOS 内的中断功能来实现相应的功能,这样,所编写的程序能很方便地适应不同的显示模式。

3. BIOS 提供的显示器中断服务

通过 10H 中断功能调用可以得到 BIOS 显示中断服务。在 10H 中断类型中共有 25 个重要的中断服务,如表 9.6 所示。

表 9.6　10H 中断服务的基本功能

服　务　号	功　　　能	服　务　号	功　　　能
00H	设置显示方式	0DH	读像素
01H	设置光标大小	0EH	以 TTY 方式写字符
02H	设置光标位置	0FH	读取当前显示方式
03H	读取光标坐标	10H	显示寄存器控制
04H	读取光笔位置	11H	字符发生器控制
05H	设置当前显示页	12H	替换选择
06H	窗口上滚	13H	写字符
07H	窗口下滚	14H	保留
08H	读取字符和属性	15H	保留
09H	写字符和属性	1AH	读写显示合成卡
0AH	写字符	1BH	读取功能状态信息
0BH	设置四色调色板	1CH	存取显示状态
0CH	写像素		

在调用显示器中断服务时，必须把相应的功能号送 AH 寄存器，然后设置有关的输入参数。

下面介绍 BIOS 功能调用中常用的 INT 10H 的主要格式和功能。

1）设置显示方式

在 IBM PC 的 BIOS 中断调用中，专门提供了与设置各种显示方式有关的功能。表 9.7 列出了常用的几种显示方式。

表 9.7　INT 10H 设置显示方式功能

AH	AL	显 示 方 式	
0	0	40×25	黑白文本方式
0	1	40×25	彩色文本方式
0	2	80×25	黑白文本方式
0	3	80×25	彩色文本方式
0	4	320×200	彩色图形方式
0	5	320×200	黑白图形方式
0	6	640×200	黑白图形方式
0	7	80×25	黑白文本方式（单色显示卡）

将屏幕设置为 320×200 的黑白图形方式的代码如下：

```
MOV  AH,0
MOV  AL,5
INT  10H
```

将屏幕设置为彩色文本方式的代码如下：

```
MOV  AH,0
MOV  AL,3
INT  10H
```

2）设置光标位置

```
MOV  AH,2
MOV  BH,0
MOV  DX,1105H        ; 光标设在 17 行 5 列
INT  10H
```

入口参数：AH＝02H，BH＝页号，DH＝行号，DL＝列号。

3）读当前显示状态

```
MOV  AH,0FH
INT  10H
```

出口参数：AL＝当前显示方式，AH＝屏幕上字符列数（宽度），BH＝当前页号。

4）在当前光标位置写字符

```
MOV  AH,0AH
MOV  BH,0
MOV  AL,'S'
```

```
MOV   CX,8
INT   10H
```

入口参数：AH＝0AH，BH＝页号，AL＝要写的字符的 ASCII 码，CX＝要写的字符个数。

5）在当前光标位置写具有指定属性的字符

```
MOV   AH,09H
MOV   BH,0
MOV   AL,'S'
MOV   BL,70H
MOV   CX,2
INT   10H
```

入口参数：AH＝09H，BH＝页号，AL＝要写的字符的 ASCII 码，BL＝所要写的字符的属性（文本方式），CX＝要写的字符个数。

4. 显示程序设计实例

【例 9.9】 用 BIOS 功能调用设计一个具有清除屏幕功能的子程序。

问题分析：

用 INT 10H 实现清除屏幕。具体参数为：AH＝6，上卷屏幕，AL＝0，BH＝07H，CX＝0，DX＝184FH。

程序如下：

```
      ⋮
CLR   PROC  FAR
      PUSH  AX
      PUSH  BX
      PUSH  CX
      PUSH  DX
      MOV   AX,0600H
      MOV   BH,07H
      MOV   CX,0
      MOV   DX,184FH
      INT   10H
      POP   DX
      POP   CX
      POP   BX
      POP   AX
      RET
CLS   ENDP
      ⋮
```

【例 9.10】 试编程实现显示方式的选择。

问题分析：

本例可以实现显示方式的重新设置。输入"M"，是单色文本方式；输入"H"，是 640×200 高分辨率黑白图形显示。在选择后，将系统设置成相应的显示方式。为了实现程序功能，主要采用 INT 10H 的 0 号功能调用。

程序如下：

```
DATA     SEGMENT
STRING   DB 'Type "M" for 80×25 monochrome',0DH,0AH   ; 定义提示信息
         DB  'Type "H" for 640×200 b & w',0DH,0AH,'$'
DATA     ENDS
CODE     SEGMENT
         ASSUME  CS: CODE,DS: DATA
START:   MOV    AX,DATA
         MOV    DS,AX
         MOV    DX,OFFSET STRING       ; 显示提示信息
         MOV    AH,9
         INT    21H
         MOV    AH,1                   ; 键盘输入字符
         INT    21H
         CMP    AL,'M'                 ; 判断是否是 M
         JE     M80
         CMP    AL,'H'                 ; 判断是否是 H
         JE     H640
         JMP    START                  ; 输入字符不符合要求则重新输入
M80:     MOV    AL,2                   ; 80×25 黑白文本方式
         MOV    AH,0
         INT    10H
         JMP    OVER
H640:    MOV    AL,6                   ; 640×200 黑白图形方式
         MOV    AH,0
         INT    10H
OVER:    MOV    AH,4CH
         INT    21H
CODE     ENDS
         END    START
```

【例 9.11】 在屏幕上以黑底白字显示"STUDENT"，然后分别以黑底白字和黑底蓝字相间地显示"TEACHER"。

问题分析：

本例实现的是以指定属性显示字符串的功能，黑底白字的属性值为 0FH，黑底蓝字的属性值为 01H，定义 TEACHER 时可带属性值。为了实现程序功能，用到了 INT 10H 的 0 号、3 号和 13H 号功能调用。

程序如下：

```
STACK    SEGMENT  STACK
         DW    64 DUP(?)
STACK    ENDS
DATA     SEGMENT
STR1     DB    'STUDENT'
STR2     DB    'T'01H,'E',0FH,'A',01H
         DB    'C',0FH,'H',01H,'E',0FH,'R',01H
LEN2     EQU   $ - STR2
DATA     ENDS
CODE     SEGMENT
         ASSUME   CS: CODE,SS: STACK,DS: DATA
```

```
START:    MOV    AX,DATA
          MOV    DS,AX
          MOV    AL,3                ; 设置显示方式
          MOV    AH,0
          INT    10H
          MOV    BP,SEG STR1         ; 取串 1 的段地址
          MOV    ES,BP
          MOV    BP,OFFSET STR1      ; 取串 1 的偏移地址
          MOV    CX,STR2-STR1        ; 取串 1 的长度
          MOV    DX,0
          MOV    BL,0FH
          MOV    AL,1
          MOV    AH,13H
          INT    10H
          MOV    AH,3
          INT    10H
          MOV    BP,OFFSET STR2      ; 取串 2 的偏移地址
          MOV    CX,LEN2
          MOV    AL,3
          MOV    AH,13H
          INT    10H
          MOV    AH,4CH              ; 回 DOS 系统
          INT    21H
CODE      ENDS
          END    START
```

【例 9.12】　用@字符画一条从(0,0)至(18,18)的斜线。

问题分析：

为了实现在屏幕上用@字符(ASCII 码为 40H)画斜线的功能,可以用 INT 10H 的 4 个功能：AH＝0FH,把显示页号读入 BH；AH＝0,选择 80×25 的黑白文本方式；AH＝2,移动光标；AH＝0AH,显示一个字符。若使@字符能在屏幕上沿着一条斜线的轨迹移动,应使每次显示时字符位置是不同的,即第一个@字符的位置是(0,0),第二个是(1,1),最后一个是(18,18)。

程序如下：

```
STACK     SEGMENT    STACK
          DW         64 DUP(?)
STACK     ENDS
CODE      SEGMENT
          ASSUME  CS: CODE,SS: STACK
START:    PUSH    DS
          MOV     AX,0
          PUSH    AX
          MOV     AH,0FH              ; 读取当前显示方式
          INT     10H
          MOV     AH,0                ; 设置显示方式
          MOV     AL,3
          INT     10H
          MOV     CX,1                ; 字符数为 1
```

```
         MOV    DX,0                  ; 初始显示位置
LOP:     MOV    AH,2                  ; 设置光标位置
         INT    10H
         MOV    AL,40H
         MOV    AH,0AH                ; 写字符
         INT    10H
         INC    DH                    ; 更新光标位置
         INC    DL
         CMP    DH,19                 ; 是否到 18 行 18 列
         JNE    LOP
         RET
CODE     ENDS
         END    START
```

【例 9.13】 在 256 色 320×200 的图形显示模式下，从屏幕最左边向最右边，依次画竖线（从顶到底），线的颜色从 1 依次加 1。要求用中断调用的方法来画线。

问题分析：

因为本例要改变屏幕的显示模式，所以首先要将当前屏幕显示模式保存，在程序结束前再恢复。设计一个子程序专门用于画竖线，每画一条竖线，就调用一次该子程序。调用程序和子程序之间通过寄存器传递参数。

程序如下：

```
DATA     SEGMENT
MODE     DB ?                        ; 保存当前显示模式
DATA     ENDS
CODE     SEGMENT
         ASSUME  CS: CODE,DS: DATA
START:   MOV    AX,DATA
         MOV    DS,AX
         MOV    AH,0FH
         INT    10H
         MOV    MODE,AL              ; 保存当前显示模式,在程序结束前恢复
         MOV    AH,0
         MOV    AL,13H
         INT    10H
         MOV    CX,0                 ; 将要画的竖线所在的列
         MOV    AL,01H               ; 赋线的颜色值
DLINE:   CALL   VLINE
         INC    AL                   ; 更新线的颜色值
         INC    CX                   ; 更新列
         CMP    CX,320               ; 320 条竖线画完否?
         JL     DLINE
         MOV    AH,0
         INT    16H                  ; 等待一个按键
         MOV    AL,MODE
         MOV    AH,0
         INT    10H                  ; 恢复原来的屏幕显示模式
         MOV    AH,4CH
         INT    21H
```

```
VLINE    PROC    NEAR            ; 画竖线子程序
         MOV     DX,0
         MOV     BH,0
         MOV     AH,0CH
DRAW:    INT     10H
         INC     DX
         CMP     DX,200          ; 一条竖线画完否?
         JL      DRAW
         RET
VLINE    ENDP
CODE     ENDS
         END     START
```

9.4　综合应用程序设计举例

本节综合利用前面各章节讲述的编制汇编语言程序的基本方法和技术,来实现实用汇编语言程序的设计。在设计中,应根据实际问题的需要,选择合理的程序结构和合适的指令序列,编制出高性能的计算机程序。

【例 9.14】　用字符构成一个"运动员"图形,并显示在屏幕上 15 行 40 列的位置。

问题分析:

本例是要通过多次显示来构造字符图形,应考虑专门定义一个字符图形表。字符图形表包括每个字符的 ASCII 码、属性以及在显示图形中的相对位移量。相对位移量是指前一个字符和当前要显示字符之间的行距和列距。字符图形表中的第一个字节是组成图形的字符数,运动员图形从 15 行 40 列处开始显示。

可以设计运动员图形由 17 个字符组成,如图 9.4 所示。

从上到下,从左到右,各字符依次是:头部是一个笑脸符(ASCII 码 02H),放在第一行。上身由第二、第三两行共 8 个字符组成。第二行分别是字母 O(ASCII 码 4FH)、字母 S(ASCII 码 53H)、字母 P(ASCII 码 50H)、字母 O(ASCII 码 4FH)、字母 R(ASCII 码 52H)、字母 T(ASCII 码 54H)及字母 O(ASCII 码 4FH)组成。第三行是一个实心方块(ASCII 码 DBH)。下半身由三行构成,分别是 4 个实心方块(ASCII 码 DBH)、2 个实心方块

图 9.4　用字符构造的"运动员"图形

(ASCII 码 DBH)和 2 个字母 O(ASCII 码 4FH),其中 SPORT 5 个字符是反相属性显示,其他字符都是以正常属性显示。

开始先画一个笑脸符表示运动员的头,其相对位移量定为(0,0)。第二个字符是字母 O,表示拳头,在笑脸符的下一行左边 3 列,所以相对笑脸符的位移量为(1,-3),接下来是 SPORT 5 个字母,每个相对前一个字符的位移量都是(0,1),第八个字符是字母 O,表示另一个拳头,位移量也是(0,1)。下一个字符是实心方块,位于 SPORT 中的 O 的正下方,位移量为(1,-3)。下一行是 4 个连续的实心方块,位移量分别为(1,-1)、(0,1)、(0,1)、(0,1),再接下来是两个实心方块,位移量分别为(1,-4)和(0,4)。最后 2 个字符表示脚,即字母 O,位移量分别为(1,-5)和(0,5)。

程序如下:

```
STACK    SEGMENT  STACK
         DW       64 DUP(?)
STACK    ENDS
DATA     SEGMENT
SPORT    DB       17                     ; 字符图形表
         DB       2,7,0,0                ; ASCII 码、属性、相对位移量
         DB       4FH,7,1,-3
         DB       53H,70H,0,1
         DB       50H,70H,0,1
         DB       4FH,70H,0,1
         DB       52H,70H,0,1
         DB       54H,70H,0,1
         DB       4FH,7,0,1
         DB       0DBH,7,1,-3
         DB       0DBH,7,1,-1
         DB       0DBH,7,0,1
         DB       0DBH,7,0,1
         DB       0DBH,7,0,1
         DB       0DBH,7,1,-4
         DB       0DBH,7,0,4
         DB       4FH,7,1,-5
         DB       4FH,7,0,5
DATA     ENDS
CODE     SEGMENT
         ASSUME   CS: CODE,DS: DATA,SS: STACK
MAIN     PROC     FAR
         PUSH     DS
         SUB      AX,AX
         PUSH     AX
         MOV      AX,DATA
         MOV      DS,AX
         CALL     CLEAR                  ; 调用清屏子程序
         LEA      SI,SPORT               ; SI 指向字符图形表
         MOV      DH,15                  ; 显示位置在 15 行 40 列
         MOV      DL,40
         CALL     SPORTDIS               ; 调用显示运动员子程序
         RET
MAIN     ENDP
CLEAR    PROC     NEAR                   ; 清屏子程序
         PUSH     AX
         PUSH     BX
         PUSH     CX
         PUSH     DX
         MOV      AH,6                   ; 窗口上滚
         MOV      AL,0
         MOV      CX,0                   ; 左上角
         MOV      DH,24                  ; 右下角
         MOV      DL,79
         MOV      BH,7
         INT      10H
         POP      DX
```

```
          POP    CX
          POP    BX
          POP    AX
          RET
CLEAR     ENDP
SPORTDIS  PROC   NEAR                 ; 显示运动员子程序
          PUSH   AX
          PUSH   BX
          PUSH   CX
          PUSH   DX
          PUSH   SI
          MOV    AH,0FH               ; 读取当前显示方式
          INT    10H
          SUB    CH,CH
          MOV    CL,[SI]
          INC    SI
NEXT:     ADD    DH,[SI+2]
          ADD    DL,[SI+3]
          MOV    AH,2                 ; 设置光标位置
          INT    10H
          MOV    AL,[SI]
          MOV    BL,[SI+1]
          PUSH   CX
          MOV    CX,1
          MOV    AH,9                 ; 写字符及属性
          INT    10H
          POP    CX
          ADD    SI,4                 ; SI 指向下一个字符
          LOOP   NEXT
          POP    SI
          POP    DX
          POP    CX
          POP    BX
          POP    AX
          RET
SPORTDIS  ENDP
CODE      ENDS
          END    MAIN
```

【例 9.15】　读入一个文本文件并显示。

问题分析：

本程序中,显示缓冲区为 128 个字节,实际上读文件时,每次只读入 10H 个字节。在显示过程中,若 ASCII 文件原来就有回车、换行符,则显示时也会自动回车、换行。

程序如下：

```
DATA      SEGMENT
FILE      DB     'A: TEXTFILE.ASC',0
BUFFER    DB     128 DUP(?)
ERRMSG    DB     'ERROR IN READ FILE.','$ '
DATA      ENDS
```

```
CODE    SEGMENT
        ASSUME  CS: CODE,DS: DATA,ES: DATA
START:  MOV     AX,DATA
        MOV     DS,AX
        MOV     ES,AX
        MOV     AH,3DH              ; 打开文件
        LEA     DX,FILE             ; DS:DX 指向文件名
        MOV     AL,0                ; 指定为读访问
        INT     21H
        MOV     BX,AX               ; 将文件代码送 BX
READIN: LEA     DX,BUFFER
        MOV     CX,0010H            ; 每次读 10H 个字节
        PUSH    CX
        MOV     AX,3FH
        INT     21H                 ; 读文件
        LEA     DX,ERRMSG
        JC      ERR                 ; 若读文件有错转 ERR
        OR      AX,AX
        JE      EXIT                ; 若读人的字节数为 0 则转文件结束
        POP     CX
        XOR     SI,SI
DISPLAY: MOV    DL,BUFFER[SI]
        CMP     DL,1AH              ; 查是否是文件结束符
        JE      EXIT
        MOV     AH,2
        INT     21H
        INC     SI
        LOOP    DISPLAY
        JMP     READIN
ERR:    MOV     AH,9
        INT     21H
        EXIT:   MOV  AH,3EH         ; 关闭文件
        INT     21H                 ; 文件代码已在 BX 中
        MOV     AH,4CH              ; 返回 DOS
        INT     21H
CODE    ENDS
        END     START
```

【例 9.16】 编写一个程序，它先接收一个字符串，然后显示其数字的个数、英文字母的个数和字符串的长度。

问题分析：

先利用 0AH 号功能调用接收一个字符串，然后分别统计其中数字符和英文字母的个数，最后用十进制数的形式显示它们。整个字符串的长度可从 0AH 号功能调用的出口参数取得。定义了 3 个子程序，分别完成字符串显示、回车换行以及二进制转换成十进制数并显示的功能。

程序如下：

```
DATA    SEGMENT
BUFF    DB      128                 ; 定义缓冲区
```

```
              DB      ?
              DB      128 DUP(0)
MESS0         DB      'PLEASE INPUT STRING: $ '   ; 提示信息
MESS1         DB      'LENGTH = $ '
MESS2         DB      'X = $ '                     ; 数字长度值单元
MESS3         DB      'Y = $ '                     ; 英文字母长度值单元
DATA          ENDS
STACK         SEGMENT  STACK
              DW      100 DUP(?)
STACK         ENDS
CODE          SEGMENT
              ASSUME  CS: CODE,SS: STACK,DS: DATA
START:        MOV     AX,DATA
              MOV     DS,AX
              MOV     DX,OFFSET MESS0     ; 显示提示信息
              CALL    DISPLAY
              MOV     DX,OFFSET BUFF
              MOV     AH,0AH               ; 输入字符串
              INT     21H
              CALL    NEWLINE              ; 换行
              MOV     BH,0
              MOV     BL,0
              MOV     CL,BUFF + 1          ; 取字符串实际长度
              MOV     CH,0
              JCXZ    COK                  ; 若字符串长度为 0,则不统计
              MOV     SI,OFFSET BUFF + 2   ; 指向字符串首地址
AGAIN:        MOV     AL,[SI]              ; 取一个字符
              INC     SI
              CMP     AL,'0'               ; 判断是否是数字
              JB      NEXT
              CMP     AL,'9'
              JA      NODEC
              INC     BH                   ; 数字计数器累加
              JMP     SHORT NEXT
NODEC:        OR      AL,20H               ; 大写字母转小写,便于统一判断
              CMP     AL,'a'
              JB      NEXT
              CMP     AL,'z'
              JA      NEXT
              INC     BL                   ; 字母计数器累加
NEXT:         LOOP    AGAIN                ; 取下一个字符
COK:          MOV     DX,OFFSET MESS1
              CALL    DISPLAY
              MOV     AL,BUFF + 1          ; 取字符串长度
              XOR     AH,AH
              CALL    DISDEC               ; 显示字符串长度
              CALL    NEWLINE
              MOV     DX,OFFSET MESS2
              CALL    DISPLAY
              MOV     AL,BH
              XOR     AH,AH
```

```
        CALL    DISDEC                  ; 显示数字个数
        CALL    NEWLINE
        MOV     DX,OFFSET MESS3
        CALL    DISPLAY
        MOV     AL,BL
        XOR     AH,AH
        CALL    DISDEC                  ; 显示字母个数
        CALL    NEWLINE
        MOV     AH,4CH
        INT     21H
DISDEC  PROC    NEAR                    ; 输出十进制数串子程序
        MOV     CX,3                    ; 8位二进制数最多转换成3位十进制数
        MOV     DL,10
DISP1:  DIV     DL
        XCHG    AH,AL
        ADD     AL,'0'
        PUSH    AX                      ; 转换后的位入栈
        XCHG    AH,AL
        MOV     AH,0
        LOOP    DISP1
        MOV     CX,3
DISP2:  POP     DX                      ; 弹出一位
        MOV     AH,2
        INT     21H
        LOOP    DISP2
        RET
DISDEC  ENDP
DISPLAY PROC    NEAR                    ; 输出字符串子程序
        MOV     AH,9
        INT     21H
        RET
DISPLAY ENDP
NEWLINE PROC    NEAR                    ; 换行子程序
        MOV     AH,2
        MOV     DL,0DH
        INT     21H
        MOV     DL,0AH
        INT     21H
        RET
NEWLINE ENDP
CODE    ENDS
        END     START
```

【例9.17】 在屏幕中间部位开出一个窗口，接收从键盘输入的字符，并显示在窗口的最底行，当窗口底行显示满时，内容就向上滚动一行；用户按 Ctrl＋C 组合键时，结束运行。

问题分析：

本例需要先定义屏幕上的小窗口，因此定义常量分别代表窗口宽度、窗口左上角坐标、窗口右下角坐标。在程序中涉及清除窗口、置光标位置、窗口内容滚动等操作时就直接使用这些常量。

程序如下：

```
WWIDTH = 40                              ; 定义窗口宽度
WTOP = 10                                ; 窗口左上角行号
WLEFT = 15                               ; 窗口左上角列号
WBOTTOM = 20                             ; 窗口右下角行号
WRIGHT = WLEFT + WWIDTH - 1              ; 窗口右下角列号
CODE      SEGMENT
          ASSUME  CS: CODE
START:    MOV     AL, 0
          MOV     AH, 5
          INT     10H                    ; 选择显示页
          MOV     CH, WTOP
          MOV     CL, WLEFT
          MOV     DH, WBOTTOM
          MOV     DL, WRIGHT
          MOV     BH, 74H
          MOV     AL, 0
          MOV     AH, 6
          INT     10H                    ; 清指定大小的窗口
          MOV     BH, 0
          MOV     DH, WBOTTOM
          MOV     DL, WLEFT
          MOV     AH, 2
          INT     10H                    ; 定位光标在窗口的左下角
NEXT:     MOV     AH, 0
          INT     16H                    ; 输入一个键
          CMP     AL, 03H                ; 判断是否是 Ctrl + C 组合键
          JZ      DONE                   ; 是,则程序结束
          MOV     BH, 0
          MOV     CX, 1
          MOV     AH, 0AH
          INT     10H                    ; 在光标位置显示所按键
          INC     DL                     ; 光标列数加 1 准备向右移动
          CMP     DL, WRIGHT + 1         ; 是否到达窗口的最右
          JNZ     DOCR
          MOV     CH, WTOP
          MOV     CL, WLEFT
          MOV     DH, WBOTTOM
          MOV     DL, WRIGHT
          MOV     BH, 74H
          MOV     AL, 1
          MOV     AH, 6
          INT     10H                    ; 窗口内容上滚一行
          MOV     DL, WLEFT              ; 重新设置光标位置在窗口的左下角
DOCR:     MOV     BH, 0
          MOV     AH, 2
          INT     10H                    ; 定位光标
          JMP     NEXT
DONE:     MOV     AH, 4CH
          INT     21H
```

```
CODE        ENDS
            END     START
```

【例 9.18】 编写计算 Ackerman 函数的程序。

问题分析：

Ackerman 函数定义如下。

$$\text{ack}(m,n) = \begin{cases} n+1 & m=0 \\ \text{ack}(m-1,1) & m>0, n=0 \\ \text{ack}(m-1, \text{ack}(m, n-1)) & m>0, n>0 \end{cases}$$

这是一个采用递归定义的函数，因此将 ack(m,n) 定义为一个子程序。设计递归子程序时，必须保证每次调用都不破坏以前调用时所使用的参数和中间结果。所以，主程序与子程序间的参数传递，可以通过堆栈传递。为了避免计算参数相对于栈顶的位移量，将栈顶内容定义成结构，这样子程序对参数的引用可通过结构引用实现。

程序如下：

```
FRAME       STRUC                   ; 定义调用帧结构
SAVEBP      DW      ?               ; BP 值
SAVECSIP    DW      2 DUP(?)        ; 返回地址
N           DW      ?               ; 参数 N
M           DW      ?               ; 参数 M
READDR      DW      ?               ; 结果返回地址
FRAME       ENDS
DATA        SEGMENT
MM          DW      10
NN          DW      100
RESULT      DW      ?
DATA        ENDS
STACK       SEGMENT   STACK
            DW      100 DUP(?)
STACK       ENDS
CODE        SEGMENT
            ASSUME CS: CODE, SS: STACK, DS: DATA
START:      MOV     AX, DATA
            MOV     DS, AX
            LEA     SI, RESULT      ; 开始建立 ack(m,n) 的调用参数
            PUSH    SI
            MOV     AX, MM
            PUSH    AX
            MOV     BX, NN
            PUSH    BX
            CALL    FAR PTR ACK     ; 调用 ack(m,n) 函数
            MOV     AH, 4CH
            INT     21H
ACK         PROC    FAR
            PUSH    BP
            MOV     BP, SP          ; BP 为调用帧结构指针
            MOV     SI, [BP].READDR ; 取结果存放地址
            MOV     AX, [BP].M      ; 取参数 M
```

```
        MOV    BX,[BP].N            ; 取参数 N
        CMP    AX,0                 ; M 大于 0?
        JA     TESTN
        INC    BX                   ; 计算 ack(0,n)=n+1
        MOV    [SI],BX              ; 保存结果
        JMP    EXIT2
TESTN:  CMP    BX,0                 ; N 大于 0?
        JA     A1
; 计算 ack(m,0)
        DEC    AX                   ; M-1
        MOV    BX,1
; 建立 ack(m-1,1)调用参数
        PUSH   SI
        PUSH   AX
        PUSH   BX
        CALL   ACK                  ; 计算 ack(m,0)
        JMP    EXIT2
; 建立 ack(m,n-1)调用参数
A1:     PUSH   SI
        PUSH   AX
        DEC    BX
        PUSH   BX
        CALL   ACK                  ; 计算 ack(m,n-1),结果在[SI]中
; 建立 ack(m-1,ack(m,n-1))调用参数
        PUSH   SI                   ; 结果存放地址
        MOV    AX,[BP].M
        DEC    AX                   ; M-1
        PUSH   AX
        MOV    DX,[SI]              ; 取 ack(m,n-1)的返回值送 DX
        PUSH   DX
        CALL   ACK                  ; 计算 ack(m-1,ack(m,n-1))
EXIT2:  POP    BP
        RET    6
ACK     ENDP
CODE    ENDS
        END    START
```

【例 9.19】 用软件产生时、分、秒实时时钟,在屏幕中央会显示出一个会走时的电子时钟。

问题分析:

程序运行后的效果如图 9.5 所示。

通过 DOS INT 21H 的 10 号功能调用输入初始时间到键盘缓冲区(格式是:HHMMSS),随后将输入的时间由 ASCII 码转换成非压缩 BCD 码存入内存单元。清屏后,用 BIOS 显示中断功能调用在屏幕中央绘制一个小窗口,并在窗口中间显示时间。该程序运行后不断调用 1 秒延时子程序并调整时、分、秒值。若要退出则需按 Esc 键。程序流程如图 9.6 所示。

```
* * * * * * * * * * * * * *
*                         *
*        08:22:18         *
*                         *
* * * * * * * * * * * * * *
```

图 9.5　时钟实验效果图

本例旨在给出程序的主体结构,因此程序中涉及的 4 个宏调用 CLEAR(清屏)、DSPWIN(显示窗口)、SCRN(显示时、分、秒等信息)和 CURSR(定位光标),两个子程序

ASCTOBCD(ASCII 码转为 BCD 码)和 DELAY1S(延时 1 秒)，并未在程序代码中出现。

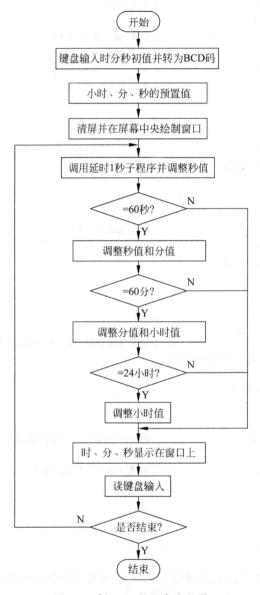

图 9.6 例 9.19 的程序流程图

程序如下：

```
DATA    SEGMENT
HOUR    DB    0                    ; 存放时、分、秒的压缩 BCD 码值
MINUTE  DB    0
SECOND  DB    0
HRCH    DB    0                    ; 存放时、分、秒的非压缩 BCD 码值
HRCL    DB    0
MNCH    DB    0
MNCL    DB    0
SCCH    DB    0
```

```
SCCL      DB      0
MSG       DB      'Please Input Initialized time: $ '
BUFFER    DB      7,9 DUP(?)
WINDOW    DB      32 DUP(20H),'**************** ',32 DUP(20H)
          DB      32 DUP(20H),'*              * ',32 DUP(20H)
          DB      32 DUP(20H),'*              * ',32 DUP(20H)
          DB      32 DUP(20H),'*              * ',32 DUP(20H)
          DB      32 DUP(20H),'**************** ',32 DUP(20H)
CONT      EQU     $ - WINDOW
DATA      ENDS
CODE      SEGMENT
          ASSUME CS: CODE,DS: DATA,ES: DATA
START:    MOV     AX,DATA
          MOV     DS,AX
          MOV     ES,AX
          MOV     AH,0                    ; 显示方式置 80×25 黑白文本方式
          MOV     AL,2
          INT     10H
          CLEAR                           ; 清屏(宏调用)
          LEA     DX,MSG                  ; 显示提示信息
          MOV     AH,9
          INT     21H
          LEA     DX,BUFFER               ; 输入初始时间到键盘缓冲区
          MOV     AH,0AH
          INT     21H
          LEA     DI,BUFFER + 2           ; 入口参数: DI←ASCII 码首地址
          CALL    ASCTOBCD                ; 出口参数: HRCH←BCD 码首地址
          MOV     AL,HRCH
          MOV     CL,4
          ROL     AL,CL                   ; 低 4 位移入高 4 位
          ADD     AL,HRCL                 ; 两个非压缩 BCD 码合并成一个压缩 BCD 码
          MOV     HOUR,AL                 ; HOUR←小时的压缩 BCD 码
          MOV     AL,MNCH
          MOV     CL,4
          ROL     AL,CL
          ADD     AL,MNCL
          MOV     MINUTE,AL               ; MINUTE←分钟的压缩 BCD 码
          MOV     AL,SCCH
          MOV     CL,4
          ROL     AL,CL
          ADD     AL,SCCL
          MOV     SECOND,AL               ; SECOND←秒钟的压缩 BCD 码
          CLEAR                           ; 清屏
          DSPWIN CONT,WINDOW              ; 屏幕中央绘制窗口(宏调用)
CYCLE:    CALL    DELAY1S                 ; 调用延时 1 秒子程序
          MOV     AL,SECOND
          ADD     AL,1
          DAA
          CMP     AL,59                   ; 到了 60 秒吗?
          JLE     NEXT1
          MOV     AL,0
```

```
             ADD     MINUTE,1           ; 进位到分
NEXT1:       MOV     SECOND,AL
             MOV     AL,MINUTE
             ADD     AL,0
             DAA
             CMP     AL,59              ; 到了 60 分吗?
             JLE     NEXT2
             MOV     SECOND,0
             MOV     AL,0
             ADD     HOUR,1            ; 进位到时
NEXT2:       MOV     MINUTE,AL
             MOV     AL,HOUR
             ADD     AL,0
             DAA
             CMP     AL,23              ; 到了 24 时吗?
             JLE     NEXT3
             MOV     AL,0               ; 是,时、分、秒清零
             MOV     MINUTE,0
             MOV     SECOND,0
NEXT3:       MOV     HOUR,AL
             SCRN    SECOND,0C2CH       ; 第 12 行第 44 列显示"秒"(宏调用)
             SCRN    ': ',0C2AH
             SCRN    MINUTE,0C29H       ; 第 12 行第 41 列显示"分"
             SCRN    ': ',0C27H
             SCRN    HOUR,0C26H         ; 第 12 行第 38 列显示"时"
             CURSR   1900H              ; 光标移动到第 25 行第 0 列(宏调用)
             MOV     AH,06H
             MOV     DL,0FFH
             INT     21H                ; 读键盘
             CMP     AL,27              ; 按键是否是 Esc 键
             JE      EXIT
             JMP     CYCLE
EXIT:        MOV     AH,4CH
             INT     21H
CODE         ENDS
             END     START
```

思考与练习

1. 什么叫 DOS 功能调用? 什么叫 BIOS 功能调用?
2. 举例说明实现 DOS 和 BIOS 功能调用的一般步骤。
3. 用字符显示方式显示图形的要点是什么?
4. 给出在文本方式下,能产生以下各种显示特性的属性值。
(1) 红底蓝字。
(2) 白底黑字,闪烁。
(3) 黑底黄字。
5. 写出能实现以下功能的指令序列。

（1）读当前光标位置。

（2）设置屏幕为 80 列黑白方式。

（3）把光标设置在屏幕第 6 行的开始位置。

（4）屏幕上卷 8 行。

6．用系统功能调用实现：把键盘输入的带符号的十进制数转换为二进制数，并将结果存放到内存单元。

7．分别用字符显示功能和字符串显示功能来完成在屏幕上显示一个字符串"STRING"的功能。

8．从键盘上输入一行字符，如果这行字符的长度是 10，则保存该行字符。然后继续输入下一行字符。输入"＄"字符表示输入结束，最后将所有保存的字符串都显示在屏幕上。

9．在图形方式下，在屏幕上绘制一条与水平线成 45°夹角的斜线。

10．在图形方式下，在屏幕中央绘制一个等腰三角形。

11．在图形方式下，在屏幕中央绘制一个实心矩形。

12．在文本方式下，设计一个具有舞蹈者形象的字符图形（不超过 20 个字符），并使之显示在屏幕的中央位置。

13．使第 12 题设计的舞蹈者在屏幕上平移（从最左边移动到最右边）。

14．使舞蹈者在屏幕上的固定位置变换姿势（模拟舞蹈）。

15．编程实现将一个扩展名为 TXT 的文本文件写入磁盘。

16．编制一个程序，先清屏，然后画出一个带有阴影的填充蓝色的矩形框，并在其中写入下列弹出菜单：

A: 文件加密　　B: 文件解密　　C: 放弃并返回上级菜单
请选择(A～C):

17．试编写程序，在屏幕上新建一个 10×10 的小窗口，在新建的窗口中循环显示 0～9 这 10 个数字，按 Q 键退出。

18．试编写程序，在屏幕上新建一个小窗口，窗口大小自定，在该窗口上循环显示 26 个大写字母，并逐行变换颜色。

19．例 9.19 中有 4 个宏调用 CLEAR（清屏）、DSPWIN（显示窗口）、SCRN（显示时、分、秒等信息）和 CURSR（定位光标），2 个子程序 ASCTOBCD（ASCII 码转为 BCD 码）和 DELAY1S（延时 1 秒），请读者设计相应的程序代码。

第 10 章

汇编语言上机环境及程序设计实例

汇编语言是一门实践性很强的课程,它不仅要求学生掌握汇编语言的指令集、语法特点和程序设计方法等知识,还要求学生能编写出清晰有效、周密实用的程序。因此,上机操作是一个重要的环节。为了巩固前面各章节所学的内容,本章安排了顺序程序设计、分支程序设计、循环程序设计、子程序设计和系统功能调用等上机实验内容。各个实验中的题目难易适当,既可当实例来解读,又可借此掌握程序设计和调试的方法,进而培养学生灵活运用汇编语言的知识分析问题和解决问题的能力。

10.1 汇编语言程序设计上机实验相关知识

下面介绍汇编程序的功能、DEBUG 命令的使用和常见汇编错误信息等内容。

10.1.1 汇编程序

把汇编语言源程序翻译成在机器上能执行的机器语言程序(目标代码程序)的过程称为汇编,完成汇编的系统程序称为汇编程序。汇编程序可以用汇编语言书写,也可以用其他高级语言书写。汇编程序的种类很多,但主要的功能是一致的。

1. 汇编程序的功能

IBM PC 汇编语言有小汇编(ASM)和宏汇编(MASM)。两者使用方法和功能大致相同。但宏汇编具有宏处理功能,并且可以进行条件汇编以及执行某些伪指令,对汇编语言源程序进行汇编时能给出错误的全部信息。而小汇编仅给出错误代码,但 ASM 从磁盘装入内存的速度比 MASM 快。如果有 96KB 以上内存的系统,这两种汇编均可使用。

汇编程序的主要功能总结如下。

(1) 检查出源程序中的语法错误,并给出出错信息提示。

(2) 生成源程序的目标代码程序,也可给出列表文件。

(3) 汇编时遇到宏指令即展开。

2. 汇编语言程序的处理过程

汇编语言程序的处理过程如图 10.1 所示。首先用 EDIT 等编辑程序产生汇编语言的源程序,源程序是用汇编语言的语句编写的且不能为机器所识别的程序,所以要经过汇编程序加以翻译,因此汇编程序的作用就是把源文件转换成用二进制代码表示的目标文件(称为 OBJ 文件)。在转换的过程中,如果源程序中有语法错误,则汇编结束后,汇编程序将指出源程序中的错误信息,如非法格式、未定义的助记符或标号、漏掉操作数等。用户还可以用编辑程序来修改源程序中的错误,最后得到无语法错误的目标文件。目标文件虽然已经是二进制文件,但它还不能直接上机运行,必须经过连接程序(LINK)把目标文件与库文件或其他目标文件连接在一起形成可执行文件(EXE 文件),才可以在机器上运行。

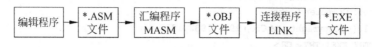

图 10.1　汇编语言程序的建立及汇编过程

汇编程序还可以根据用户的要求,自动地分配各类存储区域(如程序区、数据区、暂存区等);自动地进行各种进制数至二进制数的转换;字符至 ASCII 码转换及计算表达式的值等。

开发 80x86 汇编语言源程序的过程如下。

1) 编辑

为了将源程序送入计算机并建立一个源程序名为 * . ASM 的源文件,可以使用任何流行的字处理程序或能编辑 ASCII 码文字符号的编辑程序。例如,调用 DOS 下的全屏幕编辑程序 EDIT 或 Windows 下的文本编辑程序 Notepad,建立和修改源程序,生成扩展名为 . ASM 的文件(注意:必须将该源文件的扩展名改为.ASM);若在以后的几个步骤中发现源程序有错,还要回到编辑程序中加以修改,并重新存盘。

2) 汇编

对已经编辑好的名为 * . ASM 的源文件,可以调用 DOS 下的宏汇编程序 MASM 或小汇编程序 ASM 进行汇编。为了适应编制多模块组成的大程序和调用 DOS 支持下的公共子程序的需要,汇编以后的目标程序中的地址部分仍不是可执行的绝对地址,而是可浮动的相对地址。设有文件名为 TRY. ASM 的汇编语言源文件,则调用 MASM 进行汇编的过程为:

```
C > MASM   TRY < CR > (不用输入扩展名.ASM)
Microsoft(R)Macro Assembler Version 5.00
Copyright(C)Microsoft Crop 1981—1985,1987,All rights reserved.
Object filename [TRY.OBJ]:TRY < CR >
Source listing [NUL.LST]:TRY < CR >
Cross-reference [NUL.CRF]:TRY < CR >
        0   Warning Errors
        0   Severe Errors
```

其中 Object filename 为目标文件名,可以采用方括号内的文件名,也可以重新输入一个文件名。

Source listing 要求输入源列表文件名,当不要求产生. LST 文件时,可用 Enter 键回答,也可输入一个列表文件名。

Cross-reference 要求输入索引文件名。回答方法类似于源列表文件名情况。但. CRF 文件不是文本文件,不能用 TYPE 命令列出。若要求能阅读,必须将索引文件(二进制形式的文件)变换为索引列表文件(文本文件)。

3) 连接

经过连接程序处理,形成可执行文件(. EXE);必须经过连接,把程序的各个模块连接在一起,或把要调用的子程序与主程序连接在一起,把相对地址变为绝对地址,形成可执行的文件。利用 LINK 程序将 .OBJ 文件连接成可执行的文件(.EXE)的过程如下：

```
C>LINK   TRY<CR>(不用输入扩展名.OBJ)
IBM Personal Computer Linker
Version 2.10(C)Copyright IBM Crop 1981,1982,1983
Run File [TRY.EXE]:TRY<CR>
List File [NUL.MAP]:TRY<CR>
Libraries [.LIB]:<CR>
C>
```

其中，Run File 是生成的可执行文件的文件名(.EXE)。List File 是生成 MAP LIST(清单列表)文件的文件名。如有省略，则不生成 MAP LIST 文件。MAP LIST 文件可用 TYPE 命令显示出来。

4) 调试

一般情况下，经过一次汇编就能顺利通过的应用程序往往是较少的。对一个大的程序，往往被划分为若干个模块，并对它们分别进行编写、汇编和连接，然后利用 DEBUG 程序分别对各个模块进行调试。调试成功后，再进行最后的连接、调试，直至程序能正常运行为止。因此，利用 DEBUG 程序对汇编连接后的程序进行调试是重要的手段之一。

```
C>DEBUG TRY.EXE<CR>
_
```

其中，"-"为进入 DEBUG 程序的提示符。在调试一个程序时，用 U 命令，可以将 .EXE 文件反汇编为源文件，检查输入的程序是否正确；可以用 T 命令单步执行程序，用 G 命令设置断点运行可执行的文件；如用 R 命令、D 命令则可显示断点处的各寄存器的当前值和下一条将要执行的命令，也可以显示数据段中各存储单元的内容及代码段中的指令代码；用 E 命令可对以上的数据和代码进行修改。对调试成功的程序还可用命名命令 N 和写盘命令 W，将文件存入磁盘。

在发现了错误以后，通常还要重复上述的编辑、汇编、连接和调试程序的全过程，直至程序运行正确为止。

5) 运行

对汇编连接后生成的 .EXE 文件，DOS 把它当成外部命令对待，在 DOS 提示符下，可直接输入 .EXE 文件的文件名，不输入扩展名，然后按 Enter 键，.EXE 文件将被执行。

```
C>TRY<CR>
```

然而通常一个较复杂、较长的汇编语言源程序，希望一点错误也没有，一次运行通过的可能性是很小的，这样就需要调用 DOS 支持下的 DEBUG 程序调试目标程序。

3. 常用 DOS 命令

(1) 查看目录命令 DIR，它列出指定盘上的文件目录。

```
C>DIR D
```

或

```
C>DIR D:/W
```

它们将列出 D 盘上全部文件。

(2) 显示命令 TYPE,它将磁盘上所指文件的内容显示在屏幕上或在打印机上输出(若打印机已联机)。例如:

```
C > TYPE TEST.ASM
```

此命令将当前目录下的文件 TEST. ASM 的内容显示出来。

(3) 复制命令 COPY,它把一个或多个文件复制成副本。例如:

```
C > COPY TEST1.ASM A:
```

将把 C 盘的文件 TEST1. ASM 同名复制到 A 盘上。

(4) 改名命令 REN 或 RENAME。例如:

```
C > REN A1.EXE A2.EXE
```

或

```
C > RENAME A1.EXE A2.EXE
```

将 C 盘上文件 A1. EXE 改名为 A2. EXE。

(5) 删除命令 ERASE 或 DEL,它将从指定的驱动器上删除一个或多个文件。例如:

```
C > ERASE A:EXER1.ASM
```

或

```
C > DEL A:EXER1.ASM
```

将删除 A 盘上的文件 EXER1. ASM。

(6) 建立子目录命令 MD 或 MKDIR。

格式为:

```
C > MD 子目录名
```

或

```
C > MKDIR 子目录名
```

例如:

```
C > MD C:\TEMP
```

则在硬盘 C 的根目录下建立了一个子目录 TEMP。

(7) 删除子目录命令 RD 或 RMDIR。

格式为:

```
C > RD 子目录名
```

或

```
C > RMDIR 子目录名
```

例如:

```
C>RD C:\TEMP\WANG
```

将子目录 WANG 删除,条件是子目录 WANG 是空的,且 WANG 不能是当前目录。

（8）改变当前目录命令 CD 或 CHDIR。

格式为：

```
C>CD 目录名
```

或

```
C>CHDIR 目录名
```

将与目录名对应的子目录变为当前目录。

10.1.2　DEBUG 命令的使用

DEBUG 是专门为汇编语言设计的一种调试工具,它通过单步执行、设置断点等方式为汇编语言程序员提供了非常有效的调试手段。

1. DEBUG 命令清单

DEBUG 命令都是用单个字母表示的,其后可跟一个或多个参数。字母和参数之间可以不留空格,参数之间用空格或逗号分隔,命令和参数可以用大写、小写或混合方式输入。DEBUG 命令中输入的数据和显示的数据都是十六进制数,数据后面的 H 后缀省略。DEBUG 命令参数多数是地址或地址范围。

DEBUG 命令中的地址格式为：

［段地址:］偏移地址

其中,段地址可以用段寄存器名或一个十六进制数表示。

例如：

```
DS:200
1A09:200
```

地址范围的书写格式为：

［段地址:］起始偏移地址 终止偏移地址

例如：

```
CS: 200 3FF
```

或

［段地址:］起始偏移地址 L 长度

例如：

```
CS: 200 L100
```

表 10.1 给出了 DEBUG 的命令清单。

表 10.1　DEBUG 的命令清单

命　　令	格　　式	功　　能
A(Assemble)	A[address]	从指定地址开始汇编程序
C(Compare)	C range address	将指定地址范围内容和目标块的内容比较
D(Dump)	D[address] or D[range]	显示存储单元内容
E(Enter)	E address list	修改存储单元内容
F(Fill)	F range list	填充内存单元
G(Go)	G[address]	从指定地址开始执行到断点为止
H(Hexarthmetic)	H value value	计算并显示两个十六进制数的和与差
I(Input)	I port address	读入端口地址中的值
L(Load)	L[address]	将指定的文件由磁盘装入内存指定的地址
M(Move)	M range range	将指定地址范围内的内容传送到目标块
N(Name)	N[d:][path]filename[.exe]	将文件标识符格式化在文件控制块中
O(Output)	O port address byte	将指定值写到端口地址中
Q(Quit)	Q	结束 DEBUG 的运行,返回 DOS
R(Register)	R[register name]	显示寄存器的值
S(Search)	S range list	在指定地址范围内查找字符串
T(Trace)	T or T[address][value]	从指定地址执行一条指令后暂停
U(Unassemble)	U[address] or U[range]	从指定地址开始反汇编
W(Write)	W[address][drive sector]	将指定地址的内容写入指定的文件

2. 常用 DEBUG 命令示例

1) 汇编命令 A

A 命令是一条逐行汇编命令,该命令允许输入汇编语言语句,并能把它们汇编成机器代码,相继地存放在从指定地址开始的存储区中。如果不指定汇编地址,则以 CS:IP 为地址,分以下两种情况。

(1) 没指定地址,同时前面没有使用汇编命令,则语句被汇编到 CS:100 开始单元中,如图 10.2 所示。

(2) 没指定地址,但前面已有汇编命令,则语句被汇编到紧接着前一条汇编语句的后一个地址单元中,如图 10.3 所示。

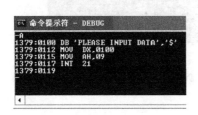

图 10.2　汇编命令 A 示例 1　　　　　图 10.3　汇编命令 A 示例 2

2）反汇编命令 U

U 命令的功能是将指定地址的机器代码翻译成汇编语言指令显示出来。如果未规定地址，则以上一个 U 命令的最后一条指令的地址作为下一条反汇编的起始地址，这样就可进行连续的反汇编。如果前面没有用过 U 命令，则以 DEBUG 初始化的 CS 段寄存器值作为段地址，如图 10.4 所示。

图 10.4 反汇编命令 U 示例

3）检查及修改寄存器内容命令 R

R 命令的功能是显示和修改 CPU 中寄存器的内容，或显示和修改标志寄存器的值。当 R 命令后面不带任何参数时，显示 CPU 内所有寄存器的内容，如图 10.5 所示。

图 10.5 显示 CPU 内所有寄存器的内容

图 10.6 显示及修改 AX 的内容

当 R 命令后面带参数时，显示该寄存器的内容，同时又可以进行修改，如图 10.6 所示。

4）显示存储单元命令 D

D 命令的功能是显示指定地址或地址范围内存储单元的内容，如图 10.7 所示。D 命令中地址的给定分以下 3 种情况。

（1）在输入的起始地址中，只输入一个相对偏移量，段地址在 DS 中。

（2）若要显示指定范围的内容，则要输入显示的起始地址和结束地址。

（3）如果用 D 命令时没有指定地址，则当前 D 的开始地址是前一个 D 命令所显示的最后单元后面的单元地址。

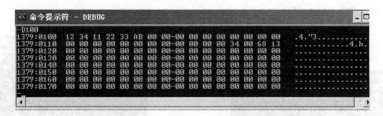

图 10.7 显示内存单元命令 D 示例

5）修改存储单元命令 E

E 命令可以在指定的地址里修改一个或多个字节的内容，同时也可连续地修改多个字节的内容，如图 10.8 所示。具体修改策略分以下 3 种情况。

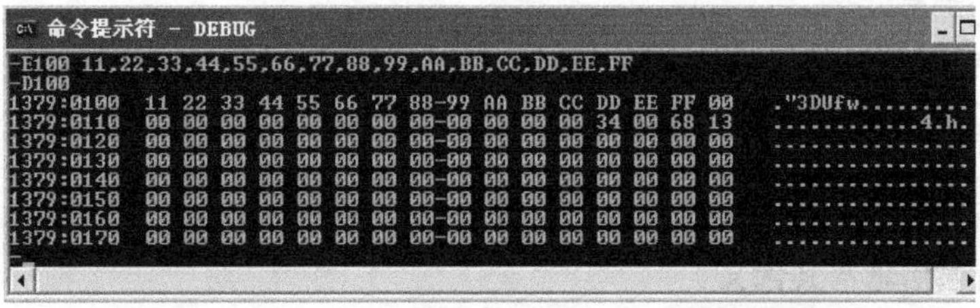

图 10.8　修改内存单元命令 E 示例

（1）连续修改多个字节的内容。

（2）用给定的内容代替指定范围的内存单元内容。

（3）输入一个连接号"-"，则显示前一个地址单元的内容。若修改就输入一个字节，然后输入"-"，则显示前一个地址单元内容。若显示的单元不修改，则输入"-"。

6）跟踪执行命令 T

T 命令的功能是从起始地址开始跟踪执行指定条数的指令，每执行一条指令，显示所有寄存器内容、状态标志和下一条要执行的指令，如图 10.9 所示。

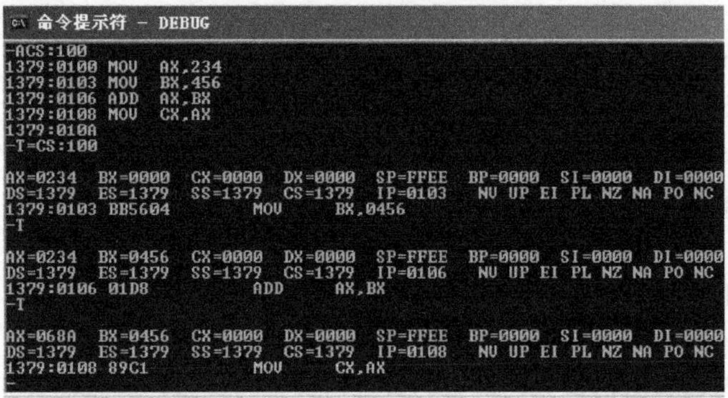

图 10.9　跟踪执行命令 T 示例

7）执行命令 G

G 命令的执行从起始地址开始，到终止地址结束的程序。如果程序能够正确地执行到结束，则显示当前寄存器的执行结果以及下一条将要执行的指令。

G 命令使用中要注意以下几点。

（1）一旦程序运行结束（DEBUG 显示"Program terminated normally"信息），在它再次执行之前，必须重新启动程序。

（2）地址参数指向的位置必须含有合法的指令，如果指定第一个字节为非法指令，则可能出现不可预料的结果。

（3）堆栈指示器必须是合法的。

10.1.3　汇编错误信息

汇编程序处理源程序遇到错误或可疑的语法时，将在屏幕上显示出错提示信息。若出错原因与特定的代码相关，则给出出错编号；若与整个源程序而不是与某一特定代码相关的错误,则不予编号。

有编号的错误信息的显示格式如下:

源文件出错的行　出错代码　信息

无编号错误信息表示命令行、存储器分配或文件访问出现问题。

1. 常见错误信息及其含义

(1) Symbol is multidefined.

符号多重定义。在汇编第二次扫描时,每当遇到这个标识符都给出这个错误。

(2) Extra characters on line.

语句行有多余字符,可能是语句中给出的参数太多。

(3) Block nesting error.

嵌套出错。嵌套的过程、段、结构、宏指令或重复块等非正常结束。

(4) Symbol not defined.

符号未定义。

(5) Syntax error.

语法错误。

(6) Illegal public declaration.

在 PUBLIC 语句中,使用了非法操作数,如使用寄存器名。

(7) Symbol already different kind.

重新定义一个符号为不同种类符号。

(8) Operand must be register.

操作数位置上应是寄存器,但是却出现了标识符。

(9) Wrong type of register.

使用的寄存器类型出错。

(10) Operand must be segment or group.

操作数应当是段名或组名。提供的却是其他名字或常数。

(11) Symbol has no segment.

不知道标识符的段属性。

(12) Operand must be type specifier.

操作数应给出类型说明符,如 NEAR、FAR、BYTE、WORD 等。

(13) Symbol already defined locally.

已被指定为内部(Local)标识符,又说明为 EXTRN 的操作数。

(14) Reference to multi-defined symbol.

指令引用了多重定义的标识符。

(15) Operand expected.

需要一个操作数,但接收到的是操作符。

(16) Operator expected.

需要一个操作符,但只有操作数。

(17) Negative shift count.

运算符 SHL 或 SHR 的移位表达式值为负数。

(18) Operand type must match.

操作数类型不匹配。双操作数指令的两个操作数长度不一致,一个是字节,另一个是字。

(19) Operand must have size.

要求操作数有指定的长度。通常使用 PTR 运算符即可改正错误。

(20) Must be variable, label or constant.

应该是变量名、标号或常数的位置上出现了其他信息。

(21) One operand must be constant.

一个操作数必须是常数。

(22) Must be index or base register.

指令只能使用基址或变址寄存器,不能用其他寄存器。

(23) Illegal use of register.

非法使用寄存器出错。

(24) Operand not in current CS ASSUME segment.

操作数不在当前代码段内。

(25) Index displacement must be constant.

变址寻址的位移量必须是常数。

(26) Immediate mode illegal.

不允许使用立即数寻址方式。

(27) Illegaluse of CS register.

指令中错误的使用段寄存器 CS。

(28) Must be accumulator register.

要求用累加器的位置上出现了其他寄存器。

(29) Improper use of segment register.

不允许用段寄存器的位置上使用了段寄存器。

(30) Operand combination illegal.

双操作数指令中两个操作数组合出错。

(31) Must have instruction after prefix.

在重复前缀 REP、REPE、REPNE 的后面必须有指令。

(32) Cannot override ES for destination.

串操作指令中目的操作数不能用其他段寄存器替代 ES。

(33) Must be in segment block.

指令语句没有在段内。

(34) Forward needs override or FAR.

转移指令的目标没有说明为 FAR 属性,可用 PTR 指定。

(35) Illegal value for DUP count.

操作符 DUP 前的重复次数是非法的。

(36) Symbol is already external.

在模块内试图定义的符号,它已在外部符号伪指令中说明。

（37）DUP nesting too deep.

操作符 DUP 的嵌套超过 17 层。

（38）Illegal use of undefined operand（?）.

不定操作符"?"使用不当。

（39）End of file, no END directive.

源程序文件无 END 语句。

（40）Data emitted with no segment.

数据语句没有在段内。

（41）Line too long expanding symbol：symbol.

使用 EQU 伪指令定义的等式太长。

（42）Missing data；zero assumed.

缺少操作数,假定是零。

（43）Segment near（or at）64k limit.

当一个代码段接近 64K 边界时,若在特权方式下,80286 处理器将产生错误而引起转移错误。

（44）Unexpected end of line.

语句行不完整。

（45）Missing operand.

语句缺少一个必需的操作数。

（46）Directive must be in macro.

只在宏定义里面要求的伪指令用在宏定义之外。

（47）Open parenthesis or bracket.

语句中缺少一个圆括号或方括号。

（48）Open procedures.

缺少与 PROC 匹配的 ENDP 语句。

（49）Open segments.

缺少与 SEGMENT 匹配的 ENDS。

（50）Out of memory.

存储器有效空间用完,可能是因源文件太长或符号表中定义了太多符号。

2. 文件访问错误

当 MASM 处理文件时,若出现磁盘空间不够、错误文件名或其他文件错误,则产生如下错误之一:

```
End of file encountered on input file
Include file filename not found
Read error on standard input
Unable to access input file: filename
Unable to open cref file: filename
Unable to open input file: filename
Unable to open listing file: filename
```

```
Unable to open object file: filename
Write error on cross-reference file
Write error on listing file
Write error on listing file
```

10.2　微型计算机操作系统介绍

操作系统是用来管理计算机硬件资源和软件资源即操作计算机运行的。硬件资源是指主机、磁盘、显示器、键盘、打印机等设备和部件，软件资源是指系统软件、大量的应用程序以及设备驱动程序。用于微型机的操作系统有十多种，比如，MS-DOS、Windows、Linux、OS/2 等。

下面主要介绍 MS-DOS 和 Windows 操作系统。

10.2.1　微型机操作系统 MS-DOS

MS-DOS 是 Microsoft 公司开发的单用户单作业的操作系统，这曾经是 16 位微型机中用得最普遍的操作系统，即使在 Windows 几乎一统微型机世界的现在，MS-DOS 仍然作为一个子系统而保留其中。MS-DOS 以其精巧、清晰的层次化结构和非常稳定的性能，不但保持了其长久的生命力，而且也是一个非常好的微型机操作系统教学模型。

1. MS-DOS 的层次化模块结构

MS-DOS 采用层次化模块结构，它有 3 个主要模块。

1) 基本输入/输出模块

基本输入/输出模块分为 ROM BIOS 和 IBMBIO.COM 两部分。ROM BIOS 包括系统测试程序、一部分内部中断处理程序及相应的中断向量装配程序，还有初始化引导程序。

系统测试程序对系统进行比较全面的测试，主要包括对 CPU、定时器、DMA 控制器、中断控制器、内存中的 RAM 和 ROM、键盘、磁盘驱动器、异步通信口、打印机配置台数等十几项测试。

ROM BIOS 中还包括 0、1、3、4 类型中断所对应的中断处理子程序，而且也包括了对这些中断向量的装配程序。此外，装配程序中还有装配初始引导程序和 ROM BASIC 解释程序的对应中断向量(类型为 INT 19H 和 INT 18H)的程序段，这样，执行指令 INT 19H 或 INT 18H 便可分别进入初始引导程序或 BASIC 解释程序。引导程序的功能是把操作系统在磁盘上的部分装配到内存中。

IBMBIO.COM 中包含了一系列输入/输出驱动程序，它们都是以中断处理子程序的形式出现的，IBMBIO.COM 也负责对相应的中断向量进行设置。

ROM BIOS 和 IBMBIO.COM 中包含的 I/O 驱动程序对应如下类型的中断。

类型 0：除数为 0 的中断。

类型 1：单步中断。

类型 2：非屏蔽中断。

类型 3：断点中断。

类型 4：溢出中断。

类型 5：打印屏幕中断。

类型 8：时钟中断。

类型 10H：显示器输入/输出。

类型 11H：设备测定（包括打印机个数、驱动器个数、RS-232C 个数等）。

类型 12H：内存容量测定。

类型 13H：磁盘输入/输出驱动。

类型 14H：RS-232C 驱动。

类型 15H：盒式磁带机驱动。

类型 16H：键盘驱动。

类型 17H：打印机驱动。

类型 18H：ROM BASIC 解释程序。

类型 19H：系统初始引导程序。

类型 1AH：日历驱动和显示。

类型 1BH：Ctrl＋Break 键处理程序。

2）磁盘管理模块

磁盘管理模块是 MS-DOS 的核心，它以 IBMDOS.COM 为文件名放在磁盘上。磁盘管理模块由"系统进一步设置程序"和"系统功能调用程序"两部分组成。

系统进一步设置程序完成类型为 20H～27H 的中断向量设置，并为每个磁盘驱动器建立一个磁盘参数表。磁盘参数表涉及有关磁盘操作的物理参数，如每磁道中的扇区数、每扇区中的字节数、磁盘上的目录项数、文件区的起始扇区号、文件区所占的扇区数等，磁盘参数表中还包含一个物理扇区和逻辑扇区的对照表。系统功能调用是以类型为 21H 的中断处理程序形式提供的。

3）命令处理模块

命令处理模块是操作系统和普通用户之间的接口，它识别、接收和处理用户输入的键盘命令，以 COMMAND.COM 为文件名放在磁盘上。

命令处理模块分为两个部分，一个是常驻部分，另一个是暂存部分。常驻部分总是留在存储器中，实现所有基本控制功能（命令接收和识别）和出错处理功能，常驻部分也实现对暂存部分的恢复。暂存部分包括所有内部命令处理程序，还包括对批命令的解释程序。当用户程序需要大容量存储器时，可以将暂存部分覆盖掉，在用户程序运行完后，再由常驻部分将它引导到内存。

MS-DOS 中的 3 个主要模块之间的关系如图 10.10 所示。它们之间可进行单向调用，即命令处理模块可调用下面两个模块，磁盘管理模块可调用输入/输出模块，但反过来不行。用户可以通过用户程序的执行和操作系统打交道。因为操作系统中有许多功能模块，MS-DOS 的设计者为这些功能模块的调用提供了简明方便的手段，这就是软件中断和系统功能调用。

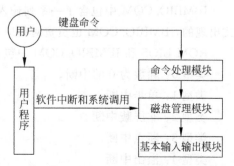

图 10.10　MS-DOS 中 3 个主要模块的关系

2. 命令的识别和执行

MS-DOS 能处理的命令分为两类，一类是内部命令，另一类是外部命令。

内部命令往往是最常用的一些命令,它们所对应的命令执行模块就在 COMMAND. COM 程序内部。例如,显示目录的命令 DIR、显示文件内容的命令 TYPE、复制文件命令 COPY、删除文件命令 DEL、为文件改名的命令 REN 等,这些都属于内部命令。大部分命令属于外部命令,一个外部命令的功能要通过执行此命令所对应的命令文件来实现。

命令的识别和执行过程实际上就是命令处理模块 COMMAND. COM 的执行过程,从此执行过程中,可以很明显地看出对内部命令和外部命令的不同处理。

当系统启动、屏幕上显示提示符"＞"时,便表明已经进入 COMMAND. COM 程序,此时,等待操作员从键盘输入各种命令。

在 COMMAND. COM 程序中,有一个内部命令表,当用户输入一行命令时,命令处理模块会截取命令行中最前面的部分(命令名)与内部命令表比较,如果在内部命令表中检索到此命令,那么,便是内部命令。此时,便查找命令入口表,找到相应的命令执行程序入口,并转入执行,以完成命令处理。如果在内部命令表中没有检索到此命令,则作为外部命令。此时,命令处理程序 COMMAND. COM 会根据命令名到磁盘上查找相应的命令文件(以 COM 为扩展名)或可执行文件(以 EXE 为扩展名)。如果找到这样的文件,便将它从磁盘读入内存,并在用户区的低地址段建立程序段前缀 PSP,PSP 中含有此命令文件执行时所需要的各种参数。此后转入执行这个命令文件。

3. 程序段前缀

当输入一个外部命令或运行一个程序时,MS-DOS 会确定系统中可用内存区的最低地址,并由此处开始填写程序运行时所需要的一系列参数,还设置一个磁盘读写缓冲区。这个参数区和缓冲区合起来称为程序段前缀(Program Segment Prefix,PSP),PSP 共占 256 (100H)字节。操作系统在程序段前缀首址加 100H 处装配要运行的程序,对于扩展名为 EXE 的程序,刚运行时,DS 和 ES 这两个寄存器会指向程序段前缀 PSP+0,对于扩展名为 COM 的程序,则在运行时 4 个段寄存器都指向 PSP+0。

图 10.11 表示了程序段前缀的格式。

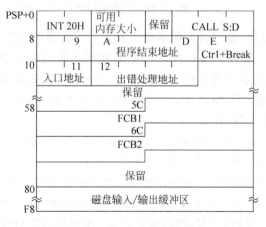

图 10.11　程序段前缀的格式

下面列出 PSP 中各字节的含义。

0~1:此处存放 INT 20H 指令,这条指令在执行时使程序返回控制台命令接收状态。

2~3:当前可用内存空间的大小,以 16 字节作为单位,如 1000H 表示 64KB。

4：保留。

5～9：这5字节中存放一条段间调用指令CALL S：D，其中S：D为中断类型号21H所对应的中断向量。

A～D：程序结束地址（即INT 22H的入口地址）。

E～11：Ctrl＋Break命令入口地址（即INT 23H的入口地址）。

12～15：出错处理入口地址（INT 24H的入口地址）。

16～5B：保留。

5C～7B：两个未格式化的FCB，称为FCB1和FCB2，当FCB1被打开时，FCB2被覆盖。

7C～7F：保留。

80～FF：磁盘输入/输出缓冲区，当进行磁盘读写操作时，数据放在这一区域。

4. 文件控制块

程序段前缀中的重要部分是两个文件控制块FCB，这两个FCB都是未打开的，也是不完整的。FCB的功能有两方面，一方面是作为用户程序和操作系统之间传送文件信息的缓冲区，另一方面是作为文件读写过程中的一个指针。程序运行时，操作系统会在当前数据段的005CH处自动填写一个FCB。

文件控制块FCB的格式如图10.12所示。

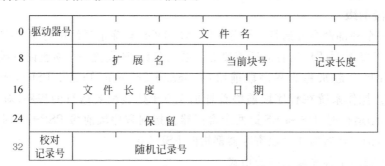

图 10.12　FCB 的格式

其中，驱动器号指出要读写的文件在哪个磁盘上。如为当前盘则为0；如为A盘则为1；如为B盘则为2等。文件名最长为8个字节，扩展名最长为3个字节，如果实际文件名和扩展名较短，则后面的字节填空格。记录长度有一定的任意性，默认值为80H。文件长度是按字节来计算的，在MS-DOS中，文件最大长度可达到4GB。而在Windows系统中，文件长度只受硬盘容量的限制。

日期用两个字节表示。高7位表示年，值可为0～119，表示1980—2099年，月份用次4位表示，可为1～12月，最低5位表示日，可为1～31日。

22～31字节是留给系统用的，系统用这些字节表示文件放在磁盘上的位置。

相对记录号用来指出下一个要读出的记录。顺序读写时，从文件的第一个记录开始，它的编号为0，所以一开始由用户程序将此项填为0。在顺序读写过程中，相对记录号会自动加1，以指向下一个记录。当前块号是和相对记录号配合工作的，一块包括128个记录。起初，由用户程序将当前块号填为0，每读写128个记录，当前块号便加1，此时，相对记录号又为0，这样，可以对下一块中的128个记录进行读写。

随机记录号是相对文件开始而言的，在随机读写中使用。每次随机读写前，由用户程序填写随机记录号。

10.2.2　微型机操作系统 Windows

　　Windows 是微软公司最初在 1985 年年底推出的专用于微型机的操作系统,第一个版本称为 Windows 1.0,后来不断更新。随着版本的不断提高,功能不断加强,速度也不断提高。

1. Windows 的设计思想

　　Windows 的操作简单,体现在用户界面的高度图形化和选择性上。在 Windows 之前的所有操作系统中,每当计算机执行一个命令,都需要操作人员从键盘把命令按格式输入到计算机,任何拼写和格式上的错误都会使命令无法执行,这样使计算机只能由计算机专业人员来操作。Windows 改变了这种模式,完全不需要用户自己输入计算机命令,而是像"点菜"一样从给出的命令选单中做出选择,就能得心应手地操纵计算机的运行。

　　Windows 的操作简单,也体现在添加新的硬件设备时所提供的即插即用功能。并且,在 Windows 的操作中,几乎每一步都允许后退或返回,这样,即使出现误操作也不会带来危害和无可挽回的后果。

　　从 Windows 95 版本开始,微软公司就在 Windows 设计中容纳了网络驱动程序,并考虑了对网络协议的接纳。因此,Windows 系统可以十分方便地和 Internet 操作连接。Windows 附带了一系列用于检测、备份和恢复的工具软件,能用自动或人工方式维护系统的安全运行。

　　由于 Windows 有良好的兼容性,所以,在系统中既可以运行 16 位的程序,也可以运行 32 位的程序。而且,Windows 对硬件也实现了良好的兼容,允许在计算机系统中接入当今市场上能与微型机相连的各种外设。

2. Windows 的体系结构

　　Windows 是一个技术含量非常高而且体系结构十分庞大的操作系统。它采用容纳世界上主要语种字符的 Unicode 基本字符集,从而可以支持 60 多种语言。在同一台计算机系统中,用户可以用多种语言进行查看、编辑和打印信息,不同用户可以采用不同的界面。而且,不管使用哪种语言,由于用户界面的图形化、窗口化等特点,用户都会感到方便易学。

　　与此相对应,每个 Windows 版本都包含巨大的设计工作量,这也使 Windows 不同于 MS-DOS 这样小规模的操作系统,无法被其他计算机技术人员进行详细的剖析和修改。但是,Windows 仍然有其层次化的结构体系,如图 10.13 所示。

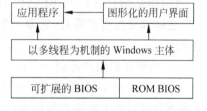

图 10.13　Windows 的体系结构

　　1) 可扩展的 BIOS

　　这部分的功能类似于 MS-DOS 的 ROM BIOS,其中包含和硬件设备直接关联的基本输入/输出驱动程序。实际上,Windows 的 BIOS 中,也包含并且使用了 MS-DOS 的 ROM BIOS,比如像 MS-DOS 的磁盘驱动程序、键盘驱动程序、屏幕显示驱动程序等这些最基本的设备驱动程序,都原封不动地兼容到 Windows 的 BIOS 中。不过,Windows 的 BIOS 比 MS-DOS 的 ROM BIOS 要丰富得多,功能也要强得多。这体现在两方面:一是 Windows 的 BIOS 中除了包含 ROM BIOS 外,还预置了对应于 2000 多种外部设备的驱动程序;二是在某一台具体的计算机系统中,Windows 的 BIOS 的内容和规模是可选择并且可随时改变的。每当一个用户配置一种新的设备时，可以在 Windows 提供的选单中通过指定厂家名、设备型号来选择一种驱动程序，于是，这个驱动程序就从 Windows 附带的巨大的驱动程序库自动装配到 BIOS 中，从此成为这台计算机中运行的 Windows 操作系统的一个组成部分。

此外，Windows 的 BIOS 不像 MS-DOS 的 BIOS 一样都在 ROM 中，实际上，Windows 的 BIOS 是在系统盘中，每次开机，系统启动时，就会根据此前建立的系统配置把 BIOS 引导到计算机内存。系统配置可能是在第一次安装 Windows 时建立的，也可能是在安装系统的基础上一次次加上即插即用设备补充而成的。

2）以多线程为机制的 Windows 主体

Windows 庞大的主体在技术上采用多线程机制。线程是软件设计中所用的结构和运行单位，Windows 采用多线程机制的思想是用每个线程分别对应当前运行的每个任务。由于多线程机制具有各个线程共享数据区的特点，因此，任务切换时的开销非常小，有利于操作系统在多个任务之间进行快速切换。

在设计中，Windows 主体部分的工作量庞大，大量的命令选单、对话框、工具栏和格式栏中的每一个命令都有对应的一个命令文件，这些命令文件通过线程机制有机地、有序地进行组合和调用，而且能够动态地调整。

Windows 主体对内存采用分页式管理，其寻址范围可达 4GB。采用这种方式，存储空间通过页目录、页表项和页内偏移量来管理，每页固定为 4KB，页面物理地址为 32 位，用户程序可在 4GB 虚拟内存中运行。

为了保持对 MS-DOS 的兼容，Windows 在内存管理中对 16 位 MS-DOS 应用程序采用隔离方法，即使这类程序出现问题，也不会影响整个系统的运行。

Windows 对 4GB 的虚拟内存的分配情况大致如下。

00000000H～00000FFFH：保留的 4KB 区域。

00001000H～003FFFFFH：4MB 留给 MS-DOS 和 16 位的应用程序使用。

00400000H～7FFFFFFFH：2GB 为 Windows 的线程运行空间。

80000000H～BFFFFFFFH：1GB 作为共享内存区。

C0000000H～FFFFFFFFH：1GB 作为系统区。

主体部分是可扩展的，它像一个平台一样可以承载和连接各种各样已有的和将有的应用程序。

3）图形化的用户界面

这是 Windows 和用户之间的接口，它既可以通过鼠标操作，也可以通过键盘操作，这两类在图形化界面上的操作被接收以后，立即转换为对 Windows 主体中的相应程序的调用，从而使命令得以执行。

4）丰富多彩的应用程序

应用程序是对原始的用户界面和功能的扩充。一个应用程序被装配到 Windows 系统中，相当于在 Windows 主体上又增加了一个功能，但这个功能是依托于 Windows 的主体平台的。具体来说，就是融入到 Windows 的多线程机制中，并且可以调用已有的各种功能，包括底层的 BIOS 驱动程序。应用程序在种类和功能上的扩充是不受限制的。

10.3 程序设计实例分析及实验任务

通过以下实例的练习,进一步熟悉 DEBUG 命令的使用;熟练掌握宏汇编程序 MASM 的使用;掌握排除汇编过程中出现的语法错误的方法;掌握用汇编语言进行顺序、分支、循环、子程序和系统功能调用等程序结构设计和调试的方法。

10.3.1 顺序程序设计

本实验的目的是掌握汇编语言上机的步骤,熟悉 DEBUG 命令的使用。

【例 10.1】 内存中自 TABLE 开始的 10 个单元中连续存放着 $0 \sim 9$ 的立方值(称为立方表)。任给一个数 $X(0 \leqslant X \leqslant 9)$,该数存于 XX 单元中,查表求 X 的立方值,并将结果存于 YY 单元。

问题分析:

若立方表中的每个值用一个字来存放,可知表的起始地址与 $2 * X$ 之和,正是 X 的立方值所在单元的地址。

程序如下:

```
DATA    SEGMENT
TABLE   DW   0,1,8,27,64,125,216,343,512,729
XX      DB   ?
YY      DW   ?
DATA    ENDS
STACK   SEGMENT
        DW   25  DUP(?)
STACK   ENDS
CODE    SEGMENT
        ASSUME CS:CODE,DS:DATA,SS:STACK
START:  PUSH    DS              ;存放返回 DOS 时的地址
        MOV     AX,0
        PUSH    AX
        MOV     AX,DATA
        MOV     DS,AX
        MOV     BX,OFFSET TABLE
        MOV     AH,0
        MOV     AL,XX
        ADD     AL,AL           ; AL←2 * X
        ADD     BX,AX
        MOV     AX,[BX]
        MOV     YY,AX
        RET
CODE    ENDS
        END     START
```

操作步骤如下。

(1) 将以上源程序经过汇编、连接后生成可执行文件。

(2) 进入 DEBUG 调试程序,分别用 T 命令和 G 命令执行该程序,并查看结果。

扩展练习题：

（1）把存储单元 A 和 B 中的两个单字节压缩 BCD 码相加，结果存到存储单元 C 中。

（2）编写一程序，计算 $(W+(X*Y-Z))/X$ 的值。其中 X、Y、Z、W 均为 16 位带符号数，要求表达式的计算结果的商和余数存放在数据段中的 RESULT 起始的地址中。

10.3.2　分支程序设计

通过分支程序设计的上机练习，熟悉运算类指令对标志位状态的影响；掌握无条件转移、条件转移指令的使用方法；掌握双分支和多分支程序设计、编写、调试和运行程序的方法。

【例 10.2】　把内存中某一低地址区域的内容为 00H～0FH、长度为 16 个字节的数据块传送到另一高地址区域。

问题分析：

本例为双分支结构，可利用比较转移指令实现。先判断源地址加数据块长度是否小于或等于目的地址。若是，说明源数据块与目的数据块之间地址没有重叠，可直接用数据传送指令或串操作中的传送指令实现（按地址增量方式传送）；否则，说明它们之间的地址部分重叠，则要把指针修改为指向数据块的底部，按地址减量方式传送。

设源数据块与目的数据块之间地址部分重叠，参见以下程序。

```
DATA      SEGMENT
STRING    DB 00,01,02,03,04,05,06,07,08,09
          DB 0AH,0BH,0CH,0DH,0EH,0FH
SOUR      EQU   STRING
DEST      EQU   STRING + 10
LEN       EQU   16
DATA      ENDS
STACK     SEGMENT
          DW 50 DUP(?)
STACK     ENDS
CODE      SEGMENT
          ASSUME CS:CODE,DS:DATA,SS:STACK
START     PROC  FAR
          PUSH  DS
          MOV   AX,0
          PUSH  AX
          MOV   AX,DATA
          MOV   DS,AX
          MOV   ES,AX
          MOV   CX,LEN
          MOV   SI,OFFSET SOUR
          MOV   DI,OFFSET DEST
          CLD                   ;增量方式传送
          PUSH  SI
          ADD   SI,LEN - 1
          CMP   SI,DI
          POP   SI
          JL    MVE
```

```
              STD                              ; 减量方式传送
              ADD    SI,LEN − 1
              ADD    DI,LEN − 1
MVE:          REP    MOVSB                     ; 重复传送 16 个字节
              RET
START         ENDP
CODE          ENDS
              END    START
```

操作步骤如下。

(1) 生成可执行文件后,用 DEBUG 程序跟踪程序的执行,观察状态标志位的变化及程序跳转情况,并查看内存单元中程序运行的结果。

(2) 修改以上程序中 DEST 的值(如设定为 STRING+30),使源数据块与目的数据块之间没有地址重叠。再次用 DEBUG 程序跟踪程序的执行,观察标志位的变化及程序跳转情况,并查看内存单元中程序运行的结果。

(3) 修改程序,要求以成块传送方式传送数据块。

扩展练习题:

(1) 设有 10 个学生的成绩存放在内存中,编制程序分别统计 90 分以上、80～89 分、70～79 分、60～69 分、低于 60 分的学生人数,并存放到 A、B、C、D、E 单元中。

(2) 根据用户输入的星期几数字代号在终端屏幕上显示相应的英文缩写名。

10.3.3　循环程序设计

通过循环程序设计的上机练习,掌握循环指令的使用方法;掌握实现简单循环、多重循环程序结构的编程、调试和运行的方法。

【例 10.3】　内存中有一个数组 BUF 含有 10 个带符号的整数,要求用选择法将其按升序排序。

问题分析:

选择法排序的基本思路是,首先从无序区(BUF[0]～BUF[9])中找出最小的数与 BUF[0]对换,则无序区缩小至 BUF[1]～BUF[9];再从当前无序区中找出最小的数与 BUF[1]对换……每一轮比较,均找出无序区中一个最小的数,并与当前无序区的起始位置上的数进行交换。当无序区缩小至 BUF[9]时,排序结束。一般来说,N 个数据共需比较 $N-1$ 轮,第 I 轮排序中选出最小的数需做 $N-I$ 次比较($1 \leqslant I < N$)。

由于本题所用寄存器较多,现将寄存器的分配情况说明如下。

AX:存放第 I 轮比较中找出的最小数($I = 1 \sim 9$)。

BX:存放无序区的起始地址指针。

CX:内循环计数器。

DX:存放第 I 轮比较中最小数的下标,初值=0。

SI:内循环比较过程中的地址指针。

DI:外循环计数器。

程序如下:

```
DATA          SEGMENT
```

```
BUF        DW   -88,12,-20,-55,40,11,0,64,44,66
COUNT      EQU 10
DATA       ENDS
STACK      SEGMENT STACK
           DW 128 DUP(0)
STACK      ENDS
CODE       SEGMENT
ASSUME     CS:CODE,DS:DATA,SS:STACK
MAIN       PROC  FAR
START:     PUSH  DS
           SUB   AX,AX
           PUSH  AX
           MOV   AX,DATA
           MOV   DS,AX
           MOV   DI,COUNT-1
           MOV   BX,0
CYCL1:     MOV   AX,BUF[BX]
           MOV   DX,BX
           MOV   CX,BX
           SHR   CX,1                   ; CX←BX/2
           MOV   SI,BX
CYCL2:     INC   CX
           ADD   SI,2
           CMP   AX,BUF[SI]
           JLE   CONTI
           MOV   DX,SI
           MOV   AX,BUF[SI]             ; AX←最小的数
CONTI:     CMP   CX,COUNT-1             ; 内循环次数递增至 N-1?
           JL    CYCL2                  ; 继续内循环
           XCHG  AX,BUF[BX]             ; 最小的数??无序区起始位置上的数
           MOV   SI,DX
           MOV   BUF[SI],AX
           INC   BX                     ; 调整无序区的起始位置
           INC   BX
           DEC   DI                     ; 外循环次数递减至 0?
           JNE   CYCL1                  ; 继续外循环
           RET
MAIN       ENDP
CODE       ENDS
           END   START
```

操作步骤如下。

（1）生成可执行文件后，在 DEBUG 中调试程序，跟踪程序的运行过程，查看并核对程序运行的结果。

（2）修改上述源程序，使数据按降序排序，重新运行程序并核对程序运行的结果。

扩展练习题：

（1）在内存已定义好一个容量为 50 字节的数组，请将数组中为 0 和为 1 的项找出，统计 0 和 1 的个数，并删除数组中所有为零的项，将后续项向前压缩。

（2）在 BUFFER 到 BUFFER+29 单元中存放着一个字符串，请判断该字符串中是否

存在数字,如有则统计数字的个数,并将此个数存放于 BUF 单元中。如无数字则将 BUF 单元置 0。

10.3.4　子程序设计

通过程序调试,观察子程序调用及嵌套过程,进一步理解 CALL 指令和 RET 指令的功能;掌握子程序调用时参数传递的方法。

【例 10.4】　将两个多位十进制数相加,并在屏幕上显示加数、被加数以及和。已知被加数和加数均以 ASCII 码形式存放在 DATA1 和 DATA2 为首的单元中(低位位于低地址),结果送回 DATA1 处。

问题分析:

因被加数和加数均以 ASCII 码形式存放,所以在相加前必须转化为 BCD 码,此时用非压缩 BCD 码最适宜。非压缩 BCD 码相加要用到 AAA 加法调整指令。考虑到相加结果可能有进位,可在 DATA1 为首的单元最后预留一字节的单元,执行带进位的加法指令后,进位 CF 标志位将自动存入该单元。

采用寄存器传递加数与被加数的首地址。

数据显示时,是以 ASCII 码形式从最高位开始显示;执行加法运算时,是以十进制数形式从最低位开始计算。

程序如下:

```
CRLF      MACRO                              ;宏定义
          MOV   DL,0DH                       ;输出回车换行符
          MOV   AH,02H
          INT   21H
          MOV   DL,0AH
          MOV   AH,02H
          INT   21H
          ENDM
DATA      SEGMENT
DATA1     DB    33H,39H,31H,37H,34H,0
COUNT     EQU   $ - DATA1
DATA2     DB    32H,35H,30H,38H,37H
DATA      ENDS
STACK     SEGMENT   STACK 'STACK'
          DB    20 DUP(?)
STACK     ENDS
CODE      SEGMENT
ASSUME    CS:CODE,DS:DATA,SS:STACK,ES:DATA
START:    MOV   AX,DATA
          MOV   DS,AX
          MOV   SI,OFFSET DATA2            ;显示加数
          MOV   BX,COUNT
          CALL  DISP
          CRLF
          MOV   SI,OFFSET DATA1            ;显示被加数
          MOV   BX,COUNT
          CALL  DISP
```

```
          CRLF
          MOV    DI,OFFSET DATA2
          CALL   ADDA                      ; 调用加法子程序
          MOV    SI,OFFSET DATA1
          MOV    BX,COUNT
          CALL DISP                        ; 调用显示子程序显示结果
          CRLF
          MOV    AX,4C00H
          INT    21H
DISP      PROC   NEAR                      ; 显示子程序
DS1:      MOV    AH,02H
          MOV    DL,[SI + BX - 1]          ; 显示字符串中一字符
          INT    21H
          DEC    BX                        ; 修改偏移量
          JNZ    DS1
          RET
DISP      ENDP
ADDA      PROC   NEAR                      ; 加法运算子程序
          MOV    DX,SI
          MOV    BP,DI
          MOV    BX,COUNT
AD1:      SUB    BYTE PTR [SI + BX - 1],30H    ; ASCII 码数字串转为十进制数字串
          SUB    BYTE PTR [DI + BX - 1],30H
          DEC    BX
          JNZ    AD1
          MOV    SI,DX
          MOV    DI,BP
          MOV    CX,COUNT
          CLC                              ; 清除最低位进位
AD2:      MOV    AL,[SI]
          ADC    AL,[DI]
          AAA                              ; 非组合 BCD 码的加法调整
          MOV    [SI],AL                   ; 结果送被加数区
          INC    SI                        ; 指向下一位
          INC    DI
          LOOP   AD2
          MOV    SI,DX
          MOV    DI,BP
          MOV    BX,COUNT
AD3:      ADD    BYTE PTR [SI + BX - 1],30H    ; 十进制数字串转为 ASCII 码串
          ADD    BYTE PTR [DI + BX - 1],30H
          DEC    BX
          JNZ    AD3
          RET
ADDA      ENDP
CODE      ENDS
          END    START
```

操作步骤如下。

（1）汇编、连接上述源程序，在 DEBUG 中用 T 命令跟踪程序的运行，观察子程序调用

和返回过程中指令指针 IP 和堆栈指针 SP 的变化。

（2）观察宏调用的展开与执行。

（3）在 DEBUG 环境下单步执行程序，观察各寄存器中值的变化情况；在程序运行各个 RET 指令处暂停，观察内存中存放的程序运行结果。

（4）修改源程序中的被加数和加数，重新生成可执行文件，运行程序并核对运行结果。

扩展练习题：

（1）修改例 10.4 实验程序中主程序与子程序之间参数传递的方法：要求用堆栈传送参数，调试并运行通过。

（2）统计双字变量 X（32 位）中的值有多少位为 0，多少位为 1，并分别计入 A0 及 A1 单元中，要求将统计字节的 0、1 位数功能定义为子程序。

10.3.5　系统功能调用

学习并掌握常用的 DOS 系统功能和 BIOS 中断功能的调用方法。

【例 10.5】　编写程序实现一架红色的飞机在黑色的屏幕背景上飞行的功能。

问题分析：

飞机的动作可由字符"＞"（ASCII 码为 3EH）和破折号"——"（ASCII 码为 C4H）两个字符的叠加来模拟。这两个字符先后交替在两列上显示，每个字符显示 0.5 秒，然后消失。由于视觉的滞后效应，使得这两个字符产生重叠的效果。飞机的颜色属性值为 04，开始位置是 15 行 0 列，水平飞行到 15 行 79 列时结束。飞行开始前先利用 BIOS INT 10H 的 6 号功能调用使屏幕初始化。

程序如下：

```
DATA    SEGMENT
AIRPLN  DB   3EH,04,0C4H,04
DATA    ENDS
CLEAR   MACRO                    ; 宏定义:清屏
        MOV   AH,6               ; 6 号功能调用
        MOV   AL,0               ; 使整个窗口空白
        MOV   CH,0               ; 置左上角行号、列号
        MOV   CL,0
        MOV   DH,24              ; 置右下角行号、列号
        MOV   DL,79
        MOV   BH,07              ; 卷入行属性
        INT   10H
        ENDM
CODE    SEGMENT
        ASSUME CS:CODE,DS:DATA
MAIN    PROC FAR
START:  PUSH  DS
        MOV   AX,0
        PUSH  AX
        MOV   AX,DATA
        MOV   DS,AX
        CLEAR                    ; 调用清屏的宏
        MOV   AH,0FH             ; 0FH 号功能调用,取当前显示方式
```

```
            INT    10H
            MOV    DH,15                ; 置起始行号、列号
            MOV    DL,0
BEGIN:      MOV    SI,2
            MOV    CX,1
            LEA    DI,AIRPLN
DISP:       CMP    DL,80
            JAE    EXIT                 ; 光标超过 80 列,结束
            MOV    AH,2                 ; 02 号功能调用,置光标起始位置
            INT    10H
            MOV    AH,9                 ; 在光标位置显示字符及其属性
            MOV    AL,[DI]
            MOV    BL,[DI + 1]
            INT    10H
            CALL   DELAY                ; 调用延时 0.5 秒的子程序
            MOV    AH,9
            MOV    AL,' '               ; 在光标位置显示空格符及其属性
            MOV    BL,04
            INT    10H
            INC    DL
            ADD    DI,2
            DEC    SI
            JNZ    DISP
            JMP    BEGIN
EXIT:       RET
MAIN        ENDP
DELAY       PROC   NEAR                 ; 延时 0.5 秒的子程序
            PUSH   CX
            PUSH   DX
            MOV    DX,500
DY1:        MOV    CX,2801              ; 内循环延时 1ms
DY2:        LOOP   DY2
            DEC    DX
            JNZ    DY1
            POP    DX
            POP    CX
            RET
DELAY       ENDP
CODE        ENDS
            END    START
```

操作步骤如下。

（1）调试并运行以上程序。设计用别的字符代替飞行物的形状来模拟飞行动作的程序。

（2）上述程序中延时时间如何调整？请将延时时间改为 1 秒延时,重新运行该程序。若要将飞机的飞行轨迹从屏幕左上角向右下角飞出一条斜线,该如何修改程序？

扩展练习题:

（1）从键盘上输入两个字符存于 A、B 单元中,比较它们的大小,并在屏幕上显示两个数的大小关系。

（2）在屏幕中间位置显示 10 个心形字符，位于单数位置的心形字符颜色为品红底黄心，不闪烁；位于双数位置的心形字符颜色为蓝底红心，能够闪烁。

10.4　调试程序 CodeView 的使用

CodeView 是 MASM 开发软件包中的源程序级调试程序，也集成于 Microsoft C/C++ 和 Visual C++ 开发环境，可用于调试用 MASM 或 Microsoft C/C++ 开发的 MS-DOS 或 Windows 程序。调试程序 CodeView 提供多窗口全屏幕调试环境，支持 16 位或 32 位指令，能够对照源程序给出指令代码，同时查看变量或表达式的值，是跟踪程序、查找逻辑错误的有力工具。

1. CodeView 概述

CodeView 可以在源程序级或机器码级上进行调试。为了充分运用 CodeView 的优势，应该在汇编和连接时选择附加 CodeView 调试信息。如果没有这些调试信息，就不能进行源代码级的程序调试，只能以汇编语言显示格式查看程序。此外，调试时源程序文件还必须存在于当前目录或汇编时指明的源程序文件所在路径中。

CodeView 采用菜单驱动方式，只要在键盘上同时按下 Alt 和菜单首字母键（如按下 Alt＋F 组合键选择 File）激活相应菜单，或者用鼠标单击菜单。菜单激活后，系统在该菜单下弹出一组相关命令，菜单命令的执行可在键盘上按下命令中加亮字母键或者用鼠标单击命令。常用菜单命令也可以通过快捷键直接激活执行。

CodeView 调试程序对应 CV.EXE 文件，在 DOS 命令行输入：

CV 可执行程序文件名

按 Enter 键后，就进入 CodeView 主窗口。注意要带有被调试程序，否则还要提示输入文件名，而且一定是可执行程序。CodeView 要求汇编语言程序必须按照标准微软高级语言格式声明逻辑段的顺序，简化段定义源程序格式符合该要求。

2. CodeView 的菜单命令

CodeView 的菜单共分九类，它们是文件（File）、编辑（Edit）、搜索（Search）、运行（Run）、数据（Data）、选项（Options）、调用（Calls）、窗口（Window）和帮助（Help）。

1）"文件（File）"菜单

Open Source——打开源程序文件或其他文本文件。

Open Module——打开程序中使用的模块对应的源程序文件。

Print——打印当前激活的窗口所有或部分内容。

DOS Shell——不退出 CodeView，临时回到 DOS 环境。

Exit——退出 CodeView，回到 DOS 环境。

2）"编辑（Edit）"菜单

Undo——撤销刚进行的编辑操作。

Copy——将选中的内容复制到系统剪切板。

Paste——从系统剪切板粘贴内容到当前光标位置。

3）"搜索（Search）"菜单

Find——在源程序文件查找。

Selected Text——在源程序文件查找选定的文本。

Repeat Last Find——重复查找上次指定的内容。

Label/Function——在程序中查找标号或函数。

4）"运行（Run）"菜单

Restart——程序恢复到被调试程序未执行前的初始状态，光标回到可执行代码的第一行。

Animate——激活程序开始一步一步执行。

Load——展开装载对话框，选择被调试程序。

Set Runtime Arguments——设置程序运行时需要的参数。

Go——从当前位置执行程序，直到遇到断点停止，或者遇到程序结束终止。

Step——单步执行指令或语句，执行一条就停止，但执行循环 LOOP 指令将完成其指定的循环次数，执行子程序调用 CALL 指令将完成子程序执行，执行中断调用 INT n 指令将完成调用功能程序。

Trace——跟踪执行指令或语句，执行一条指令就停止，执行 LOOP、CALL、INT n 指令时也进入相应的循环体、子程序或中断服务程序。

5）"数据（Data）"菜单

Add Watch——增加一个被观察的变量或表达式。

Delete Watch——删除一个被观察的变量或表达式。

Quick Watch——快速查看被观察变量或表达式的当前内容。

Set Breakpoint——设置断点，弹出的对话框用于选择多种断点设置形式。

Edit Breakpoints——编辑已有断点的形式。

6）"选项（Options）"菜单

Source1 Windows——设置源程序窗口显示形式。

Memory1 Windows——设置存储器窗口显示形式。

Locals Options——设置局部变量窗口显示形式。

Preferences——选择是否显示 32 位寄存器、有无窗口滚动条等。

Language——选择表达式求值公式。

Screen Swap——启动或关闭屏幕交换功能。默认状态下，CodeView 在执行程序时会切换到用户的输出屏幕。如果用户程序没有输出，可以关闭屏幕交换，这样程序执行时将一直显示 CodeView 窗口。

Native——当调试使用 p-code（非机器代码）编写的程序时，该命令可以选择显示 p-code 还是原机器指令形式。

7）"调用（Calls）"菜单

列出被调用程序调用的过程或函数。该窗口的内容根据调试的内容改变。

8）"窗口（Window）"菜单

利用该菜单命令可以对窗口进行恢复（Restore）、移动（Move）、调整大小（Size）、最小化（Minimize）、最大化（Maximize）、关闭（Close）、并列（Tile）、重新排列（Arrange）等操作，并打开需要的窗口。View Output 命令可以观察 DOS 下程序运行输出的结果。

3. CodeView 的窗口

CodeView 环境中有 10 种窗口,每种窗口都反映被调试程序静态或动态的某方面信息。程序员可以在一个窗口查看源程序代码,在另一个窗口输入命令并得到响应,而在第三个窗口观察寄存器和标志位的变化。下面介绍主要窗口的显示内容。

1) Source 源程序窗口

显示源程序和对应的机器代码。即使没有汇编语言源程序,CodeView 也会给出反汇编出来的机器代码。Source 窗口有两个,在 Source1 窗口调试主程序的同时,可打开 Source2 窗口,调入包含文件或任何文本文件。

2) Memory(存储器)窗口

提供存储器单元的内容,可以有两个。它默认的地址是 DS：0,默认的显示形式以字节为单位显示存储单元内容,左边是逻辑地址,右边是对应的 ASCII 字符。在存储器窗口中,可以直接改变左边的地址而显示新修改地址的内容;也可以直接修改显示的存储器内容。

3) Register(寄存器)窗口

显示所有寄存器的内容,包括标志寄存器的内容。寄存器窗口默认显示 16 位寄存器,如果选中 Options 菜单的 32-bit Registers 命令将显示 32 位寄存器。在寄存器窗口中,可以直接修改等号后面的内容以实现对相应寄存器的改变,也可以用键盘或鼠标双击改变标志位状态。

4) Command(命令)窗口

在命令窗口中可以输入调试命令,它的提示符是">"。调试命令会在命令窗口或其他窗口显示它的结果。命令窗口也显示错误信息。

CodeView 的许多功能需要通过在命令窗口输入调试命令完成,例如输入汇编语言语句等。有些调试命令等同于菜单命令,有些扩展了菜单命令。

5) Output(输出)窗口

暂时回到当前 DOS 下的显示屏幕,如果被调试程序运行过则会显示它在 DOS 下的运行情况,按任意键又返回 CodeView 主窗口。

4. CodeView 的设置和使用

CodeView 利用 Options 菜单下的命令定制调试环境,通常采用它的默认选项,但有时需要进行必要的设置以满足特定调试要求。CodeView 需要使用 TOOLS. INI 文件,该文件保存运行 CodeView 时的推荐设置。如果没有该文件,可以将安装时形成的 TOOLS. PRE 改为该文件名即可。

源程序窗口常需要改变显示模式。打开 Options/Source1 Window 可以设置源程序窗口选项,显示模式有以下 3 种选择。

(1) Source——仅显示源程序。

(2) Mixed Source and Assembly——显示源程序和汇编语言指令。

(3) Assembly——仅显示机器代码对应的汇编语言指令。

一般将显示模式设置为混合模式。反汇编选项通常采用默认设置,选择显示机器码、显示地址和显示标识符。

CodeView 的许多功能是针对高级语言的,这是因为 CodeView 一开始是配合

Microsoft C 编译程序推出的。对于小型汇编语言程序的调试，有些功能并不是必需的。

　　程序的动态调试主要有两种方法：一个是单步执行，仔细了解每个指令执行的情况；另一个是断点执行，通过设置断点，观察一段程序执行后的情况。用户可以在寄存器窗口、存储器窗口、输出窗口检查程序运行的情况。在存储器窗口、寄存器窗口中被改变的内容将以反显形式标明。用户还可以在观察窗口跟踪程序执行过程中各个变量或表达式的值。选择 Data 菜单的 Add Watch 命令，在对话框中输入变量名或表达式，它们的当前值便会出现在 Watch 观察窗口中，并随着程序的执行而改变。程序员根据各个窗口内容查找程序错误。

10.5　汇编语言与 C/C++ 的混合编程

　　由于编写和调试汇编语言程序比高级语言复杂，因此在实际软件开发中，高级语言比汇编语言使用更为广泛。一般来说，高级语言具有丰富的数据结构、种类繁多的运算符、丰富的函数、易读易写、可移植性好等特点，但用高级语言编写的程序，代码较长，占有存储空间大，运行速度慢。而用汇编语言编写的程序所占内存空间小，执行速度快，有直接控制硬件的能力。但必须熟悉计算机的内部结构及其有关硬件知识。因此在很多场合汇编语言也是不可缺少的。

　　通常在软件的开发过程中，大部分程序采用高级语言编写，以提高程序的开发效率。但在某些部分，如程序的关键部分、运行次数很多的部分、运行速度要求很高的部分或是直接访问硬件的部分等，则利用汇编语言编写，以提高程序的运行效率。

1. 混合编程概述

　　混合编程即由高级语言来调用或嵌入汇编语言子程序，或用汇编语言调用或嵌入高级语言子程序。

　　汇编语言是一种面向机器的语言，具有运行速度快，占用存储空间少的特点，是高级语言所不能相比的，因此得到较为广泛的应用。但是，汇编语言也有它的不足，如编写及调试程序相对高级语言要困难、复杂得多。用汇编语言开发程序时，编程工作量大，开发周期长，容易出错而且不易调试。高级语言，可移植性好，开发效率高，在实际应用开发软件的过程中，主要采用高级语言编写，但是，当用高级语言编写的程序达不到速度要求或需要直接控制外部设备的情况下，就可以用 C/C++ 和汇编语言进行混合编程的方法来解决这个问题。混合编程是一种有效的编程方法，可以进行相互调用、参数传递和数据结构共享，有效地发挥了高级语言和低级语言各自的优势和特点，提高了程序的运行效率。

　　在汇编语言中，用助记符表示操作码，用符号或符号地址表示操作数地址，它与机器语言是一一对应的。这种符号化处理后所形成的语言，克服了机器语言可读性差、易出错、检查错误困难等缺点，比机器语言前进了一大步。汇编语言也有它的缺点和不足，例如编写及调试汇编语言程序比高级语言程序要困难和复杂；不同系列的机器有不同的汇编语言，不通用，移植性差等。

　　高级语言是面向用户的语言。在高级语言中，C/C++ 更具有显著的特点，它既具有高级语言的特点，又具有低级语言的特点，所以既适合于编写应用程序，也适合编写系统程序。它的主要特点是功能丰富、表达能力强、使用灵活、应用范围广、移植性好等。

　　汇编语言与高级语言间常常需要通过彼此联系、取长补短，力图充分利用系统和硬件技术所给予的支持。这种组合多种编程语言，通过相互调用、参数传递、共享数据结构和数据信息开发程序的过程就是混合编程。

　　混合编程中的关键问题是建立不同语言之间的接口，即在不同格式的两种语言间提供有效的通信方式，做出符合两种语言调用约定的某种形式说明，实现两种语言间的程序模块互相调用、变量的相互传送以及参数和返回值的正确使用。

　　有两种方式可以实现汇编语言与 C/C++ 语言的混合程序设计。一种方法是，在 C/C++ 语言中直接使用汇编语言语句，即嵌入式汇编。这种方法比较简洁直观，但功能较弱。另一种方法是，两种语言分别编写独立的程序模块，分别产生目标代码 OBJ 文件，然后进行连接，形成一个完整的程序。这种方法使用灵活、功能强，但需要解决好混合编程中不同语言间接口的关键问题。

2. 嵌入式汇编

　　嵌入式汇编方式把插入的汇编语句作为 C 语言的组成部分，不使用完全独立的汇编模块，所以比调用汇编子程序更方便和快捷。嵌入式汇编又称为行内汇编。C/C++ 语言编译系统一般都提供嵌入式汇编功能，它们允许在 C/C++ 源程序中直接插入汇编语言指令的语句。

　　1）嵌入汇编语句的格式

　　Turbo C 语言程序中，嵌入汇编语言指令是在汇编语句前加一个 asm 关键字，格式如下：

asm 操作码　　操作数　　<;或换行>

　　其中，操作码是处理器指令或若干伪指令；操作数是操作码可接收的数据，它可以是指令允许的立即数、寄存器名，还可以是 C 语言程序中的常量、变量和标号。内嵌的汇编语句可以用分号";"结束，也可以用换行符结束；一行中可以有多个汇编语句，相互间用分号分隔，但不能跨行书写。嵌入式汇编语句的分号不是注释的开始；要对语句注释，应使用 C 的注释，如/ * … * /。

　　例如：

asm pop ax;asm pop bx;asm ret;　　/ * 合法语句 * /

　　在 C 语言程序的函数内部，每条汇编语句都是一条可执行语句，它被编译进入程序的代码段。在函数外部，一条汇编语句是一个外部说明，在编译时被放在程序的数据段中；这些外部数据可被其他程序引用。含嵌入汇编语句的 C 语言程序并不是一个完整的汇编语言程序，所以 C 语言程序只允许有限的汇编语言指令集。

　　2）数据访问

　　内嵌的汇编语句除可以使用指令允许的立即数、寄存器名外，还可以使用 C 语言程序中的任何符号，包括变量、常量、标号、函数名、寄存器变量、函数参数等。C 编译程序自动将它们转换成相应的汇编语言指令的操作数，并在标识符名前加下划线。一般来说，只要汇编语句能够使用存储器操作数，就可以采用一个 C 语言程序中的符号；同样，只要汇编语句可以用寄存器作为合法的操作数，就可以使用一个寄存器变量。

　　对于具有内嵌汇编语句的 C 程序，C 编译器要调用汇编程序进行汇编。汇编程序在分析一条嵌入式汇编指令的操作数时，若遇到一个标识符，它将在 C 程序的符号表中搜索该标识符。

Turbo C 语言中可以直接使用通用寄存器和段寄存器,只要在寄存器名前加一个下划线就可以了。另外,C 语言中使用 SI 和 DI 指针寄存器作为寄存器变量,利用 AX 和 DX 传递返回参数。如果 C 语言函数中没有寄存器说明,嵌入式汇编语句可以自由地把 SI、DI 用作暂存寄存器;如果 C 函数有寄存器说明,嵌入式汇编语句仍可以使用 SI、DI,但最好采用 C 语言寄存器变量名形式。嵌入式汇编语句可以任意使用 AX、BX、CX、DX 寄存器,以及它们的 8 位形式。

嵌入式汇编语句中,可使用无条件转移指令、条件转移指令和循环指令,但它们只在一个函数内部转移。asm 语句不能定义标号,转移指令的目标必须是 C 语言程序的标号。若该标号很远,转移指令也不会自动地转换成一个远程转移。

3) 编译过程

C 语言程序中含有嵌入式汇编语言语句时,C 编译器首先将 C 代码的源程序(.c)编译成汇编语言源文件(.asm),然后激活汇编程序 Turbo Assembler 将产生的汇编语言源文件编译成目标文件(.obj),最后激活 Tlink 将目标文件连接成可执行文件(.exe)。

下面通过一个例子来具体地了解一下嵌入式汇编的过程。

【例 10.6】 显示 1～1000 中任一个数的二进制数到十六进制数。

```
# include < iostream. h >
CHAR * BUFFER = "Enter A Number Between 0 to 1000: ";
CHAR * BUFFER1 = "BASE";
INT B = 0;
CHAR A;
/* 显示字符的汇编程序段 */
WOID DISPS (INT BASE, INT DAT)
{
    INT   TEMP;
    _ASM {
        MOV   AX, DAT
        MOV   BX, BASE
        PUSH  BX
        TOP1: MOV   DX, 0
        DIV   BX
        PUSH  DX
        CMP   AX, 0
        JNZ   TOP1
        TOP2: POP   DX
        CMP   DX, BX
        JE  TOP4
        ADD   DX, 30H
        CMP   DX, 39H
        JBE   TOP3
        ADD   DX, 7
        TOP3: MOV   TEMP, DX
    }
    COUT <<(CHAR) TEMP;
    _ASM
```

```
    {
    JMP   TOP2
}}
/* C++的主函数段 */
TOP4: VOID   MAIN (VOID) {
    INT  I;
    COUT << BUFFER;
    CIN   GET (A);
    WHILE (A >= '0' && A <= '9')
    {
        _ASM  SUB  A, 30H
        B = B * 10 + A;
        CIN   GET(A);
    }
    FOR (I = 2; I < 17; I++)
    {
        COUT << BUFFER1;
        DISPS (10, I);                    /* 调用汇编函数,进行显示 */
        COUT << (CHAR) (0X20);
        DISP (I, B);                      /* 调用汇编函数,进行显示 */
        COUT << (CHAR) (10);
        COUT << (CHAR) (13);
    }}
```

在 Microsoft VC++6.0 环境下编写汇编与 C/C++ 混合程序时,只能编写 32 位应用程序,而不能编写 16 位应用程序,在 32 位应用程序的混合编程中应注意不能使用 DOS 功能调用 INT 21H ,用它只能编写 16 位应用程序。由于内嵌汇编不能使用汇编的宏和条件控制伪指令,这时就需要进行单独编写汇编模块,然后和 C/C++ 程序连接,这种编程关键要解决的问题是两者的接口和参数传递,参数传递包括值传递、指针传递等。

在使用嵌入式汇编中要注意的几个问题如下。

(1) 操作码支持 8086/8087 指令或若干伪指令:db/dw/dd 和 extern。

(2) 操作数是操作码可接收的数据:可以是立即数、寄存器名,还可以是 C/C++ 程序中的常量、变量和标号等。

(3) 内嵌的汇编语句可以用分号";"结束,也可以用换行符结束。

(4) 使用 C 的注释,如 /* …… */。

(5) 正确运用通用寄存器、标号等。

3. 模块连接方式

模块连接方式是不同程序设计语言之间混合编程经常使用的方法。各种语言的程序分别编写,利用各自的开发环境编译形成 .obj 模块文件,然后将它们连接在一起,最终生成可执行文件。

为了能够正确连接,分别编写 C 语言程序和汇编语言程序时,必须遵循一些共同的约定规则,它们主要是命名约定、声明约定、寄存器使用约定、存储模式约定及参数传递约定等。

1) 命名约定

C 语言编译系统在编译 C 语言源程序时,要在其中的变量名、过程名、函数名等标识符前面加下划线"_"。汇编程序在汇编过程中，直接使用标识符。C语言中对标识符的定义是区分字母大小写的，而汇编语言是不区分字母大小写的。所以相互调用时，汇编源程序中的标识符最好采用小写字母。

2）声明约定

在C语言程序中，C对所要调用的外部过程、函数、变量均采用 EXTERN 予以说明，并且放在主调用程序之前，一般放在各函数体外部。经说明后，这些外部变量、过程、函数可在C程序中直接使用，函数的参数在传递过程中要求参数个数、类型、顺序一一对应。

汇编语言程序的标识符（变量名或子程序名）为了能在其他模块可见，让C语言程序能够调用它，必须用 PUBLIC 操作符定义它们。

3）寄存器使用约定

对于 BP、SP、DS、CS 和 SS，汇编语言子程序如果要使用它们，并且有可能改变它们的值，Turbo C 要求进行保护。这些寄存器经保护后，可以利用，但退出前必须加以恢复。寄存器 AX、BX、CX、DX 和 ES，在汇编语言子程序中通常可以任意使用。其中的 AX 和 DX 寄存器承担了传递返回值的任务。标志寄存器也可以任意改变。

指针寄存器 SI 和 DI 比较特殊，因为 Turbo C 将它们作为寄存器变量。如果C程序启用了寄存器变量，则汇编语言子程序使用 SI 和 DI 前必须保护，退出前恢复。

4）存储模式约定

存储模式处理程序、数据、堆栈在主存中的分配和存取，决定代码和数据的默认指针类型，例如段寄存器 CS、DS、SS、ES 的设置就与所采用的存储模式有关。存储模式在C语言中也称为编译模式或主存模式。Turbo C 提供6种存储模式，分别是微型模式（Tiny）、小型模式（Small）、紧凑模式（Compact）、中型模式（Medium）、大型模式（Large）和巨型模式（Huge）。

为了使汇编语言程序与 Turbo C 语言程序连接到一起，对于汇编语言简化段定义格式来说，两者必须具有相同的存储模式。连接前，C语言与汇编语言程序都有各自的代码段、数据段；而连接后，它们的代码段、数据段就合二为一或者彼此相关。应当说明的是，被连接的多个目标模块中，应当有一个并且只有一个具有起始模块。也就是说，某个C语言程序中应有 main() 函数，汇编语言程序不用定义起始执行点。由于共用一个堆栈段，混合编程时通常汇编语言程序无须设置堆栈段。

5）参数传递约定

C语言程序可以通过堆栈将参数传递给被调用函数。C程序调用函数之前，先从该函数中的最右边的参数开始依次将参数压入堆栈，最后压入最左边的参数。也就是说，参数压入堆栈的顺序与实参表中参数的排列顺序相反，即从右到左，第一个参数最后压入堆栈。当被调用函数运行结束后，压入堆栈中的参数已无保留的价值，C程序会立即调整堆栈指针 SP，使之恢复压入参数以前的值，这样就释放了堆栈中为参数保留的空间。也就是说，堆栈的平衡是在主函数程序实现的，子程序不必在返回时调整堆栈指针 SP。

C语言程序以 tiny、small、compact 模式编译时，它以 NEAR 过程属性调用外部函数，此时返回地址仅需要保存偏移地址 IP，在堆栈占两个字节；而如果C语言程序是以 medium、large、huge 模式编译，则外部函数应该具有 FAR 远程属性，返回地址含段地址 CS 和偏移地址 IP，在堆栈中要占4个字节。

混合编程中，参数的传递可以采用传数值和传地址两种方式。如果参数是传值的，可直接写出实际参数；如果参数是传地址的，则在说明中，将参数类型说明为指针类型；调用时，用"&"取得变量的地址作为实参传递。当然，参数传递也可以通过共用外部变量实现。

被调用函数的返回值如果小于或等于 16 位，则将其存放在 AX 寄存器中；如果返回值是 32 位，则存放在 DX.AX 寄存器对中，其中 DX 存储高 16 位，AX 存储低 16 位；如果返回值大于 32 位，则存放在静态变量存储区，AX 寄存器存放指向这个存储区的偏移地址。对于 32 位 FAR 指针，还要利用 DX 存放段地址。

汇编语言子程序向 C 程序返回处理结果时，主要是通过 AX 和 DX 寄存器完成的。但对于不同长度的返回数据，使用寄存器的情况也不同。当返回值为 char、short、int 类型时，仅需要使用寄存器 AX。当返回值类型为 long 时，低 16 位在 AX 中，高 16 位在 DX 中。而当返回值类型为 float、double 时，AX 传送存储地址的偏移量。如果是 FAR 指针，DX 传送段地址，偏移地址仍然在 AX 中。

10.6　软件逆向工程与反汇编

软件逆向工程是从可执行的程序出发，逆向分析可执行程序的源代码或反汇编的伪汇编代码，运用程序理解等技术手段，还原出目标程序的源代码、系统架构及相关设计文档等。软件逆向工程可以让人们了解程序的结构以及程序的逻辑，深入洞察程序的运行过程，分析出软件使用的协议及通信方式，并能够更加清晰地揭露软件机密的商业算法等。因此逆向工程的优势是显而易见的。

把对软件进行反向分析的整个过程统称为软件逆向工程，把在这个过程中所采用的技术都统称为软件逆向工程技术。在对软件进行逆向工程时，首先要搞清楚目标软件使用什么开发工具和编程语言，这些可以借助于专业的监测工具来完成。

在对软件进行逆向工程时，不可避免地要使用多种工具软件。工具软件的合理使用，可以加快软件的调试速度，提高逆向工程的效率。

软件逆向工程分析的步骤大致如下。

(1) 研究保护方法，去除保护功能。大部分软件开发者为了维护自己的关键技术不被侵犯，采用了各式各样的软件保护技术，如序列号保护、加密锁、反调试技术、加壳等。要想对这类软件进行逆向，首先要判断出软件的保护方法，然后去详细分析其保护代码，在掌握其运行机制后去除软件的保护。

(2) 反汇编目标软件，跟踪、分析代码功能。在去除了目标软件的保护后，接下来就是运用反汇编工具对可执行程序进行反汇编，通过动态调试与静态分析相结合，跟踪、分析软件的核心代码，理解软件的设计思路等，获取关键信息。

(3) 生成目标软件的设计思想、架构、算法等相关文档，并在此基础上设计出对目标软件进行功能扩展等的文档。

(4) 向目标软件的可执行程序中注入代码，开发出更完善的应用软件。

对程序进行逆向工程，使用各种工具来撤销汇编和编译过程。反汇编器撤销汇编过程，因此，可以得到汇编语言形式的输出结果(以机器语言作为输入)。反编译器则以汇编语言甚至机器语言为输入，其输出结果为高级语言。

为了满足所有要求，反汇编器必须从大量算法中选择一些适当的算法，来处理用户提供的文件。反汇编器所使用算法的质量及其实施算法的效率，将直接影响所生成的反汇编代码的质量。

通常，使用反汇编工具是为了在没有源代码的情况下对程序进行理解，下面列出需要进行反汇编的常见情况。

（1）分析恶意软件。由于缺乏源代码，要准确地了解恶意软件的运行机制是很困难的。动态分析和静态分析是分析恶意软件的两种主要技术。动态分析是指在严格控制的环境中执行恶意软件，并使用系统检测实用工具记录其所有行为。相反，静态分析则试图通过浏览程序代码来理解程序的行为。此时要查看的就是对恶意软件进行反汇编之后得到的代码清单。

（2）分析闭源软件的漏洞。为了简单起见，将整个安全审核过程划分为发现漏洞、分析漏洞和开发破解程序3个步骤。无论是否拥有源代码，都可以采用这些步骤来进行安全审核。一旦发现漏洞，通常需要对其进行深入分析，以确定该漏洞是否可被利用，如果可利用，可在什么情况下利用。至于编译器究竟如何分配程序变量，反汇编代码清单提供了详细的信息。

（3）分析闭源软件的互操作性。如果仅以二进制形式发布一个软件，竞争对手要想创建可以和它互操作的软件，或者为该软件提供插件，将会非常困难。针对某个仅有一种平台支持的硬件而发布的驱动程序代码，就是一个常见的例子。如果厂商暂时不支持，或者拒绝支持在其他平台上使用他们的硬件，那么为了开发支持该硬件的软件驱动程序，可能需要完成大量的逆向工程工作。在这些情况下，静态代码分析几乎是唯一的补救方法。通常，为了理解嵌入式固件，还需要分析软件驱动程序以外的代码。

（4）分析编译器生成的代码，以验证编译器的性能和准确性。由于编译器或汇编器的用途是生成机器语言，因此优秀的反汇编工具通常需要验证编译器是否符合设计规范。除准确性外，分析人员还可以从中寻找优化编译器输出的机会，查找编译器本身是否容易被攻破，以至于可以在生成的代码中插入后门等。

（5）在调试时显示程序指令。在调试器中生成代码清单，可能是反汇编器最常见的一种用途。遗憾的是，调试器中内嵌的反汇编往往相当简单。它们通常不能批量反汇编，在无法确定函数边界时，它们有时会拒绝反汇编。因此，在调试程序过程中，为了了解详细的环境和背景信息，最好是结合使用调试器与优秀的反汇编器。

思考与练习

1. 简述汇编程序的执行过程。
2. 汇编程序有哪些功能？
3. 简述典型微机操作系统的特点。
4. 针对子程序设计部分的例题，分析子程序与宏定义的相同点与不同点。
5. 设计实验题目，完成C与汇编语言的混合编程练习。
6. 简述软件逆向工程分析的步骤。

附录 A

DOS 功能调用（INT 21H）

功能号	调用参数	返回参数	功 能
00	CS＝程序段前缀		程序终止(同 INT 20H)
01		AL＝输入字符	键盘输入并回显
02	DL＝输出字符		显示输出
03		AL＝输入数据	异步通信输入
04	DL＝输出数据		异步通信输出
05	DL＝输出字符		打印机输出
06	DL＝FF(输入) DL＝字符(输出)	AL＝输入字符	直接控制台 I/O
07		AL＝输入字符	键盘输入(无回显)
08		AL＝输入字符	键盘输入(无回显) 检测 Ctrl＋Break 键
09	DS:DX＝串地址 $ 表示字符串结束的字符		显示字符串
0A	DS:DX＝缓冲区首地址 (DS:DX)＝缓冲区最大字符数	(DS:DX+1)＝实际输入的字符数	键盘输入到缓冲区
0B		AL＝00 有输入 AL＝FF 无输入	检验键盘状态
0C	AL＝输入功能号(1,6,7,8,A)		清除输入缓冲区并请求指定的输入功能
0D		清除磁盘缓冲区	磁盘复位
0E	DL＝驱动器号 0＝A,1＝B,…	AL＝驱动器数	指定当前默认的磁盘驱动器
0F	DS:DX＝FCB 首地址	AL＝00 文件找到 AL＝FF 文件未找到	打开文件
10	DS:DX＝FCB 首地址	AL＝00 目录修改成功 AL＝FF 未找到文件	关闭文件
11	DS:DX＝FCB 首地址	AL＝00 找到 AL＝FF 未找到	查找第一个目录项
12	DS:DX＝FCB 首地址 (文件名中带 * 或?)	AL＝00 找到 AL＝FF 未找到	查找下一个目录项
13	DS:DX＝FCB 首地址	AL＝00 删除成功 AL＝FF 未找到	删除文件

续表

功能号	调 用 参 数	返 回 参 数	功　　能
14	DS:DX=FCB 首地址	AL=00 读成功 AL=01 文件结束,记录中无数据 AL=02 DTA 空间不够 AL=03 文件结束,记录不完整	顺序读
15	DS:DX=FCB 首地址	AL=00 写成功 AL=01 盘满 AL=02 DTA 空间不够	顺序写
16	DS:DX=FCB 首地址	AL=00 建立成功 AL=FF 无磁盘空间	建文件
17	DS:DX=FCB 首地址 (DS:DX+1)=旧文件名 (DS:DX+17)=新文件名	AL=00 成功 AL=FF 未成功	文件改名
19		AL=默认的驱动器号 0=A,1=B,2=C,…	取当前默认磁盘驱动器
1A	DS:DX=DTA 地址		置 DTA 地址
1B		AL=每簇的扇区数 DS:BX=FAT 标识字节 CX=物理扇区的大小 DX=默认驱动器的簇数	取默认驱动器 FAT 信息
1C	DL=驱动器号	AL=每簇的扇区数 DS:BX=FAT 标识字节 CX=物理扇区的大小 DX=默认驱动器的簇数	取任一驱动器 FAT 信息
21	DS:DX=FCB 首地址	AL=00 读成功 AL=01 文件结束 AL=02 缓冲区溢出 AL=03 缓冲区不满	随机读
22	DS:DX=FCB 首地址	AL=00 写成功 AL=01 盘满 AL=02 缓冲区溢出	随机写
23	DS:DX=FCB 首地址	AL=00 成功,文件长度添入 FCB AL=FF 未找到	测定文件大小
24	DS:DX=FCB 首地址		设置随机记录号
25	DS:DX=中断向量 AL=中断类型号		设置中断向量
26	DX=新的程序段的段前缀		建立程序段前缀
27	DS:DX=FCB 首地址 CX=记录数	AL=00 读成功 AL=01 文件结束 AL=02 缓冲区太小,传输结束 AL=03 缓冲区不满 CX=读取的记录数	随机分块读

功能号	调用参数	返回参数	功　能
28	DS:DX＝FCB 首地址 CX＝记录数	AL＝00 写成功 AL＝01 盘满 AL＝02 缓冲区溢出	随机分块写
29	ES:DI＝FCB 首地址 DS:SI＝ASCII 串 AL＝控制分析标志	AL＝00 标准文件 AL＝01 多义文件 AL＝FF 非法盘符	分析文件名
2A		CX＝年 DH:DL＝月:日（二进制）	取日期
2B	CX:DH:DL＝年:月:日	AL＝00 成功 AL＝FF 无效	设置日期
2C		CH:CL＝时:分 DH:DL＝秒:1/100 秒	取时间
2D	CH:CL＝时:分 DH:DL＝秒:1/100 秒	AL＝00 成功 AL＝FF 无效	设置时间
2E	AL＝00 关闭标志 AL＝01 打开标志		置磁盘自动读写标志
2F		ES:BX＝缓冲区首址	取磁盘缓冲区首址
30		AH 发行号,AL＝版号	取 DOS 版本号
31	AL＝返回码 DX＝驻留区大小		结束并驻留
33	AL＝00 取状态 AL＝01 置状态(DL) DL＝00 关闭检测 DL＝01 打开检测	DL＝00 关闭 Ctrl＋Break 键检测 DL＝01 打开 Ctrl＋Break 键检测	Ctrl＋Break 键检测
35	AL＝中断类型	ES:BX＝中断向量	取中断向量
36	DL＝驱动器号 0＝缺省,1＝A,2＝B,…	成功:AX＝每簇扇区数 　　　BX＝有效簇数 　　　CX＝每扇区字节数 　　　DX＝总簇数 失败:AX＝FFFFH	取空闲磁盘空间
39	DS:DX＝ASCII 串地址	AX＝错误码	建立子目录(MKDIR)
3A	DS:DX＝ASCII 串地址	AX＝错误码	删除子目录(RMDIR)
3B	DS:DX＝ASCII 串地址	AX＝错误码	改变当前目录(CHDIR)
3C	DS:DX＝ASCII 串地址 CX＝文件属性	成功:AX＝文件代号 失败:AX＝错误码	建立文件
3D	DS:DX＝ASCII 串地址 AL＝0 读 AL＝1 写 AL＝2 读/写	成功:AX＝文件代号 失败:AX＝错误码	打开文件
3E	BX＝文件号	失败:AX＝错误码	关闭文件

续表

功能号	调 用 参 数	返 回 参 数	功　　能
3F	DS:DX＝数据缓冲区地址 BX＝文件代号 CX＝读取的字节数	读成功:AX＝实际读入的字节数 AX＝0 已到文件尾 读出错:AX＝错误码	读文件或设备
40	DS:DX＝数据缓冲区地址 BX＝文件代号 CX＝写入的字节数	写成功:AX＝实际写入的字节数 写出错:AX＝错误码	写文件或设备
41	DS:DX＝ASCII 串地址	成功:AX＝00 出错:AX＝错误码(2,5)	删除文件
42	BX＝文件代号 CX:DX＝位移量 AL＝移动方式(0,1,2)	成功:DX:AX＝新指针位置 出错:AX＝错误码	移动文件指针
43	DS:DX＝ASCII 串地址 AL＝0 取文件属性 AL＝1 置文件属性 CX＝文件属性	成功:CX＝文件属性 失败:AX＝错误码	置/取文件属性
44	BX＝文件代号 AL＝0 取状态 AL＝1 置状态 DX AL＝2 读数据 AL＝3 写数据 AL＝6 取输入状态 AL＝7 取输出状态	DX＝设备信息	设备文件 I/O 控制
45	BX＝文件代号 1	成功:AX＝文件代号 2 失败:AX＝错误码	复制文件代码
46	BX＝文件代号 1 CX＝文件代号 2	失败:AX＝错误码	人工复制文件代码
47	DL＝驱动器号 DS:SI＝ASCII 串地址	(DS:SI)＝ASCII 串 失败:AX＝错误码	取当前目录路径名
48	BX＝申请内存容量	成功:AX＝分配内存首址 失败:BX＝最大可用空间	分配内存空间
49	ES＝内存起始段地址	失败:AX＝错误码	释放内存空间
4A	ES＝原内存起始地址 BX＝再申请的内存容量	失败:BX＝最大可用空间 AX＝错误码	调整已分配的存储块
4B	DS:DX＝ASCII 串地址 ES:BX＝参数区首地址 AL＝0 装入执行 AL＝3 装入不执行	失败:AX＝错误码	装配/执行程序
4C	AL＝返回码		带返回码结束
4D		AX＝返回代码	取返回代码
4E	DS:DX＝ASCII 串地址 CX＝属性	AX＝出错代码(02,18)	查找第一个匹配文件

续表

功能号	调 用 参 数	返 回 参 数	功　　能
4F	DS:DX＝ASCII 串地址 （文件名中带？或 ＊）	AX＝出错代码(18)	查找下一个匹配文件
56	DS:DX＝ASCII 串(旧) ES:DI＝ASCII 串(新)	AX＝出错码(03,05,17)	文件改名
57	BX＝文件代号 AL＝0 读取 AL＝1 设置(DX:CX)	DX:CX＝日期和时间 失败:AX＝错误码	置/取文件日期和时间
5A	CX＝文件属性 DS:DX＝ASCII 串地址	成功:AX＝文件代号 失败:AX＝错误码	建立临时文件
5B	CX＝文件属性 DS:DX＝ASCII 串地址	成功:AX＝文件代号 失败:AX＝错误码	建立新文件
5C	AL＝00 封锁 AL＝01 开启 BX＝文件代号 CX:DX＝文件位移 SI:DI＝文件长度	失败:AX＝错误码	控制文件存取

BIOS 功能调用

INT	AH	调用参数	返回参数	功能
10	0	AL =00 40×25 黑白方式 =01 40×25 彩色方式 =02 80×25 黑白方式 =03 80×25 彩色方式 =04 320×200 彩色图形方式 =05 320×200 黑白图形方式 =06 640×200 黑白图形方式 =07 80×25 单色文本方式 =08 160×200 16 色图形(PCjr) =09 320×200 16 色图形(PCjr) =0A 640×200 16 色图形(PCjr) =0B 保留(EGA) =0C 保留(EGA) =0D 320×200 彩色图形(EGA) =0E 640×200 彩色图形(EGA) =0F 640×350 黑白图形(EGA) =10 640×350 彩色图形(EGA) =11 640×480 单色图形(EGA) =12 640×480 16 色图形(EGA) =13 320×200 256 色图形(EGA) =40 80×30 彩色文本(CGE400) =41 80×50 彩色文本(CGE400) =42 640×400 彩色文本(CGE400)		设置显示方式
10	1	$(CH)_{0\sim3}$=光标起始行 $(CL)_{0\sim3}$=光标结束行		置光标类型
10	2	BH=页号 DH,DL=行,列		置光标位置
10	3	BH=页号	CH=光标起始行 DH,DL=行,列	读光标位置
10	4		AH=0 光笔未触发 AH=1 光笔触发 CH=像素行,BX=像素列, DH=字符行,DL=字符列	读光笔位置

INT	AH	调 用 参 数	返 回 参 数	功　　能
10	5	AL=页号		置显示页
10	6	AL=上卷行数 AL=0 整个窗口空白 BH=卷入行属性 CH=左上角行号 CL=左上角列号 DH=右下角行号 DL=右下角列号		屏幕初始化或上卷
10	7	AL=下卷行数 AL=0 整个窗口空白 BH=卷入行属性 CH=左上角行号 CL=左上角列号 DH=右下角行号 DL=右下角列号		屏幕初始化或下卷
10	8	BH=显示页	AH=属性 AL=字符	读光标位置的字符和属性
10	9	BH=显示页 AL=字符 BL=属性 CX=字符重复次数		在光标位置显示字符及其属性
10	A	BH=显示页 AL=字符 CX=字符重复次数		在光标位置显示字符
10	B	BH=彩色调板 ID BL=和 ID 配套使用的颜色		置彩色调板 (320×200 图形)
10	C	DX=行(0~199) CX=列(0~639) AL=像素值		写像素
10	D	DX=行(0~199) CX=列(0~639)	AL=像素值	读像素
10	E	AL=字符 BL=前景色		显示字符 (光标前移)
10	F		AH=字符列数 AL=显示方式	取当前显示方式
10	13	ES:BP=串地址 CX=串长度 DH,DL=起始行,列 BH=页号 AL=0,BL=属性 串:char,char,… AL=1,BL=属性 串:char,char,… AL=2 串:char,attr,char,attr,… AL=3 串:char,attr,char,attr,…	光标返回起始位置 光标跟随移动 光标返回起始位置 光标跟随移动	显示字符串 (适用 AT)

INT	AH	调用参数	返回参数	功　能
11			AX＝返回值 bit0＝1,配有磁盘 bit1＝1,80287 协处理器 bit4、5 ＝01,40×25BW(彩色板) 　　　　＝10,80×25BW(彩色板) 　　　　＝11,80×25BW(黑白板) bit6、7＝软盘驱动器号 bit9、10、11＝RS-232 型号 bit12＝游戏适配器 bit13＝串行打印机 bit14、15＝打印机号	设备检验
12			AX＝字节数(KB)	测定存储器容量
13	0			软盘系统复位
13	1		AL＝状态字节	读软盘状态
13	2	AL＝扇区数 CH,CL＝磁道号,扇区号 DH,DL＝磁头号,驱动器号 ES:BX＝数据缓冲区地址	读成功:AH＝0, 　　　　AL＝读取的扇区数 读失败:AH＝出错代码	读磁盘
13	3	AL＝扇区数 CH,CL＝磁道号,扇区号 DH,DL＝磁头号,驱动器号 ES:BX＝数据缓冲区地址	写成功:AH＝0, 　　　　AL＝写入的扇区数 写失败:AH＝出错码	写磁盘
14	0	AL＝初始化参数 DX＝通信口号(0,1)	AH＝通信口状态 AL＝调制解调器状态	初始化串行通信口
14	1	AL＝字符 DX＝通信口号(0,1)	写成功:$(AH)_7$＝0 写失败:$(AH)_7$＝1, $(AH)_{0\sim6}$＝通信口状态	向串行通信口写字符
14	2	DX＝通信口号(0,1)	读成功:$(AH)_7$＝0, 　　　　(AL)＝字符 读失败:$(AH)_7$＝1, 　　　　$(AH)_{0\sim6}$＝通信口状态	从串行通信口读字符
14	3	DX＝通信口号(0,1)	AH＝通信口状态 AL＝调制解调器状态	取通信口状态
15	0			启动盒式磁带马达
15	1			停止盒式磁带马达
15	2	ES:BX＝数据传输区地址 CX＝字节数	AH＝状态字节 AH＝00 读成功 AH＝01 冗余检验错 AH＝02 无数据传输 AH＝04 无引导 AH＝80 非法命令	磁带分块读

INT	AH	调 用 参 数	返 回 参 数	功　　能
15	3	ES:BX=数据传输区地址 CX=字节数	AH=状态字节 AH=00 读成功 AH=01 冗余检验错 AH=02 无数据传输 AH=04 无引导 AH=80 非法命令	磁带分块写
16	0		AL=字符码 AH=扫描码	从键盘读字符
16	1		ZF=0,AL=字符码,AH=扫描码 ZF=1,缓冲区空	读键盘缓冲区字符
16	2		AL=键盘状态字节	取键盘状态字节
17	0	AL=字符 DX=打印机号	AH=打印机状态字节	打印字符,回送状态字节
17	1	DX=打印机号	AH=打印机状态字节	初始化打印机,回送状态字节
17	2	DX=打印机号	AH=打印机状态字节	取状态字节
1A	0		CH:CL=时:分 DH:DL=秒:1/100 秒	读时钟
1A	1	CH:CL=时:分 DH:DL=秒:1/100 秒		置时钟

80x86 指令系统一览表

表 C.1   8086/8088 及以上处理器指令

分类	指令格式	功　能	操　作　数
通用数据传送类	MOV oprd1,oprd2	oprd1←oprd2	mem,ac
			ac,mem
			reg,reg
			reg,mem
			mem,reg
			reg,data
			mem,data
			segreg,reg
			segreg,men
			reg,segreg
			mem,segreg
	PUSH oprd16	SP←SP−2 (SP)←oprd16	reg
			segreg
			mem
	POP oprd16	oprd16←(SP) SP←SP+2	reg
			segreg
			mem
	XCHG oprd1,oprd2	oprd1←→oprd2	reg,ac
			reg,mem
			reg,reg
	XLAT oprd	AL←[BX+AL]	表首地址
I/O 端口输入输出类	IN AL,port	AL←(port)	
	IN AX,port	AX←(port),(port+1)	
	IN AL,DX	AL←(DX)	
	IN AX,DX	AX←(DX)	DX 中为端口地址
	OUT port,AL	(port)←AL	
	OUT port,AX	(port),(port+1)←AX	
	OUT DX,AL	(DX)←AL	
	OUT DX,AX	(DX)←AX	DX 中为端口地址

续表

分类	指令格式	功　能	操　作　数
地址 操作类	LEA reg,w_oprd LDS reg,dw_oprd LES reg,dw_oprd	reg←(w_oprd) reg←(dw_oprd) DS←(dw_oprd+2) reg←(dw_oprd) ES←(dw_oprd+2)	reg,mem reg,mem reg,mem
标志 传送	LAHF SAHF PUSHF POPF	AH←PSW 低 8 位 PSW 低 8 位←AH SP←SP−2,(SP)←PSW PSW←(SP),SP←SP+2	
加法 指令	ADD oprd1,oprd2	oprd1←oprd1+oprd2	reg,reg reg,mem mem,reg reg,data mem,data ac,data
	ADC oprd1,oprd2 INC oprd AAA DAA	oprd1←oprd1+oprd2+CF oprd←oprd+1 对 AL 中的和作非压缩 BCD 调整 对 AL 中的和作压缩 BCD 调整	同 ADD 指令 reg 或 mem

减法
指令
	SUB oprd1,oprd2
	SBB oprd1,oprd2
	DEC oprd
	NEG oprd
	CMP oprd1,oprd2
		oprd1←oprd1−oprd2
		oprd1←oprd1−oprd2−CF
		oprd←oprd−1
		oprd←oprd 求补
		oprd1−oprd2
		结果影响标志位
			同 ADD 指令
			同 ADD 指令
			同 INC 指令
			reg 或 mem
			reg,reg
			reg,mem
			mem,reg
			reg,data
			mem,data
			ac,data

	AAS DAS	对 AL 中的差作非压缩 BCD 调整 对 AL 中的差作压缩 BCD 调整	
乘法 指令	MUL byte_oprd MUL word_oprd IMUL byte_oprd IMUL word_oprd AAM	AX←AL * byte_oprd DX,AX←AX,word_oprd AX←AL * byte_oprd DX,AX←AX,word_oprd AX←对 AX 中的积作非压缩 BCD 调整	8 位 reg/mem 16 位 reg/mem 8 位 reg/mem 16 位 reg/mem

续表

分类	指 令 格 式	功 能	操 作 数
除法 指令	DIV byte_oprd	AL←AX/byte_oprd 的商	8 位 reg
		AH←AX/byte_oprd 的余数	8 位 mem
	DIV word_oprd	AX←DX，AX/word_oprd 的商	16 位 reg
		DX←DX，AX/word_oprd 的余数	16 位 mem
	IDIV byte_oprd	AL←AX/byte_oprd 的商	8 位 reg
		AH←AX/byte_oprd 的余数	8 位 mem
	IDIV word_oprd	AX←DX，AX/word_oprd 的商	16 位 reg
		DX←DX，AX/word_oprd 的余数	16 位 mem
	AAD	AX←对 AX 中的非压缩 BCD 被除数调整	
	CBW	AL 的符号位扩展到 AH	
	CWD	AX 的符号位扩展到 DX	
逻辑 运算 指令	NOT oprd	oprd←oprd 各位取反	mem，reg
	AND oprd1，oprd2	oprd1←oprd1∧oprd2	reg，data
			mem，data
			ac，data
	OR oprd1，oprd2	oprd←oprd1∨oprd2	同 AND 指令
	XOR oprd1，oprd2	oprd←oprd1⊕oprd2	同 AND 指令
	TEST oprd1，oprd2	oprd1∧oprd2	reg，reg
		结果影响标志位	reg，mem
		reg 或 mem	reg，data
		reg，reg	mem，data
		reg，mem	ac，data
移位 指令	SHL oprd，1	逻辑左移一位	reg 或 mem
	SHL oprd，CL	逻辑左移（移动位数在 CL 中）	reg 或 mem
	SAL oprd，1	算术左移一位	reg 或 mem
	SAL oprd，CL	算术左移（移动位数在 CL 中）	reg 或 mem
	SHR oprd，1	逻辑右移一位	reg 或 mem
	SHR oprd，CL	逻辑右移（移动位数在 CL 中）	reg 或 mem
	SAR oprd，1	算术右移一位	reg 或 mem
	SAR oprd，CL	算术右移（移动位数在 CL 中）	reg 或 mem
循环 移位 指令	ROL oprd，1	循环左移一位	reg 或 mem
	ROL oprd，CL	循环左移（移动位数在 CL 中）	reg 或 mem
	ROR oprd，1	循环右移一位	reg 或 mem
	ROR oprd，CL	循环右移（移动位数在 CL 中）	reg 或 mem
	RCL oprd，1	带 CF 的循环左移一位	reg 或 mem
	RCL oprd，CL	带 CF 的循环左移（移动位数在 CL 中）	reg 或 mem
	RCR oprd，1	带 CF 的循环右移一位	reg 或 mem
	RCR oprd，CL	带 CF 的循环右移（移动位数在 CL 中）	reg 或 mem
重复 前缀	REP	重复执行串操作至 CX=0	
	REPZ/REPE	重复执行串操作至 ZF=0 或 CX=0 退出	
	REPNZ/REPNE	重复执行串操作至 ZF=1 或 CX=0 退出	

续表

分类	指令格式	功　能	操　作　数
串传送	MOVS oprd1,oprd2 MOVSB MOVSW （可加重复前缀）	[ES:DI]←[DS:SI] DF=0,(SI)←(SI)+1,(DI)←(DI)+1 DF=1,(SI)←(SI)−1,(DI)←(DI)−1 DF=0,(SI)←(SI)+2,(DI)←(DI)+2 DF=1,(SI)←(SI)−2,(DI)←(DI)−2	
串比较	CMPS oprd1,oprd2 CMPSB CMPSW （可加重复前缀）	[SI]−[DI] 影响标志位 DF=0,(SI)←(SI)+1,(DI)←(DI)+1 DF=1,(SI)←(SI)−1,(DI)←(DI)−1 DF=0,(SI)←(SI)+2,(DI)←(DI)+2 DF=1,(SI)←(SI)−2,(DI)←(DI)−2	
串搜索	SCAS oprd SCASB SCASW （可加重复前缀）	AL−[DI]或 AX−[DI] DF=0,(DI)←(DI)+1 DF=1,(DI)←(DI)−1 DF=0,(DI)←(DI)+2 DF=1,(DI)←(DI)−2	
取串中数据	LODS oprd LODSB LODSW （不加重复前缀）	AL 或 AX←[SI] DF=0,(SI)←(SI)+1 DF=1,(SI)←(SI)−1 DF=0,(SI)←(SI)+2 DF=1,(SI)←(SI)−2	
往串中送数	STOS oprd STOSB STOSW （可加重复前缀）	[DI]←AL 或 AX DF=0,(DI)←(DI)+1 DF=1,(DI)←(DI)−1 DF=0,(DI)←(DI)+2 DF=1,(DI)←(DI)−2	
无条件转移	JMP short_oprd JMP near_oprd JMP far_oprd JMP word_oprd JMP dword_oprd	IP←转移目标地址 IP←转移目标地址 CS:IP←转移目标地址 CS:IP←转移目标地址 CS:IP←转移目标地址	reg 或 mem mem
无符号数	JA/JNBE oprd JAE/JNB oprd JB/JNAE oprd JBE/JNA oprd	高于/不低于等于转移 高于等于/不低于转移 低于/不高于等于转移 低于等于/不高于转移	
有符号数	JG/JNLE oprd JGE/JNL oprd JL/JNGE oprd JLE/JNG oprd	大于/不小于等于转移 大于等于/不小于转移 小于/不大于等于转移 小于等于/不大于转移	
标志条件转移	JZ/JE oprd JNZ/JNE oprd JO oprd JNO oprd JP/JPE oprd JNP/JPO oprd	ZF=1 转移 ZF=0 转移 OF=1 转移 OF=0 转移 PF=1 转移 PF=0 转移	

续表

分类	指令格式	功　能	操　作　数
转移指令	JS oprd JNS oprd JC oprd JNC oprd JCXZ oprd	SF=1 转移 SF=0 转移 CF=1 转移 CF=0 转移 CX=0 转移	
循环指令	LOOP oprd LOOPZ oprd（或 LOOPE oprd） LOOPNZ oprd（或 LOOPNE oprd）	$(CX) \leftarrow (CX)-1$，$(CX)\neq 0$ 时循环 $(CX)\leftarrow(CX)-1$，$(CX)\neq 0$ 且 ZF=1 时循环 $(CX)\leftarrow(CX)-1$，$(CX)\neq 0$ 且 ZF=0 时循环	
子程序调用	CALL oprd	段内直接： 　SP←SP−2,(SP)←IP,IP←IP+D16 段内间接： 　SP←SP−2,(SP)←IP,IP←EA 段间直接： 　SP←SP−2,(SP)←CS 　SP←SP−2,(SP)←IP 　IP←转向偏移地址 　CS←转向段地址 段间间接： 　SP←SP−2,(SP)←CS 　SP←SP−2,(SP)←IP 　IP←EA,CS←EA+2	reg 或 mem
子程序返回	RET RET oprd	段内：IP←(SP),SP←SP+2 段间：IP←(SP),SP←SP+2 　　　CS←(SP),SP←SP+2 段内：IP←(SP),SP←SP+2,SP←SP+D16 段间：IP←(SP),SP←SP+2,CS←(SP) 　　　SP←SP+2,SP←SP+D16	
中断指令	INT oprd INTO IRET	SP←SP−2,(SP)←PSW SP←SP−2,(SP)←CS,CS←(oprd*4+2) SP←SP−2,(SP)←IP,IP←(oprd*4) 若 OF=1,则 SP←SP−2,(SP)←PSW SP←SP−2,(SP)←CS,CS←(12H) SP←SP−2,(SP)←IP,IP←(10H) IP←(SP),SP←SP+2 CS←(SP),SP←SP+2 PSW←(SP),SP←SP+2	

续表

分类	指令格式	功　能	操　作　数
标志位 操作	CLC CMC STC CLD STD CLI STI	置 CF=0 CF 求反 置 CF=1 置 DF=0,地址增量 置 DF=1,地址减量 置 IF=0,关中断 置 IF=1,开中断	
处理器 控制	NOP HLT WAIT ESC LOCK	空操作 CPU 暂停 CPU 等待 CPU 交权 封锁总线	

表 C.2　80286 及以上处理器指令

分类	指令格式	功　能	操　作　数
数据 传送	PUSHA	把通用寄存器 AX、CX、DX、BX、BP、SI 及 DI 顺序压入栈中	
	POPA	从当前栈顶开始,把栈内容按顺序弹出到通用寄存器 DI、SI、BP、BX、DX、CX 及 AX 中	
	BOUND oprd1,oprd2	边界检查,如果寄存器为 16 位时满足条件:存≤寄≤存+2,为 32 位时满足条件:存≤寄≤存+4,则合法;否则超越边界发中断	reg16,mem32 reg32,mem16
串操作	INSB	字节串输入 ES:DI＝DX 指示的端口中的字节数,若 DF=0,则 DI=(DI)+1;否则 DI=(DI)−1	
	INSW	字串输入 ES:DI＝DX 指示的端口中的字数,若 DF=0,则 DI=(DI)+2;否则 DI=(DI)−2	
	OUTSB	字节串输出 把 DS:SI 指示的字节内容送到 DX 指示的端口中,若 DF=0,则 SI=(SI)+1;否则 SI=(SI)−1	
	OUTSW	字串输出 把 DS:SI 指示的字内容送到 DX 指示的端口中,若 DF=0,则 SI=(SI)+2;否则 SI=(SI)−2	
其他	SGDT oprd	存全局描述符表寄存器 操作数=GDTR,限长在小地址中占两个字节,基址在后面 3 个字节中最后一个字节对 80286 CPU 为无定义	mem40

表 C.3　80386 及以上处理器指令

分类	指 令 格 式	功　　能	操 作 数
数据传送	PUSHAD	把通用寄存器 EAX、ECX、EDX、EBX、EBP、ESI 及 EDI 顺序压入栈顶单元	
	POPAD	从当前栈顶开始,把栈内容按顺序弹出到 32 位通用寄存器 EDI、ESI、EBP、EBX、EDX、ECX 及 EAX 中	
	LSS oprd1,oprd2	装入 SS 段值及地址	reg16,mem32 reg32,mem48
	LFS oprd1,oprd2	装入 FS 段值及地址	reg16,mem32 reg32,mem48
	LGS oprd1,oprd2	装入 GS 段值及地址	reg16,mem32 reg32,mem48
	PUSHFD	32 位标志入栈操作	
	POPFD	32 位标志出栈操作	
算术运算	CDQ	有符号双字节扩展 将 EAX 的符号扩展到 EDX 中	
逻辑运算和移位	BT oprd1,oprd2	位测试 源操作数指定内容,目的操作数指定位,被测试的位送 CF	reg,mem reg,data mem,reg mem,data
	BTC oprd1,oprd2	位测试并求反 在 BT 指令基础上,被测试的位取反	reg,mem reg,data mem,reg mem,data
	BTR oprd1,oprd2	位测试并复位 在 BT 指令基础上,被测试的位置 0	reg,mem reg,data mem,reg mem,data
	BTS oprd1,oprd2	位测试并置位 在 BT 指令基础上,被测试的位置 1	reg,mem reg,data mem,reg mem,data
	BSF oprd1,oprd2	向左位扫描 对源操作数从低到高字扫描,首先扫描的"1"的位号送目的操作数,且 ZF＝0,若源操作数为 0,则目的操作数不确定,且 ZF＝1	reg,reg reg,mem
	BSR oprd1,oprd2	向右位扫描 对源操作数从高到低字扫描,首先扫描的"1"的位号送目的操作数,且 ZF＝0,若源操作数为 0,则目的操作数不确定,且 ZF＝1	reg,reg reg,mem

续表

分类	指令格式	功　能	操作数
逻辑运算和移位	SHLD oprd1,oprd2,oprd3	多字节左移 第三操作数为移位次数,CF 与第一操作数联合左移,右边移空的位用第二操作数从左边开始顺序提供	reg,reg,CL reg,reg,data mem,reg,CL mem,reg,data
	SHRD oprd1,oprd2,oprd3	多字节右移 第三操作数为移位次数,将第一操作数右移,左边移空的位用第二操作数从右边开始顺序读出补充,第二操作数不变	reg,reg,CL reg,reg,data mem,reg,CL mem,reg,data
串操作	MOVSD	双字串传送 ES:EDI=DS:ESI,若 DF=0 则 DI=(DI)+4,SI=(SI)+4；否则 DI=(DI)−4,SI=(SI)−4	
	STOSD	双字串存操作 ES:DI=EAX,若 DF=0 则 DI=(DI)+4；否则 DI=(DI)−4	
	LODSD	双字串取操作 EAX=DS:SI,若 DF=0 则 SI=(SI)+4；否则 SI=(SI)−4	
	CMPSD	双字串比较 DS:SI−ES:DI,若 DF=0 则 DI=(DI)+4,SI=(SI)+4；否则 DI=(DI)−4,SI=(SI)−4	
	SCASD	双字串扫描 EAX−ES:EDI,若 DF=0 则 DI=(DI)+4；否则 DI=(DI)−4	
	INSD	双字串输入 ES:DI=DX 指示的端口中的双字数,若 DF=0,则 DI=(DI)+4；否则 DI=(DI)−4	
	OUTSD	双字串输出 把 DS:SI 指示的双字内容送到 DX 指示的端口中,若 DF=0,则 SI=(SI)+4；否则 SI=(SI)−4	
其他	SETA/SETNBE oprd	高于设置 若 CF=0 和 ZF=0 即高于或不低于等于,则操作数=1,否则操作数=0	reg8 mem8
	SETAE/SETNB oprd	高于等于设置 若 CF=0 即高于等于或不等于,则操作数=1,否则操作数=0	reg8 mem8
	SETB/SETNAE oprd	低于设置 若 CF=1 即低于或不高于等于,则操作数=1,否则操作数=0	reg8 mem8
	SETBE/SETNA oprd	低于等于设置 若 CF=1 和 ZF=1 即低于等于或不高于,则操作数=1,否则操作数=0	reg8 mem8

续表

分类	指令格式	功　　能	操　作　数
其他	SETE/SETZ oprd	等于设置 若 ZF＝1 即等于或为 0，则操作数＝1，否则操作数＝0	reg8 mem8
	SETNE/SETNZ oprd	不等于设置 若 ZF＝0 即不等于或不为 0，则操作数＝1，否则操作数＝0	reg8 mem8
	SETG/SETNLE oprd	大于设置 若 ZF＝1 或 SF＝OF 即大于或不小于等于，则操作数＝1，否则操作数＝0	reg8 mem8
	SETGE/SETNL oprd	大于等于设置 若 SF＝OF 即大于等于或不小于，则操作数＝1，否则操作数＝0	reg8 mem8
	SETL/SETNGE oprd	小于设置 若 SF≠OF 即小于或不大于等于，则操作数＝1，否则操作数＝0	reg8 mem8
	SETLE/SETNG oprd	小于等于设置 若 ZF＝1 或 SF≠OF 即小于等于或不大于，则操作数＝1，否则操作数＝0	reg8 mem8
	SETNO oprd	无溢出设置 若 OF＝0 即无溢出，则操作数＝1，否则操作数＝0	reg8 mem8
	SETO oprd	溢出设置 若 OF＝1 即溢出，则操作数＝1，否则操作数＝0	reg8 mem8
	SETNS oprd	正号设置 若 SF＝0 即为正号，则操作数＝1，否则操作数＝0	reg8 mem8
	SETS oprd	负号设置 若 SF＝1 即为负号，则操作数＝1，否则操作数＝0	reg8 mem8
	SETNP/SETPO oprd	奇校设置 若 PF＝0 即奇校验，则操作数＝1，否则操作数＝0	reg8 mem8
	SETP/SETPE oprd	偶校设置 若 PF＝1 即偶校验，则操作数＝1，否则操作数＝0	reg8 mem8
	SGDT oprd	存全局描述符表寄存器 操作数＝GDTR，限长在小地址中占两个字节，基址在后面 3 个字节中最后一个字节全为 0	mem48

表 C.4 80486 及以上处理器指令

分类	指令格式	功 能	操 作 数
数据传送	BSWAP oprd	交换字节顺序 设寄存器中字节编号：3-2-1-0 0 与 3 字节交换，1 与 2 字节交换	reg 32
算术运算	XADD oprd1,oprd2	交换加指令 目的操作数＝目的操作数＋源操作数，源操作数地址＝原来目的操作数地址	reg,reg mem,reg
	CMPXCHG oprd1,oprd2	比较传送，如果累加器－目的操作数产生 ZF，如果 ZF＝1，则目的操作数＝源操作数，否则累加器＝目的操作数	reg,reg mem,reg reg,mem

参 考 文 献

[1]　马兴录.32位微机原理与应用.北京：清华大学出版社,2015.

[2]　彭楚武,张志文.微机原理与接口技术(第3版).长沙：湖南大学出版社,2015.

[3]　余春暄.80x86/Pentium微机原理及接口技术(第3版).北京：机械工业出版社,2015.

[4]　任向民.高级汇编语言程序设计实用教程(第2版).北京：清华大学出版社,2015.

[5]　钱晓捷.16/32位微机原理、汇编语言及接口技术教程.北京：机械工业出版社,2015.

[6]　马力妮.80x86汇编语言程序设计(第2版).北京：机械工业出版社,2015.

[7]　吉海彦.微机原理与接口技术(第2版).北京：机械工业出版社,2015.

[8]　叶继华.汇编语言与接口技术(第2版).北京：机械工业出版社,2014.

[9]　卜艳萍.汇编语言程序设计教程(第3版).北京：清华大学出版社,2011.

[10]　顾元刚.汇编语言与微机原理教程(第3版).北京：电子工业出版社,2008.

[11]　王珏.微机原理与汇编语言(第2版).北京：电子工业出版社,2008.

[12]　邹逢兴.微型计算机原理与接口技术.北京：清华大学出版社,2007.

[13]　穆玲玲.32位汇编语言程序设计.北京：电子工业出版社,2007.